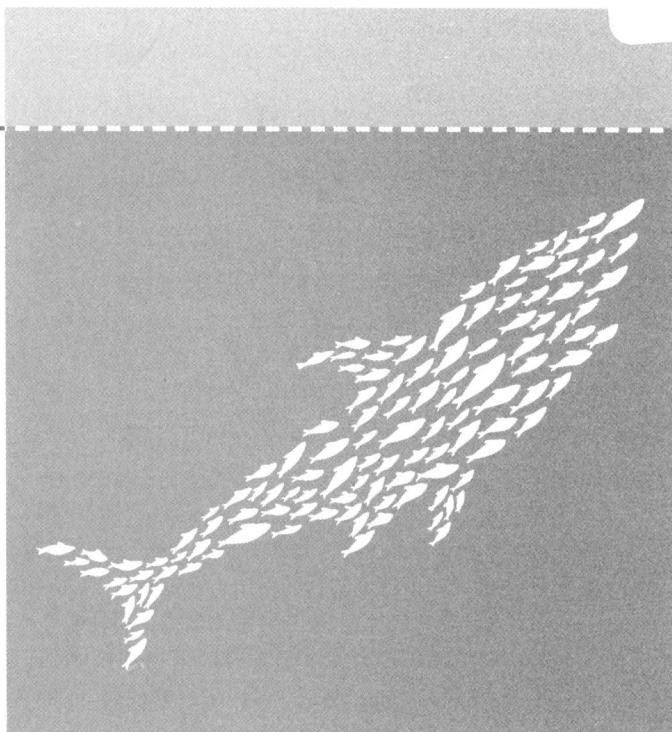

C++对象模型详解

秦连松◎著

人民邮电出版社
北京

图书在版编目（CIP）数据

C++对象模型详解 / 秦连松著. -- 北京 : 人民邮电出版社, 2025. -- ISBN 978-7-115-65712-1

Ⅰ. TP312.8

中国国家版本馆 CIP 数据核字第 2024LJ0162 号

内 容 提 要

本书基于 GCC/Clang 编译器深入讲解 C++对象模型的相关知识，涵盖 C++对象的内部工作原理及底层的汇编实现机制。

本书先介绍对象模型的基本概念，并引入两个用于研究 C++代码实现的开源工具——cppinsights 和 Compiler Explorer。接着，依次讲解 C++数据语义学，即编译器如何布局 C++对象模型中的数据成员；C++函数语义学，包括编译器如何实现 C++中的多态、如何调用虚函数等；C++构造、析构语义学，涉及编译器对 C++对象的构造和析构方式，包括全局对象和静态局部变量的构造等内容；C++异常处理，包括 GCC 中异常处理的实现方式及实践准则；C++运行时类型识别（RTTI）的实现原理，包括 dynamic_cast 算法的具体实现；C++ Name Mangling 规则，包括 GCC 对 C++代码中各个名称的编码方式。

本书适合有意深入理解 C++对象模型、了解 C++代码底层实现的读者阅读。阅读本书需要具备一定的 C++基础知识。

◆ 著　　　秦连松
　责任编辑　龚昕岳
　责任印制　王　郁　焦志炜

◆ 人民邮电出版社出版发行　　北京市丰台区成寿寺路 11 号
　邮编　100164　　电子邮件　315@ptpress.com.cn
　网址　https://www.ptpress.com.cn
　三河市君旺印务有限公司印刷

◆ 开本：800×1000　1/16
　印张：16.5　　　　2025 年 7 月第 1 版
　字数：356 千字　　2025 年 7 月河北第 1 次印刷

定价：89.80 元

读者服务热线：(010) 81055410　印装质量热线：(010) 81055316
反盗版热线：(010) 81055315

推荐语

对象模型是 C++语言的精髓之一，学习对象模型是深入掌握 C++语言内核的必经之路。本书从实践出发，层层递进，颇有庖丁解牛之功。

——李建忠

CSDN 高级副总裁，Boolan 首席技术专家，C++标准委员会委员

C++对象模型是介于宏观的 C++语言和底层的汇编语言之间的抽象层，它是 C++区别于其他主流高级编程语言的一大特色，也符合 Bjarne Stroustrup 从 C++极早期版本就设定的语言文化——C++本身就使用 C++来编译，新版语义在旧版语义的基础上构建。很高兴看到 C++对象模型领域再添一本由国人执笔、基于 Modern C++全面重构的力作。所有有志于深度理解 C++语言并紧跟其最新进展的开发者，都应该仔细阅读本书并掌握其中讲解的思维和工具。

——高博

卷积传媒 CEO，《C++覆辙录》《Effective Modern C++（中文版）》译者

C++对象模型久负盛名，本书系统讲解 C++对象的内存布局、虚函数表、多继承、构造和析构流程、异常处理和运行时类型识别（RTTI）等内容，并结合 cppinsights 与 Compiler Explorer 两个工具所提供的直观的代码实例和汇编分析，深入剖析 C++对象模型的内部工作原理，特别是在 GCC 和 Clang 编译器中的实现细节，实用性很强。

相比《深度探索 C++对象模型》等经典图书，本书更贴近现代编译器的实现，聚焦 GCC 的 Itanium C++ ABI 规范，适合 Linux 平台开发者解决 C++工程问题。此外，本书作者针对常见的编译器差异和性能调优进行了补充，使得本书内容更适合当前主流的 C++开发需求。

对于想要提高个人 C++开发修养、修炼 C++编程内功的读者而言，本书无疑是一本兼具

实用性与理论深度的参考书。

——何荣华（墨梵）

宝马自动驾驶软件专家，《C++20 高级编程（第 5 版）》

《C++ Templates（第 2 版）中文版》《C++ Core Guidelines 解析》译者

如果你习惯通过实践习得知识，C++对象模型是学习面向对象编程的理想切入点。C++对象模型领域的经典图书《深度探索 C++对象模型》已经出版了近 30 年，其中所依赖的 CFront 编译器早已退出历史舞台。本书基于当下流行的 GCC/Clang 编译器对 C++对象模型进行诠释，是新一代开发者不可错过的实战指南。

——凌杰

独立开发者，《C++程序设计（第 3 版）》译者

前言

我在即将硕士毕业并面临找工作时非常纠结：选择硬件方向还是软件方向？如果选择软件方向，选择哪种编程语言？由于我在本科和研究生阶段做过信号处理与图像处理等相关工作，加之我个人也喜欢挑战和研究，因此在综合考量后我决定从事与 C++相关的软件工作。毕业后，我先在百度从事 C++相关工作，随后在字节跳动负责基础架构相关的工作，目前在小米从事虚拟机相关的工作。我一直在 C++的学习与实践中持续精进。

C++是一门多范式编程语言。结合个人学习与实践经验，我将 C++技术体系划分为以下部分。

- C++基础知识。该部分我推荐的学习材料为《C++ Primer Plus（第 6 版）中文版》和《C++ Primer 中文版（第 5 版）》，前者适合零基础入门，后者讲解得更深入一些。
- C++模板编程。该部分主要包括标准模板库（Standard Template Library，STL）和模板元编程的相关概念，主要的学习材料为 *C++ Templates: The Complete Guide, 2nd Edition*（中文版为《C++ Templates（第 2 版）中文版》）。
- C++并发编程。该部分主要包括使用现代 C++进行多线程编程的相关概念，主要的学习材料为 *C++ Concurrency in Action, 2nd Edition*（中文版为《C++并发编程实战（第 2 版）》）。
- C++对象模型。该部分主要包括 C++中多态的实现原理、对象的内存布局等相关概念，主要的学习材料为 *Inside the C++ Object Model*（中文版为《深度探索 C++对象模型》）。
- C++最佳实践。该部分主要包括如何写出可读性强、安全性高、性能好的 C++代码，主要的学习材料为 *Effective Modern C++*（中文版为《Effective Modern C++（中文版）》）、*Effective C++: 55 Specific Ways to Improve Your Programs and Designs, 3rd Edition*（中文版为《Effective C++：改善程序与设计的 55 个具体做法 中文版（第三版））和 *C++ Core Guidelines Explained*（中文版为《C++ Core Guidelines 解析》）。

本书主要讲解 C++对象模型。写作本书的契机源自一次项目故障。当时我们在一个库的接口类中增加了一个虚函数接口，并通过静态库的方式将其提供给业务方使用，这导致业务方的程序崩溃，发生了大面积的 coredump（在程序发生异常且该异常在进程内部没有被捕获的情况下，操作系统把进程此刻的内存、寄存器状态、运行堆栈等信息转储保存在一个 core 文件里）。为此，我复习了《深度探索 C++对象模型》一书。同时，我还用 GDB 深入研究了 GCC 是如何实现 C++对象模型的。在实验过程中，我发现 GCC 所模拟的 C++对象模型并不符合《深度探索 C++对象模型》中所描述的对象模型。例如，GCC 的虚表布局和《深度探索 C++对象模型》中所描述的不一致，并且 GCC 还会生成 VTT（Virtual Table Table，虚表列表）。因为我的工作是基于 Linux 平台进行 C++开发，并且日常用到的编译器为 GCC 和 Clang，所以我决定彻底搞清楚运用 GCC/Clang 实现 C++对象模型的原理，这本书便是我的研究成果。

本书分为 8 章，主要内容如下。

第 1 章“概述”介绍对象模型的基本概念，如果你有一定的 C++基础，可以跳过本章。

第 2 章“工具”介绍 cppinsights 和 Compiler Explorer 这两个用于研究 C++代码实现的开源工具，并利用这两个开源工具研究 lambda 表达式的相关概念。

第 3 章“数据语义学”主要讲解 GCC 如何实现 C++对象模型中数据成员的布局。

第 4 章“函数语义学”主要讲解 GCC 如何实现 C++中的多态、如何调用虚函数等。

第 5 章“构造、析构语义学”主要讲解 GCC 如何构造和析构 C++对象，包括全局对象和静态局部变量的构造等内容。

第 6 章“异常处理”主要讲解 GCC 中异常处理的实现，以及进行异常处理的实践准则。

第 7 章“运行时类型识别”主要讲解运行时类型识别的实现原理，包括 dynamic_cast 算法的实现。

第 8 章“Name Mangling 规则”主要讲解 GCC 如何对 C++代码中的各个名称进行编码。

本书从实际代码出发，研究 GCC 是如何实现 C++对象模型的，并从汇编层面进行深入探究。在 GCC 和 Clang 编译器中，C++对象模型均是基于 Itanium C++ ABI 实现的，因此 GCC 中的 C++对象模型的实现均可应用于 Clang 编译器。

本书适合有一定 C++基础、有意深入研究 C++的工程师学习。我希望本书能真正帮助到你，带你体会 C++的乐趣和魅力。由于目前互联网企业中与 Linux 相关的岗位使用的编译器大多为 GCC/Clang，本书有助于相关岗位的读者更好地学习和工作。

本人并非 GCC 的专业研究者，书中难免存在疏漏，欢迎读者批评指正，我的邮箱是 qls315hfut@126.com。

最后，感谢前辈们提供的开源工具 cppinsights 和 Compiler Explorer。这两个工具使我在本书的写作中事半功倍。感谢我的家人对我的理解，尤其是我的爱人钟元杰，正是有了你们的支持，我才能够全身心地投入本书的写作。感谢人民邮电出版社的龚昕岳编辑和武晓燕编辑指导并帮助我完善了这本书。感谢我的好友高栋在百忙之中对本书进行了审阅并提出了很多宝贵的修改意见，促使本书能早日同读者见面。

秦连松

资源与支持

资源获取

本书提供如下资源：

- 本书配套源代码；
- 本书思维导图；
- 程序员面试手册电子书；
- 异步社区 7 天 VIP 会员。

要获得以上资源，您可以扫描右侧二维码，根据指引领取。

提交勘误

作者和编辑尽最大努力来确保书中内容的准确性，但难免会存在疏漏。欢迎您将发现的问题反馈给我们，帮助我们提升图书的质量。

当您发现错误时，请登录异步社区（https://www.epubit.com），按书名搜索，进入本书页面，单击“发表勘误”按钮，输入您发现的错误信息，然后单击“提交勘误”按钮即可（见下图）。本书的作者和编辑会对您提交的错误信息进行审核，确认并接受后，您将获赠异步社区的100积分。积分可用于在异步社区兑换优惠券、样书或奖品。

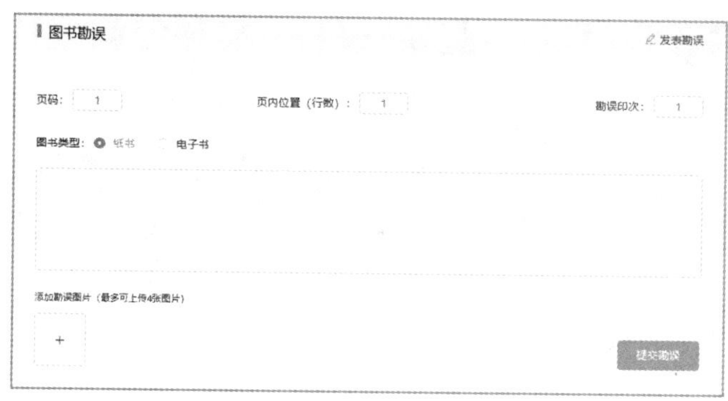

与我们联系

我们的联系邮箱是 contact@epubit.com.cn。

如果您对本书有任何疑问或建议，请您发邮件给我们，并请在邮件标题中注明本书书名，以便我们更高效地做出反馈。

如果您有兴趣出版图书、录制教学视频，或者参与图书翻译、技术审校等工作，可以发邮件给我们。

如果您所在的学校、培训机构或企业想批量购买本书或异步社区出版的其他图书，也可以发邮件给我们。

如果您在网上发现有针对异步社区出品图书的各种形式的盗版行为，包括对图书全部或部分内容的非授权传播，请您将怀疑有侵权行为的链接通过邮件发送给我们。您的这一举动是对作者权益的保护，也是我们持续为您提供有价值的内容的动力之源。

关于异步社区和异步图书

“异步社区”是由人民邮电出版社创办的IT专业图书社区，于2015年8月上线运营，致力于优质内容的出版和分享，为读者提供高品质的学习内容，为作译者提供专业的出版服务，实现作者与读者的在线交流互动，以及传统出版与数字出版的融合发展。

“异步图书”是异步社区策划出版的精品IT图书的品牌，依托于人民邮电出版社在计算机图书领域30余年的发展与积淀。异步图书面向IT行业及各行业的IT用户。

目录

第 1 章

概述

C++是一种多范式编程语言，该语言的核心之一是对象。在 C++中，对象具有如下属性。

- 大小（由 **sizeof** 获得该属性）。
- 对齐限制（由 **alignof** 获得该属性）。
- 存储期（分为 **automatic**、**static**、**dynamic**、**thread-local**）。
- 生命周期。
- 类型。
- 值。
- 名称（可选）。

"C++对象模型"是 C++语言中一个非常重要的概念，它定义了内存中对象的布局和访问方式，包括虚函数、多继承、模板等特性的实现方式，对于理解 C++程序的底层实现和进行高效的 C++编程有着非常重要的意义。因此，每一个 C++程序员都有必要了解 C++对象模型的相关知识。

C++对象模型的一个关键特征是虚函数。一个类的虚函数成员是指以 virtual 开头声明的函数，例如在类 Q 中声明一个 print 虚函数：

```
class Q {
public:
  virtual ~Q() = default;
  virtual void print();
};
```

C++中多态的实现需要保证一个类继承了另一个声明有虚函数的类，并且继承类型为 public，例如类 Z 继承自类 Q：

```
class Z : public Q {
public:
  void print() override;
};
```

对于拥有虚函数的类而言，对象模型需要考虑的问题包括虚函数存放的位置、以何种方式存放、如何调用相应的虚函数等。同时，C++对象模型还需要考虑虚函数在多态场景下的实现。

根据"C++之父"本贾尼·斯特劳斯特卢普（Bjarne Stroustrup）的《C++语言的设计和演化》一书，在实现 C++多态时，编译器会将对象中的虚函数的地址搜集起来并放到一个表格中，然后在对象中增加一个成员 vptr 来指向这个拥有虚函数地址的表格；对于类的其他成员函数（包括静态成员函数和非静态成员函数），编译器将其放置在对象内存（即栈或堆中为了存放该对象而分配的内存）之外的某处，一般为进程的代码区；对于定义在类中的非静态数据成员，编译器将其放置在对象内存之中；对于静态数据成员，编译器将其放置在对象内存之外的某处，一般为进程的数据区。例如，更改类 Q 的定义如下：

```
class Q {
public:
  virtual ~Q() = default;
  virtual void print();
  void print(int);
  static void need(int);
private:
  static int a_;
  int b_;
};
```

按照本贾尼所设想的内存模型规则，类 Q 的对象的内存布局如图 1-1 所示。

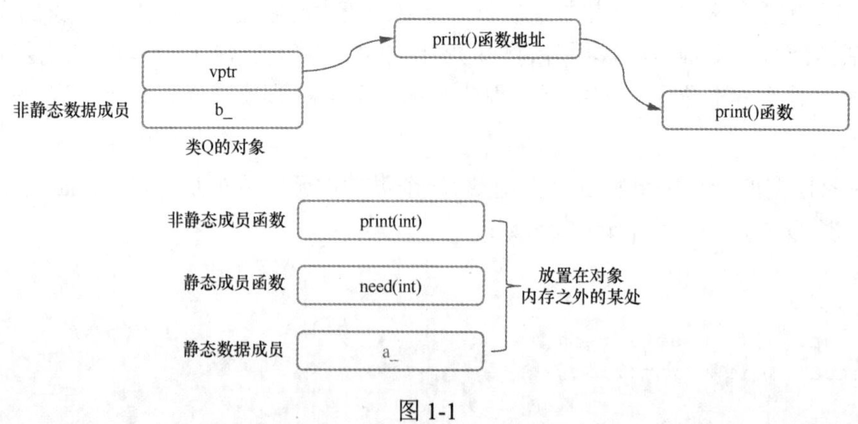

图 1-1

为了实现多态，C++又引进了运行时类型识别（Run Time Type Identification，RTTI），此时若类 Z 公共继承自类 Q，则类 Z 的对象的内存布局如图 1-2 所示。

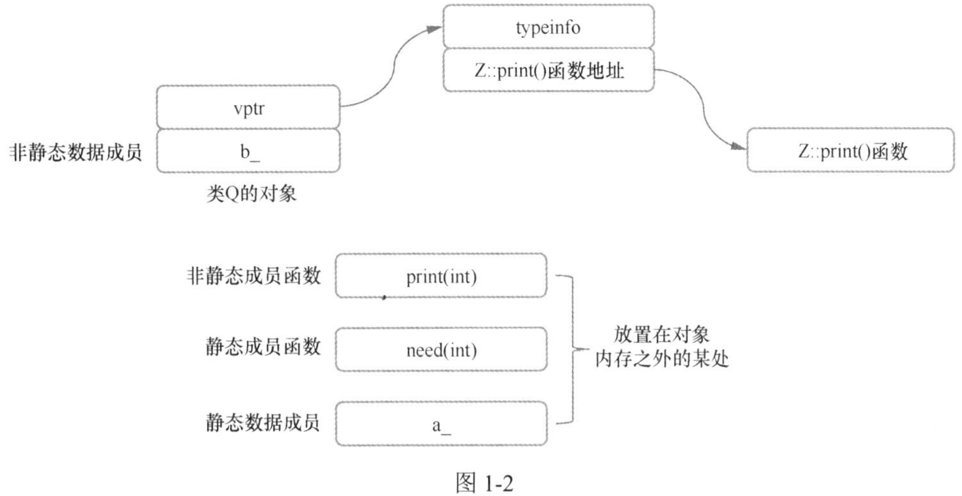

图 1-2

随着不同编译器的出现，相应的 C++对象模型的实现也有所变化，但总体上均是基于本贾尼设计的方案进行变动。

本书主要研究的是 GCC/Clang 编译器针对 C++对象模型的实现。在 GCC 和 Clang 编译器中，C++对象模型均是基于 Itanium C++ ABI 实现的，因此 GCC 中的 C++对象模型的实现均可应用于 Clang 编译器。本书将围绕 GCC 展开，讲解其 C++对象模型的实现。

第2章 工具

随着技术的发展，目前业界已经出现了一些不错的工具用于辅助学习和研究 C++。本章将介绍两款工具 **cppinsights** 和 **Compiler Explorer**。**cppinsights** 可以在编译器层面帮助开发者观察 C++代码的实现，**Compiler Explorer** 可以在汇编层面帮助开发者观察 C++代码的实现。

本章由一段代码说起：

```
auto lambdaA = [](int a) { return a; };
```

上述 lambdaA 的具体类型及工作原理是什么呢？

2.1 使用 cppinsights

cppinsights 是一款基于 Clang 和 LLVM 的开源工具，可以帮助 C++初学者深入了解和学习 C++语言。它可以将 C++代码转译为更加易于理解的形式，将编译过程中的类型推导、函数模板实例化、constexpr 计算等细节展现出来。使用 cppinsights，程序员可以更加清晰地了解 C++的各种机制和语言特性，从而提高自己的代码编写和调试能力。

本节将利用 cppinsights 帮助读者深入研究 lambda 表达式的实现和原理。

cppinsights 的初始界面如图 2-1 所示。

cppinsights 工作界面的左侧为源代码，右侧为编译器生成的代码（左侧源代码的底层实现），底部为运行结果的输出，顶部为相应的属性选择命令，用于选择 C++标准等。

```
int main() {
  auto testa = [](int a) {
    ++a;
  };
  testa(1);
  return 0;
}
```

```
int main()
{

  class __lambda_2_16
  {
    public:
    inline /*constexpr */ void operator()(int a) const
    {
      ++a;
    }

    using retType_2_16 = void (*)(int);
    inline constexpr operator retType_2_16 () const noexcept
    {
      return __invoke;
    };

    private:
    static inline /*constexpr */ void __invoke(int a)
    {
      __lambda_2_16{}.operator()(a);
    }


  };

  __lambda_2_16 testa = __lambda_2_16{};
```

Insights exited with result code: 0

图 2-1

lambda 表达式的计算结果是临时的纯右值。这个临时对象称为闭包对象。

C++11 中的每个表达式具备两个独立的属性：类型（分为引用类型和非引用类型，但编译器会将引用类型调整为非引用类型）和值类别（value category）。在 C++11 之前，值类别只有左值（可用于=操作符左边的表达式）和右值（只能用于=操作符右边的表达式）两种。由于 C++11 标准引入了右值引用以支持移动操作，C++标准委员会重新定义了表达式的值类型系统，将 C++中表达式的值类别定义为 3 个核心类型和 2 个组合类型。C++17 标准规定 3 个核心类型为左值、纯右值和将亡值，2 个组合类型为广义左值和右值。值类别的分类如图 2-2 所示。

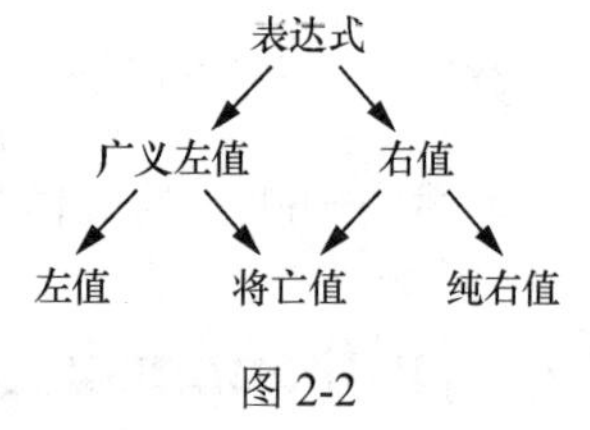

图 2-2

在 C++17 标准中，图 2-2 中各个术语的详细解释如下。

- 广义左值（generalized left value，glvalue）：一种表达式，其求值的结果决定了对象、位字段或函数（即占有内存的实体）的身份。
- 右值（right value，rvalue）：一种表达式，要么为纯右值，要么为将亡值。
- 左值（left value，lvalue）：排除将亡值之后的广义左值。
- 将亡值（expiring value，xvalue）：自身资源可以被重复使用的对象或者位字段，这通常是因为将亡值的使用寿命即将结束。
- 纯右值（pure right value，prvalue）：一种表达式，其求值的结果用于初始化对象或位字段，或者作为内置运算符的操作数的值。

下面通过一些示例代码来进一步理解上述概念。

```
std::string s;
s   // 左值，标识一个对象
s + " qls"   // 纯右值，用来初始化对象或计算某个值

std::string q();
std::string& l();
std::string&& s();

q()   // 纯右值
l()   // 左值
s()   // 将亡值

struct Q {
    std::string s;
};

Q{}.s   // 将亡值，资源可以被重复利用

[](int a) {};   // lambda 表达式，纯右值
```

也许你仍然对值类型的定义感到困惑。下面我们来看看关于这些值类型的名称的由来。

在 C++11 标准之前，C++中只有左值和右值的概念，并且每个编程者均有如下意识。

- 一个值要么是一个左值，要么是一个右值。
- 一个左值不是一个右值，同理，一个右值也不是一个左值。

但是在制定 C++11 标准时，C++标准委员会引入了移动语义和右值引用的概念，此时一个表达式的值类型便有如下两个相互正交的属性。

- 有一个身份（identity，又称为标识），例如一个地址、一个指针等，用来保证用户可以比较两个对象是否相同。
- 表达式的求值所产生的对象能够被移动（move），并且这个对象被移动后，其内部状态是一个有效的状态。

"C++之父"本贾尼·斯特劳斯特卢普将上述两个属性分别简称为 i 和 m（推荐阅读他写的文章"'New' Value Terminology"）。此外，如果一个值类型没有身份，那么此时这个值类型的身份属性表示为 I；同理，如果一个值类型不能被移动，那么这个值类型的移动属性表示为 M。通过排列组合，本贾尼·斯特劳斯特卢普归纳出以下 3 种基本的值类型。

- iM，有一个身份但不能被移动。
- im，有一个身份且能够被移动（例如当一个左值被转换为右值引用的时候）。

- Im，没有身份但能够被移动。

除了上述 3 种基本的值类型，显而易见，还有以下两种更泛化的值类型。

- i，有一个身份。
- m，可以被移动。

综上所述，这些值类型可以用图 2-3 来归纳。

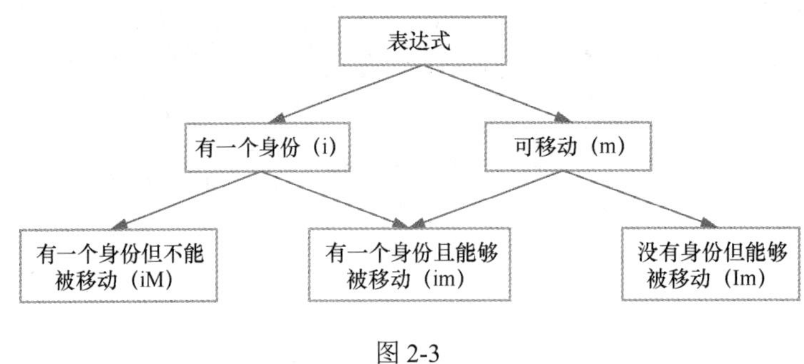

图 2-3

在对上述各种值类型命名时，本贾尼 • 斯特劳斯特卢普搜索了标准库中的所有单词，发现值类型 iM 和人们约定的左值概念基本相同，所以值类型 iM 便被命名为左值；而值类型 m 和人们约定的右值概念基本相同，所以值类型 m 便被命名为右值。

因为值类型 i 是 iM（即左值）的推广，所以 i 被命名为广义左值。

因为值类型 Im 只能被移动，但不能被再次引用，所以它是一种特殊的右值，最终被命名为纯右值。

最后还剩下一种值类型 im，因为这种值类型没有任何实际的命名约束，所以 C++标准委员会选择用“x”来表示它，以表达“中心、未知、奇怪、仅限于专家”等概念，最终被命名为 xvalue。

需要注意的是，值类型指的是表达式的属性，而非变量的属性。例如：

```
float cpp = 5;          // cpp 并不是一个左值，5 是一个纯右值
double cppd = cpp;      // 这里 cpp 是一个左值
```

一个右值要么是一个纯右值，要么是一个将亡值，那么什么情况下一个右值会是一个将亡值呢？C++17 中有一个临时物化（temporary materialization）的概念，也就是纯右值会在一定场景下转换为将亡值（生成一个临时对象），这些场景包括但不限于以下几种。

- 一个纯右值被绑定到一个引用上。
- 访问一个纯右值类的成员。
- 纯右值作为 sizeof 或 typeid 的操作数。

可以通过 decltype 操作符来判断表达式的值类型。假设一个表达式 q 的类型为 type，那么 decltype((q))可能产生如下结果。

- 如果 q 的值类型是纯右值，那么 decltype 的结果为 q 的值类型，即 type。
- 如果 q 的值类型是左值，那么 decltype 的结果为 type&。
- 如果 q 的值类型是将亡值，那么 decltype 的结果为 type&&。

可以使用如下实现来测试相应的表达式的值类型。

```
struct Foo {
    int i{0};
};
if constexpr (std::is_lvalue_reference_v<decltype((Foo{}.i + 1))>) {
        std::cout << "表达式 是一个左值\n";
} else if constexpr (std::is_rvalue_reference_v<decltype((Foo{}.i + 1))>) {
        std::cout << "表达式 是一个将亡值\n";
} else {
        std::cout << "表达式 是一个纯右值\n";
}
```

回到 lambda 表达式。lambda 表达式的类型（也是闭包对象的类型）是一种唯一的、未命名的非 union（联合）类型，称为闭包类型。

lambda 表达式分无状态 lambda 表达式和有状态 lambda 表达式两种。本节首先探索有状态 lambda 表达式。有状态 lambda 表达式的捕获列表会捕获相应的值。有状态 lambda 表达式的捕获列表有如下 6 种形式。

- 按值捕获，形如[a]。
- 按引用捕获，形如[&a]。
- 默认捕获，形如[=]。
- 按值和按引用混合捕获，形如[a, &b]。
- 按值捕获模板参数包，形如[packs...]。
- 按引用捕获模板参数包，形如[&packs...]。

lambda 表达式可以直接访问全局变量和静态变量，就像捕获这两种变量一样。当 lambda 表达式捕获全局变量时，有些编译器可能会报错，所以最好不要在 lambda 表达式的捕获列表中捕获全局变量。对于静态变量的捕获，lambda 表达式并不会产生其副本，相当于未捕获，所以最好也不要在 lambda 表达式的捕获列表中捕获静态变量。

例如以下测试用例：

```
int a{0};
int main() {
```

```
    static int b{0};
    [a, b]() mutable {
        ++a;
        b+=2;
        return;
     }();
     std::cout << "a: " << a << "\n";
     std::cout << "b: " << b << "\n";
     return 0;
}
```

lambda 表达式分别捕获全局变量和静态变量，GCC 会发出警告，其警告信息如下所示：

```
warning: capture of variable 'a' with non-automatic storage duration
    7 |    auto task = [a, b]() mutable {
      |                 ^
note: 'int a' declared here
    3 | int a{0};
      |     ^
warning: capture of variable 'b' with non-automatic storage duration
    7 |     auto task = [a, b]() mutable {
      |                     ^
note: 'int b' declared here
    6 |     static int b{0};
```

程序输出结果如下：

```
a: 1
b: 2
```

此外，与 lambda 表达式关联的闭包类型具有已删除的默认构造函数和已删除的复制赋值运算符。

通过 cppinsights 可知，auto lambdaA = [](int a) { return a; }会被编译器转换为如下形式。

```
class __lambda_2_18
{
public:
  inline /*constexpr */int operator()(int a) const
  {
    return a;
  }

  using retType_2_18 = int (*)(int);
  inline constexpr operator retType_2_18() const noexcept
  {
    return __invoke;
  }
```

```
    private:
      static inline /*constexpr */int __invoke(int a)
      {
        return __lambda_2_18{}.operator()(a);
      }
    };
```

由上可进一步得知，GCC 会将 lambda 表达式转换为一个类，类名形如__lambda_2_18（具体的命名规则可参考第 8 章）。因为表达式 lambdaA 为无状态表达式，所以其内部会生成一个静态成员函数。无状态 lambda 表达式可以转换为函数指针，例如如下测试代码：

```
    int (*p)(int) = lambdaA;
```

通过 cppinsights 可知，上述代码会被转换为如下形式。

```
    __lambda_2_18 lambdaA = __lambda_2_18{};
    lambdaA.operator()(1);
    using FuncPtr_6= int(*)(int);
    FuncPtr_6 p = static_cast<int (*)(int)>(lambdaA.operator __lambda_2_18::
retType_2_18());
```

当我们将表达式 lambdaA 更改为有状态表达式时，如下所示：

```
    int a{0};
    auto lambdaA = [a](int) { return a; };
```

通过 cppinsights 可知，编译器会将上述代码转换为如下形式。

```
    class __lambda_3_18
    (
    public:
      inline /*constexpr */int operator()(int b) const
      {
        return a;
      }

    private:
      int a;

    public:
      __lambda_3_18(int & _a)
      : a{_a}
      {}

    };
```

由此可知，当按值捕获局部变量，即在 lambda 表达式的捕获列表中直接捕获相应的局部变量时，编译器会在生成的闭包类中生成相应的成员变量，并在闭包类的构造函数中初始化相应的成员变量。对于有状态 lambda 表达式，因为编译器没有生成相应的静态成员函数，所以其无法转换为函数指针。

上述两个例子展示了 cppinsights 对于学习 C++的帮助。下面讲解另一款工具——Compiler Explorer（又称 godbolt）。

2.2 使用 Compiler Explorer

Compiler Explorer 是一款在线代码编辑器，可以让用户快速测试和比较不同编程语言的输出结果。它的主要作用是帮助程序员更好地理解编译器的工作原理，从而更好地优化代码。用户在 Compiler Explorer 中编写一些代码并选择相应的编译器，即可查看这些代码在各种编译器下生成的详细信息，包括汇编代码、寄存器用法和指令计数。这些信息可以帮助程序员更好地了解程序的性能，并帮助他们更好地进行代码分析和优化。

使用 Compiler Explorer 观察虚表

定义一个类 Test，它包含虚析构函数：

```
class Test {
public:
  virtual ~Test() = default;
};
```

通过 Compiler Explorer 可知，类 Test 的虚表如图 2-4 所示。

```
vtable for Test:
        .quad   0
        .quad   typeinfo for Test
        .quad   Test::~Test() [complete object destructor]
        .quad   Test::~Test() [deleting destructor]
```

图 2-4

如图 2-5 所示，界面的右侧有一个 Output 按钮，通过该按钮可以定制相应的输出格式：可以选择 Intel asm syntax，此时默认为 AT&T 汇编；也可以选择 Demangle identifiers，这可以方便用户阅读和理解相应的示例代码。

如图 2-6 所示，还可以在界面的右侧选择不同的编译器来对源码进行构建，并产生相应的汇编代码。

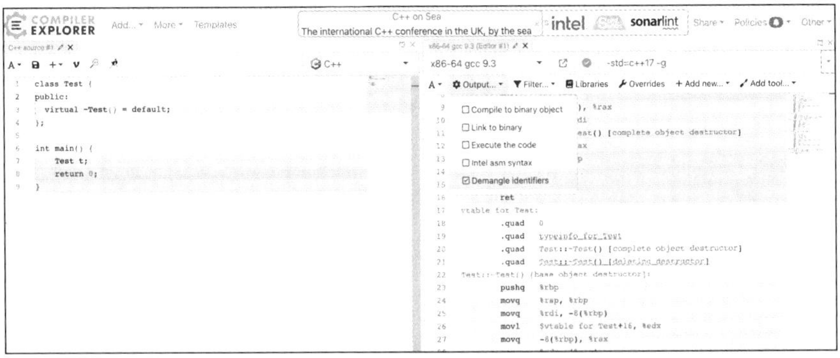

图 2-5

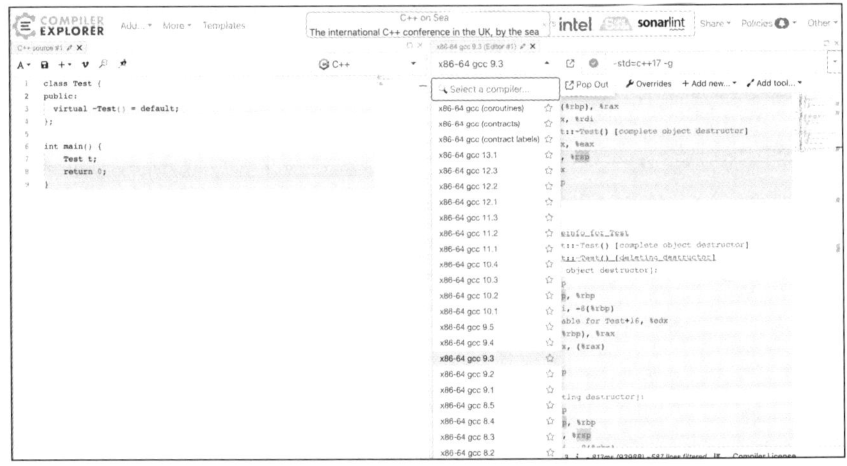

图 2-6

在本书中，笔者主要使用以上两个功能。读者可自行尝试更多的功能。

2.3 总结

本章简单地介绍了 cppinsights 和 Compiler Explorer 这两款工具，并以 lambda 表达式为例，讲解了 cppinsights 的功能；然后以一个简单的类为例，讲解了 Compiler Explorer 工具生成的虚表。

第 3 章

数据语义学

数据语义学主要研究 C++类对象实例中数据成员是如何布局的，以及如何更高效地编写 C++代码使其占用更少的内存。

本章主要讲解类对象的数据成员在 GCC/Clang 编译器下的内存布局。本章主要包括以下内容。

- **POD** 及非 **POD** 的概念。
- 非 **POD** 在 **GCC/Clang** 编译器下的数据成员分配规则。
- 各种继承、多态场景下数据成员的分配规则实践。
- 各种继承、多态场景下的数据成员指针。

本章由一段代码说起：

```
class Empty {};

class A {
    int data_[0];
};

A arr[10];
```

上述代码中类 Empty 的大小（sizeof(Empty)）为 1，而类 A 的大小（sizeof(A)）为 0，数组 arr 的大小（sizeof(arr)）为 0。

在 C++17 标准 11.3.4 中有如下描述。

> 当有一个声明如下：
>
> ```
> T D
> ```
>
> 其中，D 的形式为 D1[常量表达式] (属性说明符)，属性说明符可以为 const 等，用来修饰 D1[常量表达式]。
>
> 如果常量表达式存在，那么它应该是一个可转换为 std::size_t 整型的常量表达式，并且它的值应该大于 0。
>
> 常量表达式规定了数组的元素数的边界。

在 C++17 标准下，类 A 的 data_[0]是不合法的。

但是一般编译器针对 data_[0]这种场景有自己的处置方式，要么终止（abort）程序，要么默认这种方式。但是编译器针对这些情况都应该发出相应的警告信息。

GCC/Clang 编译器对于 data_[0]的扩展方式如下。

> C++标准规定，如果对象包含 0 大小的成员，那么编译器必须触发相应诊断信息（例如通过 warning 提示该对象声明了一个 0 大小的成员），但对于编译器如何处理这一情况并没有具体要求。大多数使用此类声明的代码都希望生成的对象的大小为 0，因此接收此类代码的编译器最有用的行为是：如果对象包含 0 大小的成员，那么编译器便将对象中 0 大小的成员所占用的空间设置为 0。

为了进一步验证这个结论，可利用 Compiler Explorer 工具进行观察，例如使用以下两行代码：

```
int a = sizeof(Empty);
int b = sizeof(arr);
```

上述语句的汇编结果如图 3-1 所示。

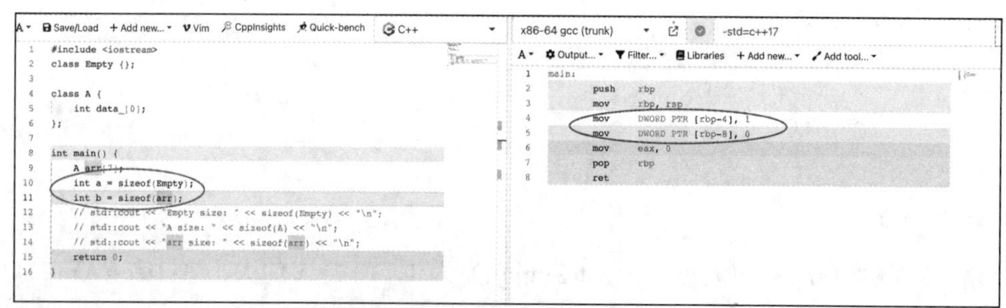

图 3-1

由图 3-1 可知，GCC 对于类 A 中包含 data_[0]的这种行为是可接受的，并且默认其大小为 0。这属于 GCC 的扩展行为，超出了 C++17 标准的规定。

C++17 标准规定所有的 complete 对象的大小必须不为 0。其原文为："complete 对象及其类的子对象应具有非 0 大小。"

C++语义学主要研究 C++对象中数据成员的初始化顺序及其在内存中的具体布局。下面将深入探索 GCC 是如何实现 C++语义学的，其相应的实现也适用于 Clang 编译器。

3.1 数据成员布局

类的数据成员分为静态数据成员和非静态数据成员。静态数据成员不占用类对象的存储空间，一般存储在内存中的某处；非静态数据成员则占用类对象的存储空间。

因为 C++支持多态，所以编译器也会在类对象中安插某些数据成员，例如虚表指针（vptr）等。vptr 在 32 位机器上一般占用 4 字节，在 64 位机器上占用 8 字节。

此外，为了实现对 C 语言的兼容，C++中的 POD 和非 POD 的数据成员布局并非完全一致。本章主要讲解 GCC 中非 POD 的数据成员布局。

3.1.1 基本概念

本节将首先给出本章会用到的一些基本概念，读者可以在后面的讲解中看到这些概念并对其进行进一步的理解。

假设定义了一个对象 O，那么针对该对象，定义如下相关概念。

- sizeof(O)，对象 O 的大小。
- align(O)，对象 O 对齐。
- offset(C)，对象 O 中元素 C 的偏移。
- dsize(O)，不包含尾部填充的对象 O 的大小。
- nvsize(O)，排除虚基类后的对象 O 的大小。
- nvalign(O)，排除虚基类后对象 O 的对齐。

对于类 O，比较复杂的一些概念如下。

（1）直接基类顺序。

一个类的直接基类可看作一个有序集合，直接基类顺序指的是该集合的声明顺序，即从左至右所出现的类名。

例如下述例子：

```
class A {};
class B {};
```

```
class C : public A, B {}
```

那么 C 的直接基类顺序为 A、B。

（2）动态类。

拥有一个虚表指针的类称为动态类。

（3）空类。

空类需要具备如下特点：除了空数据成员，不包含任何非静态数据成员；不包含 0 宽度位域以外的其他匿名位域；不包含虚函数、虚基类；其中的非虚基类均不包含非空成员。

（4）主基类。

主基类（primary base class）为动态类的基类，它在偏移量 0 处与动态类共享 vptr。如果一个类的直接基类中存在非虚动态基类，那么主基类为首个非虚动态基类。

（5）固有基类。

对象 T 的所有基类统称为固有基类（proper base class），包括直接基类、间接基类、虚基类和非虚基类。

（6）名义虚类。

如果 X 是 Y 的虚基类，或者是 Y 的虚基类的直接或间接基类，则称子对象 X 是 Y 的名义虚类（morally virtual class）。

（7）几乎空类。

几乎空类（nearly empty class）需要满足如下条件。

- 包含一个虚表指针。
- 除了虚基类，没有其他数据。
- 不能包含非静态数据成员和非 0 宽度未命名位域。
- 它的直接基类不能是空虚基类或几乎空虚基类。
- 它的直接基类可以是非虚几乎空类，但最多只能有一个。
- 它的固有基类不能为空，不能是名义虚类，偏移量不能为 0。

几乎空类可以是主基类，即使它是虚基类，也与派生类共享一个虚指针。

上述部分概念的关系如图 3-2 所示。

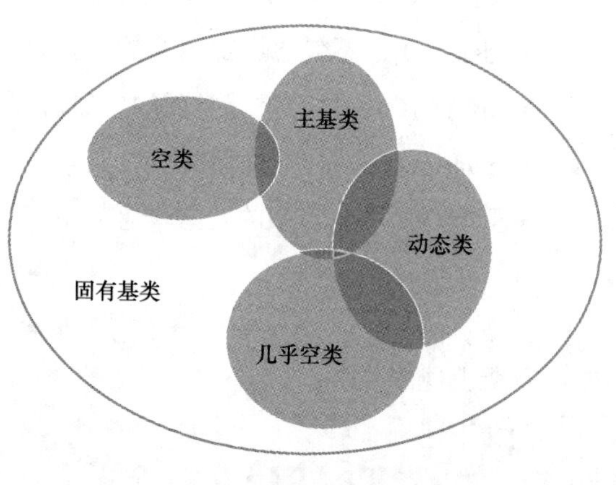

图 3-2

为了便于读者理解上述各种定义，给出如下示例代码：

```
class Base {};
class Empty {};

class NearlyEmpty {
public:
  virtual ~NearlyEmpty() = default;
  virtual void f();
};

class DynamicClass {
public:
  virtual ~DynamicClass() = default;
  virtual void f1();
};

class Derived : public DynamicClass, public NearlyEmpty,
       public Empty, virtual public Base {

};
```

在上述示例代码中，Derived 类的直接基类顺序为{DynamicClass, NearlyEmpty, Empty, Base}。该集合的类均为 Derived 类的直接基类。

因为 NearlyEmpty、DynamicClass、Derived 均含有虚函数或虚基类，所以这 3 个类均为动态类，编译器会在其对象实例中安插 vptr。

NearlyEmpty 为几乎空类，因为它只包含一个 vptr。

DynamicClass 为 Derived 类的主基类，因为它是 Derived 类的首个非虚基类，并且为动态类。

Base 类为 Derived 类的名义虚类，因为它是 Derived 类的虚基类。

Derived 类的固有基类由它所有的直接基类及其相应的直接基类的固有基类构成。

3.1.2 POD

进入现代 C++时代后，POD（Plain Old Data，指 C++定义的与 C 兼容的数据）的定义和规则发生了根本性的变化。

POD 必须满足如下两个属性。

- 支持静态初始化。
- POD 在 C++和 C 中的内存布局相同。

由于上述属性要求，C++11 标准提出了两个新的概念：trivial（平凡的）和 standard-layout（标准布局）。trivial 涉及对象的真实值与其在存储中的数据位之间的关系。standard-layout 涉及对象的子对象的布局。所有类型都有可能具有 trivial 属性，但只有类类型有可能具有 standard-layout 属性。

目前 C++标准很少使用 POD 概念，更倾向于使用 trivial 和 standard-layout 概念。

C++标准关于 POD 的定义如下。

> 一个 POD 类要么是 POD 结构（POD struct）类，要么是 POD 联合（POD union）类。POD 结构类是具有 trivial 和 standard-layout 属性的类，是非联合类。POD 结构类中不包含非 POD 结构、非 POD 联合，以及相应类型的数组的非静态数据成员。POD 联合类是一个具有 trivial 和 standard-layout 属性的联合类。POD 联合类中不包含非 POD 结构、非 POD 联合，以及相应类型的数组的静态数据成员。

接下来将分别介绍 trivial 类和 standard-layout 类。

1．trivial 类

C++17 标准的 12.0.6 中规定，一个平凡可复制类（trivially copyable class）必须满足如下条件。

- 每个复制构造函数、移动构造函数、复制赋值操作符、移动赋值操作符，要么声明为已删除（deleted），要么是一个 trivial 函数。
- 有至少一个不可删除（non-deleted）的复制构造函数、移动构造函数、复制赋值操作符、移动赋值操作符。
- 有一个不可删除（non-deleted）的 trivial 析构函数。

一个 trivial 类必须满足如下条件。

- 拥有一个或多个默认构造函数，并且默认构造函数要么是 trivial，要么是已删除的，但至少保证有一个默认构造函数是不可删除的。
- 是一个平凡可复制类。
- 不包含虚函数和虚基类。

C++17 标准的 15.8.1 中规定，trivial 复制/移动构造函数必须满足如下条件。

- 它不是用户提供的（user-provided）。
- 该类不包含虚函数和虚基类。
- 用于复制/移动每个直接基类子对象的构造函数是 trivial。
- 每个非静态数据成员的构造函数是 trivial。

trivial 构造函数除了需要满足 trivial 复制/移动构造函数的要求，还必须满足其非静态成员函数不能使用大括号或等号初始化（brace-or-equal-initializer）的要求。

在 C++17 中，<type_traits>提供了如下工具：

```
template <typename T>
struct std::is_trivial;
template <typename T>
struct std::is_trivially_copyable;
```

读者可参考配套资源中的 3/3.1/trivial_class_test.cpp 进一步加深对 trivial 类的理解。这段代码中，NonTriv1 类声明了虚函数，因此该类是 non-trivial；NonTriv2 类中包含用户定义的构造函数，因此也是 non-trivial；同理，NonTriv3 类也是 non-trivial。代码的输出结果如图 3-3 所示。

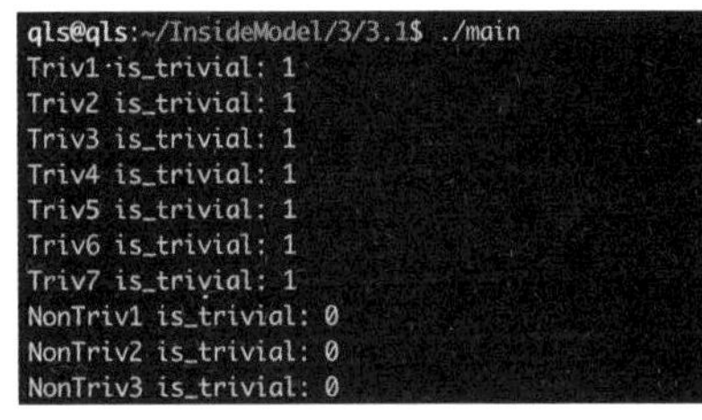

图 3-3

2. standard-layout 类

standard-layout 类具有与 C 语言的 struct 或 union 类相同的内存布局。

C++17 标准定义 standard-layout 类必须满足如下条件。

- 不包含非 standard-layout 的非静态数据成员，或者不包含非 standard-layout 的非静态数据成员的数组，或者不包含非 standard-layout 的非静态数据成员的引用。
- 不包含虚函数和虚基类。
- 所有非静态数据成员具有相同的访问控制权限。
- 不包含非 standard-layout 基类。
- 有至多一个基类子对象，该对象可以为任何类型。
- 所有非静态数据成员及位域均位于同一类或同一个声明的基类中。
- 它的基类不能是集合 M(X)中的元素。集合 M(X)的定义如下。
  - 如果 X 是一个不包含（可能继承）非静态数据成员的非联合类，则集合 M(X)为空。
  - 如果 X 是一个非联合类，并且其首个非静态数据成员为 X0 类（该类可以是匿名联合类），则集合 M(X)由 X0 与 M(X0)构成。
  - 如果 X 是一个联合类，则集合 M(X)由 M(Ui)及所有 Ui 组成，其中 Ui 代表对象 X 的第 i 个非静态数据成员的类型。
  - 如果 X 是一个元素类型为 Xe 的数组，那么 M(X)由 Xe 及 M(Xe)中的元素构成。
  - 如果 X 既非数组类型，也非类类型，那么 M(X)为空。

M(X)是所有非基类子对象的类型集合，这些子对象在 standard-layout 类中保证在 X 中的偏移量为 0。

在 C++17 标准中，标准库提供了以下工具用于判断一个类是否为 standard-layout 类：

```
template <typename T>
struct std::is_standard_layout;
```

读者可参考以下示例加深对 standard-layout 类的理解。

```
struct SL1 {};

struct SL2 {
    int a_;
};

struct SL3 {
private:
    int a_;
    int b_;
};

struct SL4 : public SL1 {
    int a_;
    int b_;
    void f();
};

struct SL5 : SL1 {
    int a_;
    SL2 b_;
};

struct SL6 {
    int a_;
    SL6(int a) : a_(a) {}
};

struct NonSL1 : SL1, SL2, SL5 {};

struct NonSL2 : SL1 {
    SL1 a_;
};


struct NonSL3 : SL3 {
    int a_;
};
```

```
struct NonSL4 {
    virtual void f();
};
```

完整的示例代码见配套资源中的 3/3.1/standard_layout_test.cpp，代码输出结果如图 3-4 所示。

由代码可知，NonSL1 的基类为 SL1、SL2、SL5。SL2 和 SL5 中均声明包含非静态数据成员，故其非静态数据成员不在同一个类中，因此 NonSL1 为非 standard-layout 类。

NonSL2 的基类为 SL1，且其拥有一个 SL1 类型的非静态数据成员，并且 SL1 非联合类，故 M(X)集合包含 SL1，而此时 SL1 又是 NonSL2 的基类，所以 NonSL2 为非 standard-layout 类。

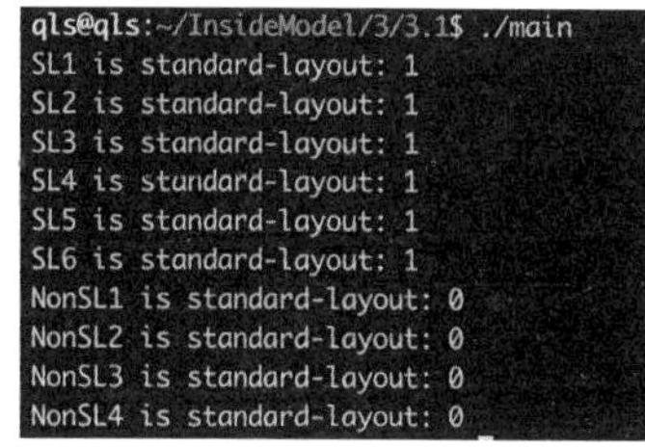

图 3-4

同理，NonSL3 和 NonSL4 也均为非 standard-layout 类，具体原因读者可自行分析。

在 GCC/Clang 编译器中，POD 的数据成员布局与 C 语言相同，本节不作详细讲解。

3.1.3 非 POD

本书所讲解的内存布局均针对非 POD，该类型在 GCC/Clang 编译器中的具体内存分配遵循图 3-5 所示的步骤。

假设有一个类 C，那么它的内存分配过程如下。

（1）初始化。

初始化 sizeof(C) = 0，align(C) = 1，dsize(C) = 0。

如果类 C 是动态类，则遵循以下规则。

- 找到所有的间接主基类（indirect primary class），主要指其他直接或间接基类的主基类。
- 如果类 C 存在动态基类，那么编译器会尝试判定类 C 的主基类，判定准则为：优先选择类 C 的第一个直接非虚动态基类；若无，则选择类 C 的几乎为空的直接虚基类；再无，则选择类 C 的间接主基类的几乎为空的虚基类。
- 如果 C 没有主基类，则在偏移量 0 处为 C 分配虚表指针，并将 sizeof(C)、align(C)和 dsize(C)设置为适当值。

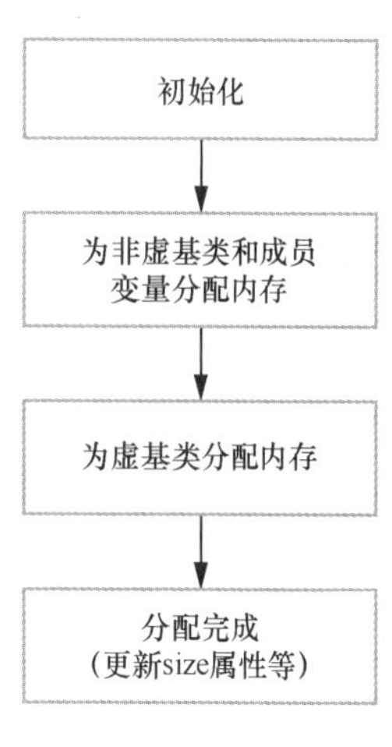

图 3-5

为了便于读者理解上述规则，这里给出如下示例代码：

```
class A {
public:
  virtual ~A() = default;
```

```
    virtual void f();
};

class B : virtual public A {
    int a_;
};

class C : virtual public A {
    int b_;
};

class D : public B, public C {
    int c_;
};
```

上述代码中，类 A 为几乎空类，A 是 B 的第一个虚几乎空类（empty class），因此 A 是 B 的一个主基类；同理，A 也是 C 的一个主基类；对于 D 而言，B、C 均为其直接非虚动态基类，因此选择第一个直接非虚动态基类 B 作为 D 的主基类。

（2）为非虚基类和成员变量分配内存。

对于类 C 的非虚基类和成员变量，首先为类 C 的主基类分配内存，其次为类 C 的非主非虚直接基类分配内存，最后按照类 C 的数据成员（如非静态数据成员、位域等）的声明顺序分配内存。对于类 C 的间接基类，在给类 C 的直接基类分配内存的时候，会分配直接基类的基类，即类 C 的间接基类。

首先介绍类 C 的基类的内存分配规则。基类分为两种：非空基类和空基类。主基类必须是非空基类，非主非虚直接基类既可以是非空基类，也可以是空基类。当非主非虚直接基类为非空基类时，它的内存分配规则和主基类的内存分配规则相同。

- 类 C 的非空基类的内存分配规则如下。假设类 C 拥有一个非空基类 D。
    - 从偏移量 dsize(C)处开始分配内存，如果需要对齐基类，则将偏移量增加 nvalign(D)，将基类 D 放在此偏移处；如果这样做导致相同类型的两个成员具有相同的偏移量，便会发生成员类型冲突的问题，那么就需要将基类 D 的候选偏移量再递增 nvalign(D)，然后重试，直到成功。
    - 因为 D 是基类，所以此时仅分配其非虚部分，不分配任何直接或间接的虚基类。
    - 确认 align(D)后，更新 sizeof(C)为 max(sizeof(C), offset(D)+nvsize(D))。
    - 更新 dsize(C)为 offset(D)+nvsize(D)。
    - 更新 align(C)为 max(align(C), nvalign(D))。
- 类 C 的空基类的内存分配规则如下。假设类 C 拥有一个空基类 D。
    - 与非空基类的内存分配规则相比，为空基类 D 分配内存时，从偏移量 dsize(C)处开始之前会先考虑额外的候选偏移量，即编译器会首先尝试将类 D 放在偏移量 0 处，如果内存分配不成功（如由于成员类型冲突），再尝试在 dsize(C)处放置类 D；如果在 dsize(C)处也存在成员类型冲突，则再将候选偏移量递增 nvalign(D)，然后重试，直到成功。

- 确认 align(D)后，更新 sizeof(C)为 max(sizeof(C), offset(D)+sizeof(D))。
- 因为 D 是一个空基类，所以不需要更新 dsize(C)。
- 因为 D 是一个空基类，nvalign(D)只能为 0 或 1，所以不需要更新 align(C)。

上面讲解了类 C 的基类的内存分配规则，下面讲解类 C 的数据成员的内存分配规则。

- 类 C 的非静态数据成员的内存分配规则如下。假设类 C 拥有一个非静态数据成员 D。
  - 非静态数据成员的内存分配规则和非空基类的内存分配规则类似。从偏移量 dsize(C)处开始分配内存，如果需要对齐数据成员，则将偏移量增加 align(D)，将 D 放在此偏移处；如果这样做导致相同类型的两个成员具有相同的偏移量，便会发生成员类型冲突的问题，那么就需要将数据成员的候选偏移量再递增 align(D)，然后重试，直到成功。
  - 确认 align(D)后，更新 sizeof(C)为 max(sizeof(C), offset(D)+ sizeof(D))。
  - 更新 dsize(C)为 offset(D)+sizeof(D)。
  - 更新 align(C)为 max(align(C), align(D))。
- 类 C 的位域的内存分配规则如下。假设类 C 拥有一个位域 D（这是一个非静态数据成员位域，因为这样它才会占用类 C 的内存），其声明类型为 T，声明的位域宽度为 n。
  - 如果 sizeof(T) $\times$ 8 $\geqslant$ n，则按照 C 语言规则分配位域，并且永远不会将位域放置在类 C 的基类的尾部填充中。
  - 如果 dsize(C) > 0，偏移量 dsize(C) −1 处的字节部分由位域填充，并且该位域也是类 C 的数据成员（但不在类 C 的固有基类中），则下一个可用位是偏移量 dsize(C) −1 处的未填充位；否则，下一个可用位在偏移量 dsize(C)处。
  - 确认 align(D)后，更新 sizeof(C)为 max(sizeof(C), dsize(C))。
  - 更新 dsize(C)以包含（部分）位域的最后一个字节。
  - 更新 align(C)为 max(align(C), align(T))。

分配完类 C 的所有非虚基类和成员变量之后，设置 nvalign(C) = align(C)，nvsize(C) = sizeof(C)。nvalign(C)和 nvsize(C)的值在虚基类分配期间不会更改。请注意，nvsize(C)不必是 nvalign(C)的倍数。

下面通过一个示例来理解上述分配规则。假设声明一个类 Ts 如下：

```
struct Ts {
    char b : 3;
```

```
    int a : 4;
    char c;
};
    Ts t;
    t.b = 1;
    t.a = 1;
    t.c = 1;
```

在 GCC 中对上述类 Ts 执行 sizeof(Ts)，输出结果为 4，原理如下。

- 初始化时，dsize(Ts) = 0，sizeof(Ts) = 0，align(Ts) = 1。
- 当 GCC 扫描到 Ts 的第一个成员（即位域 b）时，因为 sizeof(char) × 8 ≥ 3，其中 3 是位域宽度，所以按照 C 语言的规则来为位域 b 分配内存，即将 b 放置在第一个字节的第 0～2 位。此时 dsize(Ts) = 1，sizeof(Ts) = 1，align(Ts) = 1。
- 接着，GCC 扫描到 Ts 的成员 a。因为 a 也是一个位域，并且 sizeof(int) × 8 ≥ 4，所以继续按照 C 语言的规则来为 a 分配内存。此时 dsize(Ts) = 1，即 dsize(Ts) > 0，并且位域 b 所占用的字节还未被完全填充，因此将位域 a 继续填充在位域 b 所占用的字节中，如图 3-6 所示。位域 b 占据 Ts 第一个字节的第 0～2 位，位域 a 占据 Ts 第一个字节的第 3～6 位。
- 分配完 a 后，align(Ts) = max(align(Ts), align(int)) = 4，dszie(Ts) = 1，sizeof(Ts) = max(sizeof(Ts), dszie(Ts)) = 4。
- 接着，GCC 为类 Ts 的成员 c 分配内存空间。因为 c 为 char 类型，不是位域，而是非静态数据成员，所以从偏移量 dsize(Ts)处开始分配内存；又因为此时 dsize(Ts) = 1，所以 GCC 会将 c 分配至 Ts 所占用内存的第二个字节处。
- 最终 Ts 的内存分布如图 3-7 所示，sizeof(Ts) = 4。

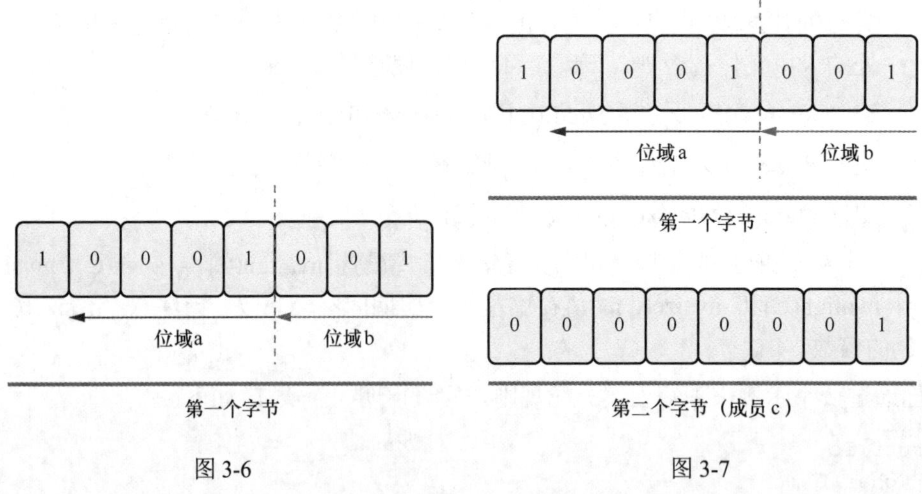

图 3-6　　图 3-7

上面是对 Ts 内存分布的理论分析，下面将利用 GDB 从实践层面对其进行验证。为了使用 GDB，在构建的时候需要选择-g 命令选项。假设测试程序如下：

```
int main() {
    Ts t;
    t.b = 1;
    t.a = 1;
    t.c = 1;

    std::cout << sizeof(t) << "\n";
    return 0;
}
```

运行 p sizeof(t)，结果如图 3-8 所示。

图 3-8

观测对象 t 占用的内存及内存中的内容可以使用 GDB 的 x 命令。例如运行 x/4t &t，结果如图 3-9 所示。

(gdb) x/4t &t
0xffffffffef38: 10001001 00000001 00000000 00000000

图 3-9

GDB 显示的第一个字节为 10001001，即位域 b 和位域 a 所占用的内存；第二个字节为 00000001，即成员 c 所占用的内存。实践结果与理论分析一致。

（3）为虚基类分配内存。

为所有直接或间接的虚基类（主基类或任何间接主基类除外）分配内存，规则与前文讲解的非空基类的内存分配规则一样。

为了便于读者理解上述相应规则，给出如下示例代码：

```
class A {
public:
  virtual ~A() = default;
  virtual void f();
};

class B {
public:
  virtual ~B() = default;
```

```
  virtual void b();
};

class T : virtual public B {
public:
  virtual void t();
};

class U : public A, virtual public B, virtual public T {
public:
  virtual void u();
};

class V : public A, virtual public T {
public:
  virtual void v();
};
```

上述示例中 sizeof(U)等于 sizeof(V)，其输出结果如图 3-10 所示。

```
qls@qls:~/InsideModel/3/3.1$ ./main
sizeof(U) : 16
sizeof(V): 16
```

图 3-10

对于类 U 而言，其主基类为 A，因此先分配主基类 A。而 B 和 T 均为虚基类，并且 B 为 T 的主基类，则分配完 A 后便分配 T。

对于类 V 而言，其主基类为 A，因此首先分配主基类 A。而 T 为直接虚基类，因此在分配完 A 后便分配 T。

故类 U 和类 V 具有相同的内存分布，二者的 sizeof 计算结果相同。

（4）分配完成。

调整 sizeof(C)为 align(C)的非 0 整数倍。

介绍完 GCC 中非 POD 对象的数据成员的初始化规则，接下来看看具体的实例，即读者熟悉的 Point3d 类。

3.1.4　由 Point3d 说起

为了便于读者理解 GCC 中非 POD 对象的数据成员的初始化规则，本小节重点分析 Point3d 类的数据成员。Point3d 类的实现如下：

```
class Point3d {
public:
  Point3d() = default;

private:
  int64_t x_{0};
```

```
  static Point3d* free_list;
  int64_t y_{0};
  static const int chunkSize{0};
  int64_t z_{0};
};
```

完整的测试代码见配套资源中的 3/3.1/point3d.cpp。

在上述情境下，通过 C++ Insights 可知，Point3d p 可扩展为如下语句：

```
Point3d p = Point3d();
```

通过 Compiler Explorer 可知，相应的汇编实现如下：

```
movq    $0, -32(%rbp)
movq    $0, -24(%rbp)
movq    $0, -16(%rbp)
```

进一步通过 GDB 确认 Point3d 数据成员的内存布局：

```
(gdb) p p
$2 = {
  x_ = 0,
  y_ = 93824992235680,
  static chunkSize = 0,
  z_ = 140737488347488,
  static free_list = 0x0
}
```

通过 GDB 确认 Point3d 的大小：

```
(gdb) p sizeof(p)
$4 = 24
```

非静态数据成员在类对象中的排列顺序与其声明顺序一致，任何中间介入的静态数据成员都不会被放置在类对象的内存中。静态数据成员放置在程序的数据块中。

同时，通过汇编部分可知，GCC 中类成员的默认初始化顺序与其声明顺序一致，并且 GCC 也会进行一定优化，省略了构造函数。

若 x_ 成员为显式初始化，Point3d 的实现如下：

```
class Point3d {
public:
  Point3d() = default;
  Point3d(int x) : x_{x} {}

private:
  int64_t x_;
```

```
  static Point3d* free_list;
  int64_t y_{0};
  static const int chunkSize{0};
  int64_t z_{0};
};
```

完整的测试代码见配套资源中的 3/3.1/point3d2.cpp。

为了便于读者深入了解上述测试代码中对象 p 是如何调用构造函数的，有必要分析一下该测试代码生成的核心汇编代码。通过 Compiler Explorer 可知，该测试代码生成的核心汇编代码[1]的关键代码实现如下：

```
Point3d::Point3d(int) [base object constructor]:
        pushq   %rbp
        movq    %rsp, %rbp
        movq    %rdi, -8(%rbp) // ⑥
        movl    %esi, -12(%rbp) // ⑦
        movl    -12(%rbp), %eax // ⑧
        movslq  %eax, %rdx     // ⑨
        movq    -8(%rbp), %rax // ⑩
        movq    %rdx, (%rax) // ⑪
        movq    -8(%rbp), %rax // ⑫
        movq    $0, 8(%rax)    // ⑬
        movq    -8(%rbp), %rax // ⑭
        movq    $0, 16(%rax) // ⑮
        nop
        popq    %rbp
        ret
main:
        pushq   %rbp
        movq    %rsp, %rbp
        subq    $32, %rsp  // ①
        leaq    -32(%rbp), %rax // ②
        movl    $1, %esi // ③
        movq    %rax, %rdi // ④
        call    Point3d::Point3d(int) [complete object constructor] // ⑤
        movl    $0, %eax
        leave
        ret
```

上述汇编实现所表现出来的堆栈信息如图 3-11 所示。

[1] 本书中所有的汇编代码均是未开启编译器优化选项所产生的代码。

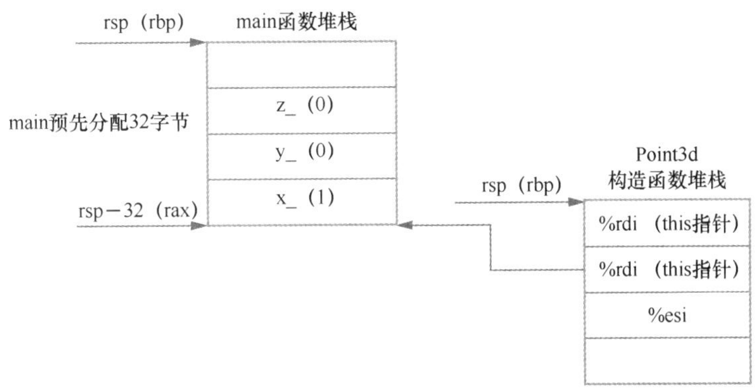

图 3-11

对上述汇编代码进行分析，具体如下。

① 在 main 函数的堆栈中分配 32 字节的内存。

② 将 rbp － 32 的值（1）所分配的内存地址赋给 rax 寄存器（注：这便是 Point3d 的 this 指针的值）。

③ 将 1 赋值给 esi 寄存器，即 Point3d 的构造函数的参数 x。

④ 将 this 指针赋给 rdi 寄存器。

⑤ 调用 Point3d 的构造函数（注：汇编中显示为 complete object constructor，关于其介绍可参考第 5 章中构造语义学的相关内容）。

⑥ Point3d 的构造函数，将 this 指针放置在图 3-11 所示的位置。

⑦ 将 Point3d 的构造函数的参数 x = 1 放置在图 3-11 所示的位置。

⑧ 将 x = 1 的值赋给 eax 寄存器。

⑨ 扩展 32 位到 64 位。

⑩ 将 this 指针赋给 rax 寄存器。

⑪ 将 rdx（即 x = 1）放置在 Point3d 对象所分配的内存中，即图 3-11 中 main 函数堆栈中的 x_处。

⑫⑬ 将 y_默认为 0 值，放置在图 3-11 中 main 函数堆栈中的 y_处。

⑭⑮ 将 z_默认为 0 值，放置在图 3-11 中 main 函数堆栈中的 z_处。

综上所述，GCC 生成了相应的构造函数，并且针对 y_、z_的初始化依然与声明顺序相同！

若将 Point3d 的例子改为成员初始化列表的形式，则其实现如下：

```
class Point3d {
public:
  Point3d(int x, int y, int z) : x_(x), y_(y), z_(z) {}
```

```
    Point3d() = default;

  private:
    int64_t x_;
    static Point3d* free_list;
    int64_t y_{0};
    static const int chunkSize{0};
    int64_t z_{0};
  };
```

具体的测试代码可参考配套资源中的 3/3.1/point3d3.cpp。

读者可以自行分析相应的汇编实现。通过 Compiler Explorer 给出的汇编实现可知，GCC 中 Point3d 类的数据成员的初始化顺序与其声明顺序一致。

1. 增加虚函数

编译器可能会在对象的内部增加一些数据成员，以支持类对象模型。而 vptr 便是编译器内部增加的数据成员。只有当一个类声明了虚成员函数，或者类本身拥有虚基类，又或者类的基类中拥有虚成员函数，编译器才会生成 vptr。一些旧的编译器会将 vptr 放置在声明的非静态数据成员的末尾，但 GCC/Clang 编译器会把 vptr 放置在类对象的开头。

为了验证 GCC/Clang 编译器所生成的 vptr 的布局位置，将 Point3d 的实现更改如下：

```
class Point3d {
public:
  // Point3d(int x, int y, int z) : x_(x), y_(y), z_(z) {}
  Point3d() = default;
  virtual void print() {
    std::cout << "hello world!\n";
  }

private:
  int64_t x_{0};

  int64_t y_{0};
  static const int chunkSize{0};
  int64_t z_{0};
  static Point3d* free_list;
};
```

完整的测试代码见配套资源中的 3/3.1/point3d4.cpp。

通过 GDB 观察相应的内存分布如下：

```
{
  _vptr.Point3d = 0x7ffff7d98fc8 <__exit_funcs_lock>,
```

```
    x_ = 93824992236176,
    y_ = 0,
    static chunkSize = 0,
    z_ = 93824992235712,
    static free_list = 0x0
}
```

综上所述，对于含有虚函数的类 Point3d，其内存分布中会生成一个 vptr，并且该 vptr 位于内存布局的起始位置，即对于 GCC 而言，vptr 会被放置在类对象的开头。

2. 默认构造函数（未调用用户声明的构造函数）

为了便于读者进一步理解 GCC 是如何构造和实现含有虚函数的类的，下面通过 Compiler Explorer 对 Point3d p 进行分析，得到其汇编实现如下：

```
main:
        pushq   %rbp
        movq    %rsp, %rbp
        movl    $vtable for Point3d+16, %eax // ①
        movq    %rax, -32(%rbp) // ②
        movq    $0, -24(%rbp) // ③
        movq    $0, -16(%rbp) // ④
        movq    $0, -8(%rbp) // ⑤
        movl    $0, %eax
        popq    %rbp
        ret
vtable for Point3d: // ⑥
        .quad   0   // ⑦
        .quad   typeinfo for Point3d // ⑧
        .quad   Point3d::print() // ⑨
```

上述汇编实现中 main 函数堆栈的内存布局如图 3-12 所示。

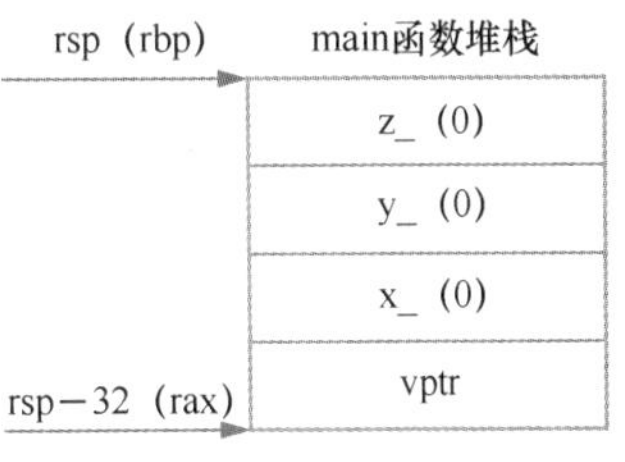

图 3-12

对上述汇编代码进行分析，具体如下。

① 将 vtable for Point3d 的内存地址加上 16 赋给 eax 寄存器（即 vptr）。

② 将 rax 的值放置在图 3-12 所示的 vptr 位置。

③ 初始化 x_为 0，并将其放置在图 3-12 所示的 x_位置。

④ 初始化 y_为 0，并将其放置在图 3-12 所示的 y_位置。

⑤ 初始化 z_为 0，并将其放置在图 3-12 所示的 z_位置。

⑥ Point3d 的虚表名。

⑦ Point3d 虚表的第一个槽（slot），此处放置的为 top_offset。

⑧ Point3d 虚表的第二个槽，此处放置的为 Point3d 的 typeinfo 相关信息的地址，其具体实现会在第 5 章讲解。

⑨ Point3d 虚表的第三个槽，此处放置的为 Point3d 声明的虚函数的地址，即 vptr 所指向的槽。

综上所述，在成员变量显式初始化的场景下，GCC 会进行优化，省略构造函数，但依然会生成 Point3d 的虚表。

此时 Point3d 的内存布局如图 3-13 所示。

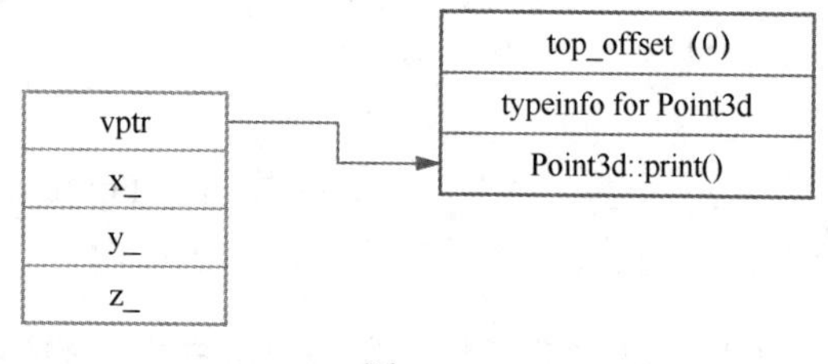

图 3-13

3．显式构造函数（用户声明的构造函数）

更改上述 Point3d，具体实现如下：

```
class Point3d {
public:
  Point3d(int x, int y, int z) : x_(x), y_(y), z_(z) {}
  Point3d() = default;
  virtual void print() {
    std::cout << "hello world!\n";
  }

private:
  int64_t x_;
  static Point3d* free_list;
  int64_t y_{0};
  static const int chunkSize{0};
  int64_t z_{0};
};
```

完整的测试代码见配套资源中的 3/3.1/point3d5.cpp。

为了帮助读者进一步理解显式调用构造函数的原理，下面通过 Compiler Explorer 观察相应的汇编实现。其核心代码的汇编实现如下：

```
Point3d::Point3d(int, int, int) [base object constructor]:
        pushq   %rbp
        movq    %rsp, %rbp
        movq    %rdi, -8(%rbp) // ⑧
        movl    %esi, -12(%rbp) // ⑨
        movl    %edx, -16(%rbp) // ⑩
        movl    %ecx, -20(%rbp) // ⑪
        movl    $vtable for Point3d+16, %edx // ⑫
```

```
        movq    -8(%rbp), %rax // ⑬
        movq    %rdx, (%rax) // ⑭
        movl    -12(%rbp), %eax // ⑮
        movslq  %eax, %rdx // ⑯
        movq    -8(%rbp), %rax // ⑰
        movq    %rdx, 8(%rax) // ⑱
        movl    -16(%rbp), %eax // ⑲
        movslq  %eax, %rdx // ⑳
        movq    -8(%rbp), %rax // ㉑
        movq    %rdx, 16(%rax) // ㉒
        movl    -20(%rbp), %eax // ㉓
        movslq  %eax, %rdx  // ㉔
        movq    -8(%rbp), %rax // ㉕
        movq    %rdx, 24(%rax) // ㉖
        nop
        popq    %rbp
        ret
main:
        pushq   %rbp
        movq    %rsp, %rbp
        subq    $32, %rsp // ①
        leaq    -32(%rbp), %rax  // ②
        movl    $1, %ecx // ③
        movl    $1, %edx // ④
        movl    $1, %esi // ⑤
        movq    %rax, %rdi // ⑥
        call    Point3d::Point3d(int, int, int) [complete object
                constructor] // ⑦
        movl    $0, %eax
        leave
        ret
vtable for Point3d: // ㉗
        .quad   0 // ㉘
        .quad   typeinfo for Point3d // ㉙
        .quad   Point3d::print() // ㉚
```

对上述汇编代码进行分析，具体如下。

① 在 main 函数堆栈中分配 32 字节的内存。

② 将上面所分配的内存地址赋给 rax 寄存器（即 this 指针）。

③～⑤ 初始化 x_、y_、z_并设置 Point3d 的显式构造函数的入参。

⑥ 将 this 指针赋给 rdi 寄存器，并将其作为 Point3d 的显式构造函数的入参。

⑦ 调用 Point3d 的显式构造函数。

⑧～⑪ 将 Point3d 的入参放置在其构造函数所在的堆栈中。

⑫ 将 vtable for Point3d 的地址加上 16 赋给 edx 寄存器。

⑬ 将 this 指针赋给 rax 寄存器。

⑭ 将 vptr 放置在 Point3d 对象的首位置，即图 3-13 的 vptr 处。

⑮～㉖ 初始化 x_、y_、z_并将相应的值放置在图 3-13 的 x_、y_、z_处。

㉗～㉚ Point3d 类的虚表的构成和相应的虚表的内容。

综上所述：

- GCC 针对含有虚函数且具有显式构造函数的类，不会进行优化，而是生成相应的完整对象构造函数（complete object constructor）和基类对象构造函数（base object constructor）。
- GCC 会在类 Point3d 中安插一个 vptr，并且该 vptr 在所有参数初始化列表之前被初始化。

3.2　继承与数据成员

面向对象的三大特性：继承、多态和封装。其中继承主要是为了复用一些类的方法和属性，以实现代码扩展。

任何由关键字 class 和 struct 声明的类都可以派生自一个或一些基类（这些基类也称为父类），而这些基类也可以派生自其他基类，以此构成一个继承层次。

继承的声明形式如下所示：

```
class Derived : [属性] [virtual] [访问限定修饰符] 类声明或 decltype 表达式
```

上述声明中，[]中的内容为可选项，如果不存在访问限定修饰符，则对于 class 声明的类默认为 private 继承，针对 struct 声明的类默认为 public 继承。C++访问修饰符有 3 个：public、protected 和 private。

如果存在 virtual 关键字，那么此时的继承为虚拟继承，此时的基类称为虚基类；如果不存在 virtual 关键字，那么继承为非虚拟继承，此时的基类称为非虚基类。

如果类声明是一个模板的 template-id，那么此时类声明可以是一个包扩展。

如果类声明中包含一个 final 关键字，那么该类不能作为其他类的基类。

在 C++的世界里，实现继承和多态的类可分为单继承非多态、单继承多态、多继承非多态、多继承多态。此外，每种继承都可能包含虚拟继承。

3.2.1　单继承非多态

单继承指的是类声明部分只有一个类，即派生类只有一个父类。派生类复用其父类的属性和接口。派生类继承自父类的方式可以是 public、protected 或 private。

其中 public 继承使得派生类和父类为 is-a 关系。在多态的场景下可以通过父类的指针或引用来调用派生类的接口。在 public 继承下，父类的 public/protected 访问控制权限在派生类中保持不变（即父类 public 的数据成员在派生类中也是 public 的，protected 的数据成员及接口在派生类中也是 protected 的，private 的数据成员和接口不会被派生类访问）。

protected 继承使得父类的 public/protected 访问控制权限下的数据成员和接口在派生类中均为 protected 访问控制权限。

private 继承使得派生类和父类为 has-a 关系及根据父类实现某些功能的关系。private 继承使得父类的所有成员及接口在派生类中均为 private 访问控制权限。

类层次结构表示一组按层次结构组织的概念。基类通常充当接口。接口有两种用途：接口继承和实现继承。

接口继承使用 public 继承。它将用户与实现分离，以允许派生类在不影响基类用户的情况下添加或更改基类的功能。

实现继承使用 private 继承。通常，派生类通过调整基类的功能来提供其自身功能。

假设有一个二维（2D）坐标，但现在需要一个三维（3D）坐标，那么可以利用 public 继承（即接口继承）来复用二维坐标的属性和接口。Point2d 和 Point3d 的实现如下[1]：

```
class Point2d {
public:
  Point2d(int x = 0.0, int y = 0.0) : x_(x), y_(y) {}
  float x() {return x_;}
  float y() {return y_;}

  void x(float newX) { x_ = newX;}
  void y(float newY) { y_ = newY;}

  void operator+=(const Point2d& rhs) {
    x_ += rhs.x_;
    y_ += rhs.y_;
  }

private:
  int x_;
  int y_;
};
```

[1] 为了测试方便，本示例未在 Point2d 中增加虚析构函数的实现。在实际项目中，除非基类有特殊用途，否则均应该在基类中声明并实现虚析构函数。

```
class Point3d : public Point2d {
public:
  Point3d(int x = 0.0, int y = 0.0, int z = 0.0)
    : Point2d(x, y), z_(z) {}

  float z() {return z_;}
  void z(float newZ) {z_ = newZ;}
  void operator+=(const Point3d& rhs) {
    Point2d::operator+=(rhs);
    z_ += rhs.z_;
  }
private:
  int z_;
};
```

完整的测试代码见配套资源中的 3/3.2/test1.cpp。

为了便于读者更好地了解 Point2d 和 Point3d 的内存布局，此处通过 GDB 调试，得到如下内容：

```
d1 = {
  x_ = 0,
  y_ = 1431654560
}
d2 = {
  <Point2d> = {
    x_ = 21845,
    y_ = -7840
  },
  members of Point3d:
  z_ = 32767
}
```

由上可知，在单继承非多态场景下，Point2d 和 Point3d 对象数据成员布局如图 3-14 所示。

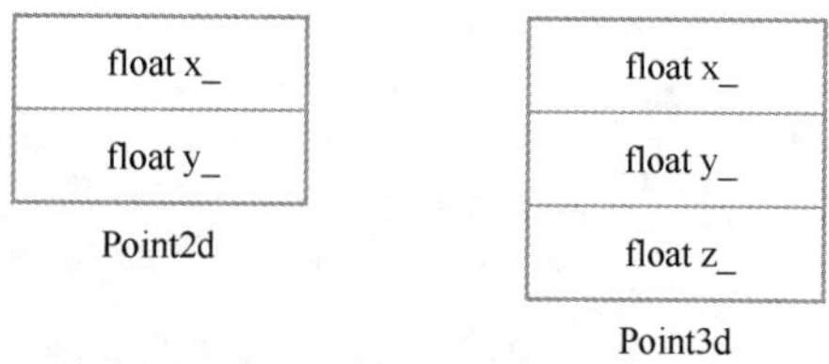

图 3-14

为了便于读者进一步了解单继承非多态场景下 Point3d 类对象的初始化过程，本节将利用 Compiler Explorer 对其初始化过程中汇编的核心代码进行分析。其具体的汇编实现如下：

```
Point2d::Point2d(int, int) [base object constructor]:
        pushq   %rbp
        movq    %rsp, %rbp
        movq    %rdi, -8(%rbp) // ⑬
        movl    %esi, -12(%rbp) // ⑭
        movl    %edx, -16(%rbp)  // ⑮
        movq    -8(%rbp), %rax  // ⑯
        movl    -12(%rbp), %edx  // ⑰
        movl    %edx, (%rax) // ⑱
        movq    -8(%rbp), %rax // ⑲
        movl    -16(%rbp), %edx // ⑳
        movl    %edx, 4(%rax) // ㉑
        nop
        popq    %rbp
        ret
Point3d::Point3d(int, int, int) [base object constructor]:
        pushq   %rbp
        movq    %rsp, %rbp
        subq    $32, %rsp // ㉒
        movq    %rdi, -8(%rbp) // ㉓
        movl    %esi, -12(%rbp) // ㉔
        movl    %edx, -16(%rbp) // ㉕
        movl    %ecx, -20(%rbp)  // ㉖
        movq    -8(%rbp), %rax // ㉗
        movl    -16(%rbp), %edx // ㉘
        movl    -12(%rbp), %ecx // ㉙
        movl    %ecx, %esi // ㉚
        movq    %rax, %rdi // ㉛
        call    Point2d::Point2d(int, int) [base object constructor] // ㉜
        movq    -8(%rbp), %rax // ㉝
        movl    -20(%rbp), %edx // ㉞
        movl    %edx, 8(%rax) //㉟
        nop
        leave
        ret
main:
        pushq   %rbp
        movq    %rsp, %rbp
        subq    $32, %rsp  // ①
        leaq    -8(%rbp), %rax // ②
        movl    $0, %edx // ③
        movl    $0, %esi  // ④
        movq    %rax, %rdi // ⑤
        call    Point2d::Point2d(int, int) [complete object constructor] // ⑥
        leaq    -20(%rbp), %rax // ⑦
```

```
movl    $0, %ecx // ⑧
movl    $0, %edx // ⑨
movl    $0, %esi  // ⑩
movq    %rax, %rdi // ⑪
call    Point3d::Point3d(int, int, int) [complete object
        constructor] // ⑫
movl    $0, %eax
leave
ret
```

在 main 汇编实现中，具体的堆栈分配如图 3-15 所示。

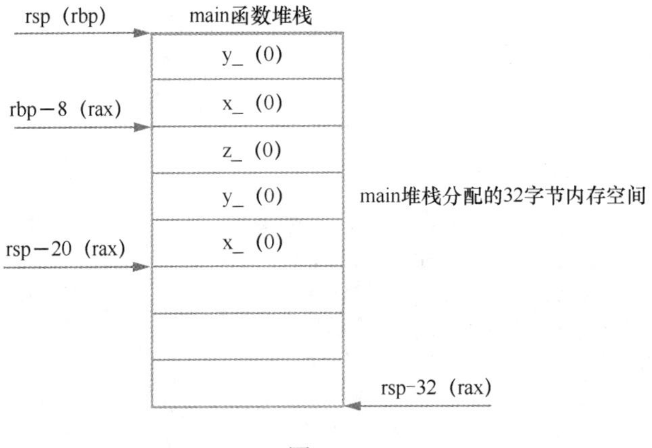

图 3-15

对上述汇编代码进行分析，具体如下。

① 在 main 函数堆栈中预先分配 32 字节的内存。

② 将 rbp － 8 的值赋给 rax 寄存器，此时 rax 寄存器的值便为 Point2d 的 this 指针，如图 3-15 所示。

③～⑤ 分别初始化 Point2d 的构造函数参数，x_、y_及 this 指针。

⑥ 调用 Point2d 的构造函数，初始化 Point2d 对象。

⑦ 将 rbp − 20 的值赋给 rax 寄存器，此时 rax 寄存器的值便为 Point3d 的 this 指针。

⑧～⑪ 分别初始化 Point3d 的构造函数参数，x_、y_、z_及 this 指针。

⑫ 调用 Point3d 的构造函数初始化 Point3d 对象。

⑬ 将 Point2d 对象的 this 指针放置在 Point2d 构造函数堆栈的 rbp − 8 处。

⑭⑮ 将 Point2d 构造函数的入参分别放置在 Point2d 构造函数堆栈的 rbp − 12 和 rbp − 16 处。

⑯ 将 Point2d 的 this 指针赋给 rax 寄存器。

⑰～㉑ 初始化 Point2d 对象的非静态数据成员，并将其按声明顺序放置在对象内存中的相应位置。

上面主要分析了 Point2d 对象的初始化过程，下面进一步分析 Point3d 的初始化过程。

㉒ 在 Point3d 的构造函数堆栈中分配 32 字节内存。

㉓ 将 Point3d 的 this 指针赋给 rax 寄存器。

㉔～㉖ 将 Point3d 构造函数的入参放置在相应的堆栈位置。

㉗ 将 Point3d 的 this 指针赋给 rax 寄存器。

㉘～㉛ 将 Point2d 构造函数的参数赋给相应的寄存器，并且将 Point3d 的 this 指针作为 Point2d 的 this 指针传递给 Point2d 的构造函数。

㉜ 调用 Point2d 的构造函数，初始化 Point2d 子对象。

㉝～㉟ 初始化 Point3d 的非静态数据成员 z_。

综上所述，调用 Point2d 和 Point3d 的构造函数的方式与调用普通函数的构造方式相同。

派生类中基类子对象（base class subobject）完整性指的是，若类 A 派生自类 B 及类 C，那么类 A 对象的内存布局中需要保持类 B 子对象和类 C 子对象的完整性，即类 A 可以完全切割为类 B 或类 C。

假设类 B、类 C 及类 A 的实现如下：

```
class B {
public:
  char a_{};
};

class C {
public:
  int b_;
};

class A : public B, public C {};
```

那么子对象完整性要求类 A 的内存布局如图 3-16 所示。

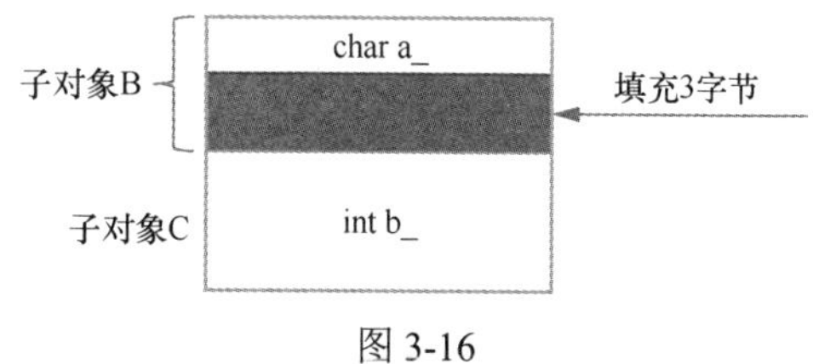

图 3-16

在单继承非多态的场景下，GCC 是否会保证派生类中基类子对象具有完整性呢？

为了回答此问题，给出如下类型的定义：

```
class Concrete {
private:
```

```
  int val_;
  char c1_;
  char c2_;
  char c3_;
};

class Concrete1 {
private:
  int val_;
  char c1_;
};
class Concrete2 : public Concrete1 {
private:
  char c2_;
};

class Concrete3 : public Concrete2 {
private:
  char c3_;
};
```

完整的测试代码见配套资源中的 3/3.2/test2.cpp。

为了便于读者探讨相应类型对象的内存布局，此处利用 GDB 观察测试代码相应对象的内存布局：

```
base = {
  val_ = -7840,
  c1_ = -1 '\377',
  c2_ = 127 '\177',
  c3_ = 0 '\000'
}
df = {
  <Concrete2> = {
    <Concrete1> = {
      val_ = 1431654560,
      c1_ = 85 'U'
    },
    members of Concrete2:
    c2_ = 85 'U'
  },
  members of Concrete3:
  c3_ = 0 '\000'
}
c2 = {
  <Concrete1> = {
```

```
      val_ = -7840,
      c1_ = -1 '\377'
    },
    members of Concrete2:
    c2_ = 127 '\177'
  }
  (gdb) p sizeof(c2)
  $1 = 8
  (gdb) p sizeof(df)
  $2 = 8
  (gdb) p sizeof(base)
  $3 = 8
```

由 GDB 观察结果可知，派生类及基类占用了相同的内存，并且均为 8 字节。故可知 GCC 并不保证子对象的完整性。

为了帮助读者进一步理解 GCC 中类的非静态数据成员的初始化规则，下面以 Concrete2 为例来进行相应的内因分析。

首先，测试源码中的对象实例 c2，因为 Concrete2 的基类为 Concrete1，并且 dsize(Concrete2) = 0，所以有：

- sizeof(c2) = max(sizeof(c2), offset(Concrete1) + nvsize(Concrete1)) = 8；
- 当分配完 Concrete1 的内存后，需要更新 Concrete2 中的成员 char c2_，此时 dsize(Concrete2) = 5，align(char) = 1，故放置在尾部填充 6 字节处，即此时 sizeof(Concrete2) = 8。

因此，sizeof(c2) = 8。

综上所述，对于目前的 GCC/Clang 编译器，派生类中基类子对象并不具有完整性，某些场景下会在尾部填充处填充。

3.2.2　单继承多态

多态是 C++面向对象编程思想的基础之一。多态在 C++中又分为静态多态和动态多态两种。静态多态利用 C++泛型编程来实现。在 C++中，动态多态只能通过基类的指针和引用来调用相应派生类的接口（即多态）。

为了实现多态，基类必须为动态类，派生类需要 public 继承自基类。

当类引入多态后，其对象成员的布局会变得更加复杂。本节继续以 Point2d 和 Point3d 为例讲解多态。Point2d 和 Point3d 的具体实现如下：

```
class Point2d {
public:
  Point2d(int x = 0.0, int y = 0.0) : x_(x), y_(y) {}
```

```
  virtual ~Point2d() = default;
  float x() const {return x_;}
  float y() const {return y_;}
  virtual int z() const { return 0; }

  void x(float newX) { x_ = newX;}
  void y(float newY) { y_ = newY;}

  virtual void operator+=(const Point2d& rhs) {
    x_ += rhs.x();
    y_ += rhs.y();
  }

private:
  int x_;
  int y_;
};

class Point3d : public Point2d {
public:
  Point3d(int x = 0.0, int y = 0.0, int z = 0.0)
    : Point2d(x, y), z_(z) {}

  virtual int z() const override {return z_;}
  virtual void operator+=(const Point2d& rhs) {
    Point2d::operator+=(rhs);
    z_ += rhs.z();
  }
private:
  int z_;
};
```

完整的测试代码见配套资源中的 3/3.2/test3.cpp。

为了便于读者进一步理解 Point2d 和 Point3d 对象实例的内存布局，下面将利用 GDB 观察其初始化过程：

```
 (gdb) info locals
d1 = {
  _vptr.Point2d = 0x2,
  x_ = 1431655709,
  y_ = 21845
}
d2 = warning: can't find linker symbol for virtual table for 'Point3d' value
{
  <Point2d> = {
```

```
      _vptr.Point2d = 0x7ffff7d98fc8 <__exit_funcs_lock>,
      x_ = 1431655632,
      y_ = 21845
    },
    members of Point3d:
    z_ = 0
}
```

综上所述，Point2d 和 Point3d 的内存布局如图 3-17 所示。

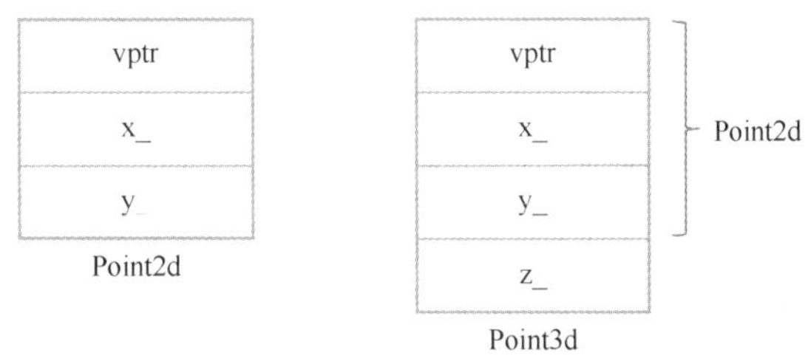

图 3-17

为了便于读者进一步理解类的单继承多态实现，引入 GCC 将单继承多态类的析构函数转换为另外 2 种或 3 种析构函数（destructor）。

- 基类对象析构函数（base object destructor）：调用该类的非静态数据成员和非虚直接基类运行析构函数。
- 完整对象析构函数（complete object destructor）：除了具备基类对象析构函数的功能，还会调用该类的虚基类的析构函数。
- 删除对象析构函数（deleting object destructor）：除了具备完整对象析构函数的功能，还会调用适当的 operator delete 函数释放内存。

由于此时 Point2d 和 Point3d 均为动态类，利用 Compiler Explorer 可知相应的虚表内容如下：

```
vtable for Point2d:
        .quad   0
        .quad   typeinfo for Point2d
        .quad   Point2d::~Point2d() [complete object destructor]
        .quad   Point2d::~Point2d() [deleting destructor]
        .quad   Point2d::z() const
        .quad   Point2d::operator+=(Point2d const&)
vtable for Point3d:
        .quad   0
        .quad   typeinfo for Point3d
        .quad   Point3d::~Point3d() [complete object destructor]
```

```
        .quad    Point3d::~Point3d() [deleting destructor]
        .quad    Point3d::z() const
        .quad    Point3d::operator+=(Point2d const&)
```

由上述虚表内容可知，针对每个声明了虚析构函数的动态类，其 vtbl 中析构函数的入口由两部分构成，即完整对象析构函数和删除对象析构函数。其作用分别如下所述。

- 完整对象析构函数：执行对象的析构操作但不调用 delete 操作。
- 删除对象析构函数：在对象析构后调用 delete 操作。

上述两个函数均销毁任何虚基类。

此外，每个动态类也拥有一个非虚基类对象析构函数，该函数执行对象的销毁操作，但不销毁其虚基类子对象，并且不调用 delete 操作。

综上所述，目前 GCC 将 vptr 放置在类对象的起始位置，且虚析构函数由完整对象析构函数和删除对象析构函数两部分构成。

本节未分析析构函数及虚函数的调用过程，该部分内容会在第 4 章中进行讲解。

3.2.3　多继承

多继承有两种典型的用例：将接口继承与实现继承分离，以及实现多个不同的接口。

当一个类派生自多个基类时，其对象的内存布局会变得更加复杂。为了探究多继承多态场景下类对象的内存布局，在 Point2d 及 Point3d 的基础上定义如下类型：

```
class Vertex {
public:
  virtual ~Vertex() {
    delete next_;
  }
private:
  Vertex* next_{nullptr};
};

class Vertex3d : public Point3d, public Vertex {
public:
  Vertex3d(int x, int y, int z, int mut)
    : Point3d(x, y, z),
      mutable_(mut) {}
private:
  int mutable_;
};
```

完整的测试代码见配套资源中的 3/3.2/test4.cpp。

为了便于读者进一步了解对象 v 及 Vertex 的内存布局，下面将利用 GDB 观察相应对象，具体如下：

```
v = {
  <Point3d> = {
    <Point2d> = {
      _vptr.Point2d = 0x7ffffffe350,
      x_ = 1431655060,
      y_ = 21845
    },
    members of Point3d:
    z_ = 2
  },
  <Vertex> = {
    _vptr.Vertex = 0x5555555556ad <__libc_csu_init+77>,
    next_ = 0x7ffff7d98fc8 <__exit_funcs_lock>
  },
  members of Vertex3d:
  mutable_ = 1431656032
}
```

综上所述，Vertex3d 的内存布局如图 3-18 所示。

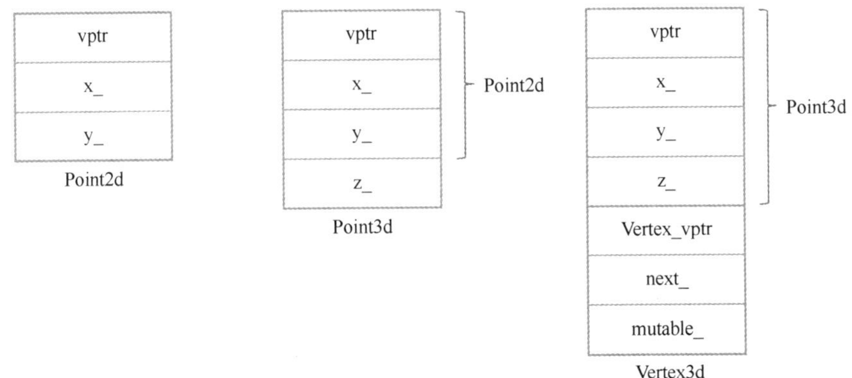

图 3-18

C++标准并未要求 Vertex3d 中的基类 Point3d 和 Vertex 有特定的排列顺序。但是 GCC 所采用的规则要求内存布局必须按照继承图顺序（inheritance graph order）布局。

继承图顺序定义如下。

> 类对象及其所有子对象的排序，通过深度优先遍历其继承图（从派生最多的类对象到基类对象）获得，其中：

- 没有节点被多次访问（因此，虚基类子对象及其所有基类子对象将仅访问一次）；
- 节点的子对象按声明顺序进行访问（因此，若一个类 A 继承自 B、C，则首先遍历 A，然后是 B 及其子对象，然后是 C 及其子对象）。

继承图指这样一种图，其节点表示类及其所有子对象，连接表示每个节点及其直接基类的关系。

GCC 针对 Vertex* pv = &v 会在内部进行相应的转换，相应的虚拟代码如下：

```
pv = (Vertex*)((char*)&v3d) + sizeof(Point3d)
```

为了便于读者进一步理解上述转换，利用 Compiler Explorer 得到上述语句的汇编实现如下：

```
leaq    -96(%rbp), %rax // ①
addq    $24, %rax  // ②
movq    %rax, -40(%rbp) // ③
```

对上述汇编代码进行分析，具体如下。

① 将 Vertex3d 的 this 指针赋给 rax 寄存器。

② 将 this 指针调整为 this + 24（24 为 sizeof(Point3d)的值）。

③ 将 this 指针赋给 pv。

通过 Compiler Explorer 可知，Vertex3d 的 vtbl 布局如图 3-19 所示。注意，为了绘图方便，图 3-19 将一个 vtbl 拆分为两个，实际上 Vertex3d 在多继承下也只有一个 vtbl。

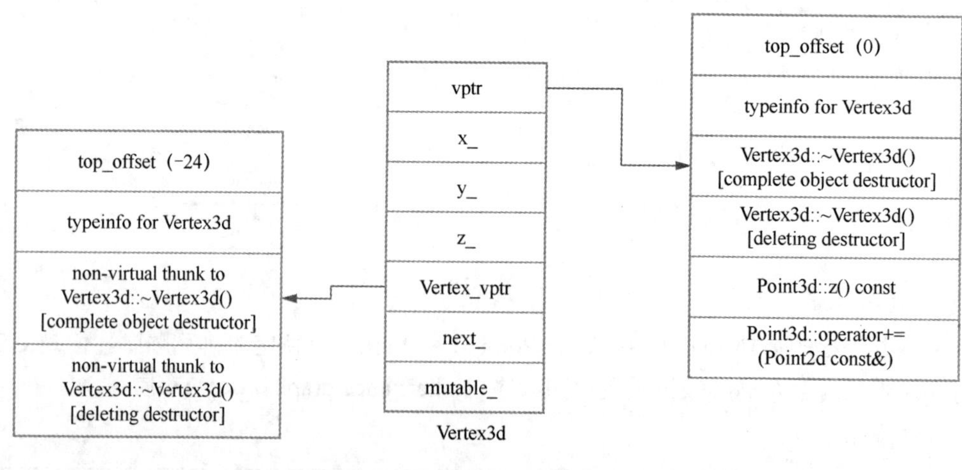

图 3-19

在 GCC 中，基类虚函数的调用会用到 thunk 技术。关于 GCC 如何利用 thunk，将在第 4

章详细介绍。

3.2.4 虚拟继承

虚拟继承是面向对象编程中的一种技术，主要用于解决菱形继承中产生的同一个子对象多次出现的问题。通过虚拟继承可以使基类子对象在其直接或间接的派生类中共享。

本节主要聚焦于如下两种场景，分析相应的类对象的内存布局。

- 派生类中只有一个虚基类。
- 派生类中有多个虚基类（本节只试验两个虚基类）。

此外，本节也会粗略讲解一下虚拟继承中类的 vtbl 的内容。

为了便于读者理解本节内容，我重新定义了 Point3d 和 Vertex3d，其实现如下：

```
class Point3d : public virtual Point2d {
public:
  Point3d(int x = 0.0, int y = 0.0, int z = 0.0)
    : Point2d(x, y), z_(z) {}

  virtual int z() const override {return z_;}
  virtual void operator+=(const Point2d& rhs) override {
    Point2d::operator+=(rhs);
    z_ += rhs.z();
  }
private:
  int z_;
};

class Vertex3d : public Point3d, public virtual Vertex {
public:
  Vertex3d(int x, int y, int z, int mut)
    : Point3d(x, y, z),
      mutable_(mut) {}
private:
  int mutable_;
};
```

完整的测试代码见配套资源中的 3/3.2/test5.cpp。

为了便于读者探究派生类中只有一个虚基类时对象的内存布局，利用 GDB 观察 Point3d，结果如下：

```
p3d = {
  <Point2d> = {
    _vptr.Point2d = 0x555555557d00 <vtable for Point3d+96>,
```

```
      x_ = 0,
      y_ = 0
    },
    members of Point3d:
    _vptr.Point3d = 0x555555557cb8 <vtable for Point3d+24>,
    z_ = 0
  }
```

综上所述，Point3d 的内存布局如图 3-20 所示。

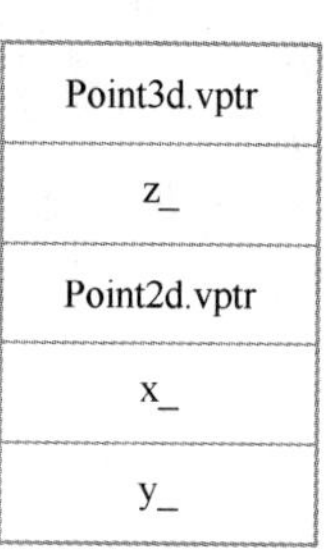

图 3-20

在虚拟继承中，编译器会将类分割为两部分：不变域和共享域。对于不变域中的数据，无论后续基类如何演化，总拥有固定的偏移（从对象的起始处算起），故这一部分可以被直接存取。对于共享域，其所表现的便是虚基类子对象。这一部分数据的位置会随着每次的派生操作而变化，只能被间接存取。

GCC 一般的布局策略是先安排派生类的不变部分，再建立其共享部分。因此在 Point3d 中，将虚基类子对象放置在其对象的尾部。

如何存取类的共享部分呢？CFront 编译器会在每个派生类对象（derived class object）中安插一些指针，每个指针指向一个虚基类。要存取继承的虚基类成员（virtual base class member），可以使用相关指针间接实现。

这样的实现模型有以下两个主要缺点。

- 每个对象必须为每个虚基类维护一个额外的指针，然而理想情况下，人们希望类对象（class object）的内存开销保持固定，不会随虚基类数目的增加而增长。
- 虚拟继承链的加长导致间接存取层次的增加。也就是说，如果有三层虚拟衍化，就需要（经由三个虚基类指针）进行三次间接存取，然而理想情况下，人们希望存取时间保持固定，不会因为虚拟衍化的深度而改变。

针对 CFront 编译器实现模型的两个主要缺点，GCC 有不同的解决方式。

为了便于读者理解 GCC 如何存取类的共享部分，利用 Compiler Explorer 观察 Point3d 的 vtbl 内容，可知其汇编实现如下：

```
vtable for Point3d:
        .quad   16
        .quad   0
        .quad   typeinfo for Point3d
        .quad   Point3d::z() const
        .quad   Point3d::operator+=(Point2d const&)
        .quad   Point3d::~Point3d() [complete object destructor]
        .quad   Point3d::~Point3d() [deleting destructor]
        .quad   -16
```

```
.quad   -16
.quad   -16
.quad   -16
.quad   typeinfo for Point3d
.quad   virtual thunk to Point3d::~Point3d() [complete object
        destructor]
.quad   virtual thunk to Point3d::~Point3d() [deleting destructor]
.quad   virtual thunk to Point3d::z() const
.quad   virtual thunk to Point3d::operator+=(Point2d const&)
```

上述虚表内容可以参照图 3-21 进行理解。

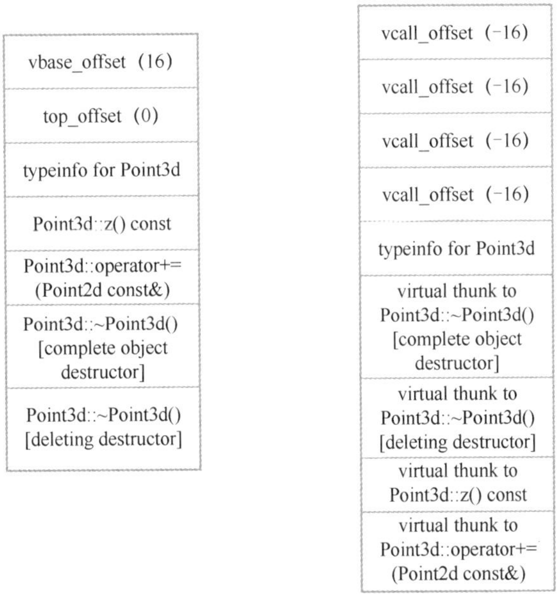

vbase_offset（16）
top_offset（0）
typeinfo for Point3d
Point3d::z() const
Point3d::operator+=(Point2d const&)
Point3d::~Point3d() [complete object destructor]
Point3d::~Point3d() [deleting destructor]

vcall_offset（-16）
vcall_offset（-16）
vcall_offset（-16）
vcall_offset（-16）
typeinfo for Point3d
virtual thunk to Point3d::~Point3d() [complete object destructor]
virtual thunk to Point3d::~Point3d() [deleting destructor]
virtual thunk to Point3d::z() const
virtual thunk to Point3d::operator+=(Point2d const&)

图 3-21

注意，为了描述方便，上面将一个 vtbl 拆分为两个，实际上只有一个虚表。

虚表中出现的 vbase_offset、top_offset 和 vcall_offset 的含义分别如下。

- vbase_offset：用于访问对象的虚基类。将派生类对象的虚表指针与该值相加，便可获得相应的虚基类子对象的内存地址。每个虚基类都会产生一个 vbase_offset，可以是正数或负数。
- top_offset：提供了一种使用虚表指针从任何基类子对象中查找对象头部的方法。
- vcall_offset：只有在虚基类存在，且虚基类中含有虚成员函数（virtual member function）的时候才会生成。vcall_offset 用来执行指针调整以使虚基类可以调用相应的虚函数，该虚函数被派生类所覆盖。

故可知 GCC 针对 CFront 实现模型所引入的两个缺点进行了相应的修正，具体如下。

- 针对虚基类子对象，派生类会在其虚表中插入一个 vbase_offset。
- 针对虚基类中虚函数的调用，派生类会在其虚表中插入相应的 vcall_offset。

接下来，将探究派生类中含有多个虚基类时，类对象的内存布局。本节仅分析一个派生类中有两个虚基类的场景。完整的示例代码见配套资源中的 3/3.2/test5.cpp。

根据上述示例代码，通过 GDB 观察对象实例 v 的成员分布，观察结果如下：

```
v = {
  <Point3d> = {
    <Point2d> = {
      _vptr.Point2d = 0x555555557bd8 <vtable for Vertex3d+104>,
      x_ = 0,
      y_ = 0
    },
    members of Point3d:
    _vptr.Point3d = 0x555555557b90 <vtable for Vertex3d+32>,
    z_ = 0
  },
  <Vertex> = {
    _vptr.Vertex = 0x555555557c10 <vtable for Vertex3d+160>,
    next_ = 0x0
  },
  members of Vertex3d:
  mutable_ = 1
}
```

由上可知，对象实例 v 的内存布局如图 3-22 所示。

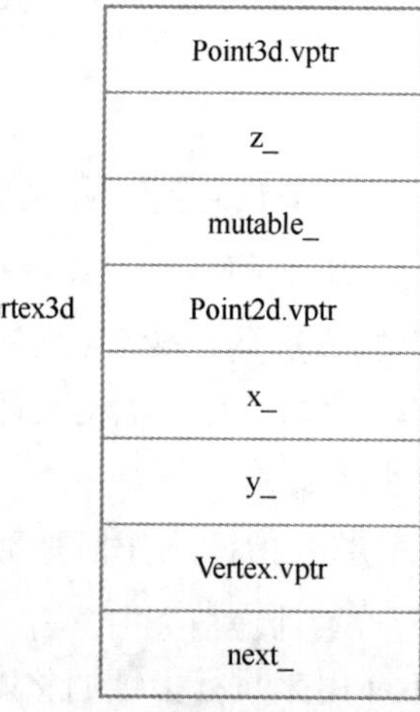

图 3-22

由图 3-22 可知：

- GCC 会针对每个虚基类插入一个 vptr；
- GCC 会先分配主基类子对象（primary base subobject），再分配相关成员；
- GCC 会按继承图顺序依次分配虚基类子对象。

通过 Compiler Explorer 可知，GCC 针对 Vertex3d 所生成的虚表内容如下：

```
vtable for Vertex3d:
        .quad   32
        .quad   16
        .quad   0
        .quad   typeinfo for Vertex3d
        .quad   Point3d::z() const
        .quad   Point3d::operator+=(Point2d const&)
        .quad   Vertex3d::~Vertex3d() [complete object destructor]
        .quad   Vertex3d::~Vertex3d() [deleting destructor]
        .quad   -16
        .quad   -16
        .quad   -16
        .quad   -16
        .quad   typeinfo for Vertex3d
        .quad   virtual thunk to Vertex3d::~Vertex3d() [complete
                object destructor]
        .quad   virtual thunk to Vertex3d::~Vertex3d() [deleting
                destructor]
        .quad   virtual thunk to Point3d::z() const
        .quad   virtual thunk to Point3d::operator+=(Point2d const&)
        .quad   -32
        .quad   -32
        .quad   typeinfo for Vertex3d
        .quad   virtual thunk to Vertex3d::~Vertex3d() [complete
                object destructor]
        .quad   virtual thunk to Vertex3d::~Vertex3d() [deleting destructor]
VTT for Vertex3d:
        .quad   vtable for Vertex3d+32
        .quad   construction vtable for Point3d-in-Vertex3d+24
        .quad   construction vtable for Point3d-in-Vertex3d+96
        .quad   vtable for Vertex3d+104
        .quad   vtable for Vertex3d+160
construction vtable for Point3d-in-Vertex3d:
        .quad   16
        .quad   0
        .quad   typeinfo for Point3d
        .quad   Point3d::z() const
```

```
.quad   Point3d::operator+=(Point2d const&)
.quad   0
.quad   0
.quad   -16
.quad   -16
.quad   -16
.quad   -16
.quad   typeinfo for Point3d
.quad   0
.quad   0
.quad   virtual thunk to Point3d::z() const
.quad   virtual thunk to Point3d::operator+=(Point2d const&)
```

由上述代码可知，GCC 在含有虚基类的场景下会生成一个 VTT（Virtual Table Table，虚表列表），关于 VTT 的内容及作用会在 5.1.1 节进行讲解。

上述 Vertex3d 的虚表内容可参考图 3-23 来理解。

vbase_offset（32）	vcall_offset（-16）	virtual thunk to Point3d::z() const
vbase_offset（16）	vcall_offset（-16）	virtual thunk to Point3d::operator+= (Point2dconst&)
top_offset（0）	vcall_offset（-16）	vcall_offset（-32）
typeinfo for Vertex3d	vcall_offset（-16）	vcall_offset（-32）
Point3d::z() const	typeinfo for Vertex3d	typeinfo for Vertex3d
Point3d::operator+= (Point2d const&)	virtual thunk to Vertex3d::~Vertex3d() [complete object destructor]	virtual thunk to Vertex3d::~Vertex3d() [complete object destructor]
Vertex3d::~Vertex3d() [complete object destructor]	virtual thunk to Vertex3d::~Vertex3d() [deleting destructor]	virtual thunk to Vertex3d::~Vertex3d() [deleting destructor]
Vertex3d::~Vertex3d() [deleting destructor]		

图 3-23

注意，为了方便绘图，我将一个虚表分解为 3 部分，其从左至右的顺序实为自上而下。

根据 Vertex3d 的虚表可知：

- GCC 针对每个虚基类会在 vtable 中插入相应的 vbase 偏移项，通过该项可以定位到虚基类子对象；
- GCC 针对每个虚基类的虚函数会在虚表的相应部分生成 vcall 偏移项，用来辅助虚函数调用。

最后，我以一个问题结束本节：在 C++中，数据成员的存取效率如何？

3.3 数据成员的存取

在 C++对象实例中，数据成员分为非静态数据成员和静态数据成员，两者的存取方式也不相同。

假设现在拥有一个类 Derived，其虚拟继承自类 Base，相应的定义如下：

```
class Base {
public:
  explicit Base(int a) : a_{a} {}
  virtual ~Base() = default;
  int a_;
};
class Derived : public  virtual Base {
public:
  explicit Derived() : Base(0) {}
  int b_{0};
};
```

完整的测试代码见配套资源中的 3/3.3/test1.cpp。其中存取对象 d 中数据成员 a 的方式如下：

```
++d.a_;
++p->a_;
```

通过对象 d 存取和通过指向对象 d 的指针 p 存取有什么不同呢？

为了便于读者理解两种不同方式存取 a_的效率，接下来将利用 Compiler Explorer 来探究 Derived 的虚表及上述两种方式的汇编实现，具体内容如下：

```
vtable for Derived:
        .quad   12
        .quad   0
        .quad   typeinfo for Derived
VTT for Derived:
        .quad   vtable for Derived+24
// ++d.a_的汇编实现如下
        movl    -20(%rbp), %eax // ①
        addl    $1, %eax // ②
        movl    %eax, -20(%rbp) // ③
// ++p->a_的汇编实现如下
        movq    -8(%rbp), %rax // ④
        movq    (%rax), %rax // ⑤
```

```
subq    $24, %rax // ⑥
movq    (%rax), %rax // ⑦
movq    %rax, %rdx // ⑧
movq    -8(%rbp), %rax // ⑨
addq    %rdx, %rax // ⑩
movl    (%rax), %edx // ⑪
addl    $1, %edx // ⑫
movl    %edx, (%rax) // ⑬
```

读者可利用 GDB 确认对象 d 中数据成员的内存布局，结合上述虚表内容可知，对象 d 的内存模型如图 3-24 所示。

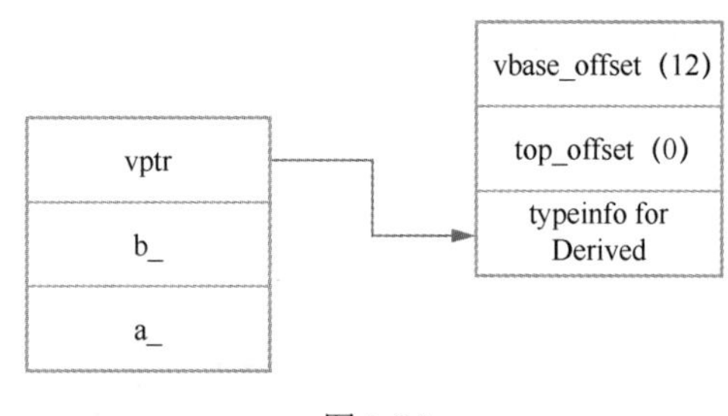

图 3-24

对上述汇编代码进行分析，具体如下。

①～③直接在对象 d 的偏移中查找数据成员 a_，以更新相应 a_的值。

④ 将 Derived 的 this 指针赋给 rax 寄存器。

⑤ 将 vptr 的地址赋给 rax 寄存器。

⑥ 将 vptr 的地址减去 24，以获得 vbase_offset 槽的地址。

⑦ 将 vbase_offset 值赋给 rax 寄存器。

⑧ 将 vbase_offset 值赋给 rdx 寄存器。

⑨ 将 Derived 的 this 指针赋给 rax 寄存器。

⑩ 将 this 指针加上 vbase_offset，以获得虚基类的地址。

⑪ 读出虚基类的成员 a_，并将其赋给 edx 寄存器。

⑫ 将 a_加 1。

⑬ 将更新后的 a_放置回虚基类数据成员的位置。

通过上述汇编分析可知，存取虚基类子对象的数据成员（即本节中通过指针存取成员 a_）时，通过对象 d 存取和通过指向对象 d 的指针 p 存取相应的值区别很大。

在虚基类场景下，通过指针存取其基类数据成员的效率要比通过类对象存取数据成员的效率低很多，这是因为多了 vptr 的调整步骤。

3.4 指向成员变量的指针

假设拥有如下 Point3d 类，并且该类中有如下非静态数据成员：

```
int64_t a_;
```

那么指向 a_的指针的声明如下：

```
int64_t Point3d::* pa
```

而 pa 一般通过如下形式进行初始化：

```
pa = &Point3d::a_
```

那么，pa 在单继承和多继承场景下分别代表什么？接下来将深入研究 GCC 关于指向成员函数的指针的实现。

3.4.1 单继承下指向成员变量的指针

一个类的数据成员可分为静态成员和非静态成员两种。那么对相应的成员进行&取地址运算，相应的结果是什么呢？

考虑如下 Point3d（注：不包含虚接口）：

```
class Point3d {
public:
  Point3d() = default;
public:
  static int a_;
  int64_t b_{0};
  int64_t c_{0};
};
int Point3d::a_ = 0;
```

通过如下测试代码分别打印出 Point3d 中 a_、b_、c_的地址：

```
int main() {
  printf("&Point3d::b_ is %p\n", &Point3d::a_);
  printf("&Point3d::b_ is %p\n", &Point3d::b_);
  printf("&Point3d::c_ is %p\n", &Point3d::c_);
  int64_t Point3d::* p1 = 0;
  int64_t Point3d::* p2 = &Point3d::b_;
  if (p1 == p2) {
    std::cout << "p1 & p2 contain the same value -- \n";
  }
  return 0;
```

```
}
```

上述代码的输出结果如下：

```
&Point3d::a_ is 0x55db0ea2c154
&Point3d::b_ is (nil)
&Point3d::c_ is 0x8
```

由结果可知：

- 针对静态数据成员取地址，会直接获取其在内存中的地址；
- 针对非静态数据成员取地址，会获取其在 Point3d 中的偏移；
- 针对 b_成员变量取地址，其偏移为 0；
- p1 和 p2 在源码层面均为 0，但并未打印相应的输出。

如果 Point3d 中含有虚函数，那么 vptr 会放在对象的起始位置，此时两个坐标值在对象布局中的偏移分别为 4 和 8。而本示例代码中 Point3d 中未含有虚函数，故两个坐标值在对象布局中的偏移分别为 0 和 8。

p1 和 p2 在源码层面均设置为空指针，但两者却并不相等。这是因为 GCC 对指向数据成员的指针有自己的定义。

> 指向数据成员的指针中存储的值是数据成员及包含该数据成员的类对象的基址偏移量，表示为 ptrdiff_t。它具有 ptrdiff_t 的大小和对齐属性。空指针表示为−1。

为了便于读者进一步理解 GCC 中指向类数据成员的指针的实现，下面将利用 Compiler Explorer 研究其汇编实现：

```
// int64_t Point3d::* p1 = 0 的汇编实现如下
      movq    $-1, -8(%rbp)
// int64_t Point3d::* p2 = &Point3d::b_的汇编实现如下
      movq    $0, -16(%rbp)
```

故可知，GCC 默认将指向非静态数据成员函数的空指针的值赋值为−1。

因此，在 GCC 中，区分一个指针是一个不指向任何数据成员的指针，还是一个指向第一个数据成员的指针，只需判断相应的指针值是否为−1。

3.4.2　多继承下指向成员变量的指针

多继承场景下，指向类非静态数据成员变量的指针会进一步复杂化，特别是在有虚基类存在的场景下，指向类非静态数据成员变量的指针的构成会变得极度复杂。这是因为需要通过解引用相应的指针以获取类的非静态数据成员。因此该指针必然不会同普通指针那样只存储相应的变量地址。

为了探讨GCC在多继承且有虚拟继承的场景下，如何实现指向类非静态数据成员的指针，给出如下测试代码：

```
class Base1 {
public:
  int64_t a_{0};
};

class Base2 {
public:
  virtual ~Base2() = default;

  int64_t b_;
};

class Derived : public Base2, public virtual Base1 {
public:
  int64_t c_;
};
int main() {
  int64_t Derived::*pd = &Derived::a_;
  return 0;
}
```

在上述代码中，直接存取虚基类的数据成员 a_，但 GCC 9.3 构建时，会报告如下错误消息：

```
error: pointer to member conversion via virtual base 'Base1'
   35 |    int64_t Derived::*pd = &Derived::a_;
      |
```

故可知，GCC 不支持通过派生类直接获取虚基类相应数据成员的地址。

在 C++17 标准的 7.12 部分有如下规定。

> 指向类型为 cv T 的 B（B 为类类型）的数据成员的指针能够转换为指向类型为 cv T 的 D（D 是 B 的派生类）的数据成员的指针。如果 D 不可访问 B，或者 B 的数据成员存在歧义，或者 B 为 D 的虚基类，或者 B 为 D 的虚基类的基类，那么这种转换是不正确的。

简言之，对于虚基类，编译时编译器无法确定其具体的位置，故对其数据成员无法进行相应的取地址操作。

为了使上述测试代码能够正常运行，更改上述测试代码，增加两个测试函数并修改 main() 函数：

```
void func1(int64_t Derived::* dmp, Derived* pd) {
  // 期望第一个参数得到的是一个指向派生类数据成员的指针
  // 如果传入的是一个指向基类数据成员的指针，会怎样呢？
  pd->*dmp;
}

void func2(Derived* p) {
  // bmp 将成为 0
  int64_t Base1::*bmp = &Base1::a_;
  func1(bmp, p);
}

int main() {
  Derived d;
  func2(&d);
  int64_t Derived::*pd = &Derived::a_;
  printf("&Base1::a_ = %p\n", &Base1::a_);
  printf("&Base2::b_ = %p\n", &Base2::b_);
  printf("&Derived::a_ = %p\n", pd);
  printf("&Derived::b_ = %p\n", &Derived::b_);
  printf("&Derived::c_ = %p\n", &Derived::c_);
  return 0;
}
```

上述测试代码的输出结果如下：

```
&Base1::a_ = (nil)
&Base2::b_ = 0x8
&Derived::a_ = 0x10
&Derived::b_ = 0x8
&Derived::c_ = 0x18
```

当 bmp 作为 func1()的第一个参数时，其值必须随介入的 Base1 类的大小而调整，否则 func1()中的操作 pd->*dmp 将读取 Base1::a_，而非上述测试代码输出结果中的 Base2::b_。要解决这一问题，必须在编译器内部将该函数调用转换为如下形式：

```
func1(bmp + sizeof(Base2), pd)
```

然而，一般而言，编译器无法保证 bmp 非 0，因此需要进行非空判断：

```
// 内部转换
// 防范 bmp = 0
func1(bmp ? bmp + sizeof(Base2) : 0, pd)
```

为了便于读者进一步理解在多继承且有虚拟继承的场景下指向基类数据成员的指针的构成，下面将利用 Compiler Explorer 观察 func2(&d)的汇编实现：

```
func1(long Derived::*, Derived*):
        pushq   %rbp
        movq    %rsp, %rbp
        movq    %rdi, -8(%rbp) // ⑯
        movq    %rsi, -16(%rbp) // ⑰
        nop
        popq    %rbp
        ret
func2(Derived*):
        pushq   %rbp
        movq    %rsp, %rbp
        subq    $24, %rsp // ④
        movq    %rdi, -24(%rbp) // ⑤
        movq    $0, -8(%rbp) // ⑥ int64_t Base1::*bmp = &Base1::a_;
        cmpq    $-1, -8(%rbp) // ⑦
        je      .L3
        movq    -8(%rbp), %rax // ⑧
        addq    $16, %rax // ⑨
        jmp     .L4 // ⑩
.L3:
        movq    -8(%rbp), %rax // ⑪
.L4:
        movq    -24(%rbp), %rdx // ⑫
        movq    %rdx, %rsi // ⑬
        movq    %rax, %rdi // ⑭
        call    func1(long Derived::*, Derived*) // ⑮
        nop
        leave
        ret

main:
        // ……
        leaq    -64(%rbp), %rax // ①
        movq    %rax, %rdi // ②
        call    func2(Derived*) // ③
```

对上述汇编代码进行分析，具体如下。

① 将 Derived 的 this 指针赋给 rax 寄存器。

② 将 this 指针赋给 rdi 寄存器，初始化 func2 函数的入参。

③ 调用 func2 函数。

④ 在 func2 函数堆栈中预先分配 24 字节的内存。

⑤ 将 Derived 的 this 指针放置在④中分配的临时内存中。

⑥ 获取基类 Base1 的成员变量 a_的地址——0。

⑦ 判断 bmp 是否为空，若 bmp 为空，则跳转至.L3 处执行，否则执行⑧。在本场景下，bmp 为非空。

⑧⑨ 将 bmp 地址赋给 rax 寄存器，并调整其地址，使其增加 16，即为 sizeof(Base2)。

⑩ 跳转到.L4 处执行。

⑪ 将 bmp 的地址赋给 rax 寄存器。

⑫ 将 Derived 的 this 指针赋给 rdx 寄存器。

⑬⑭ 初始化函数 func1 的入参。

⑮ 调用 func1 函数。

⑯⑰ 对应于 pd->*dmp。

3.5 总结

本章主要讲解在不同场景下 C++对象模型中类对象的数据成员内存布局，包括以下内容。

- POD 及非 POD 的定义。
- GCC 中非 POD 数据成员的内存布局规则。
- 各种继承和多态场景下类的数据成员的内存布局。
- 各种继承和多态场景下的数据成员的指针。

本章还初步介绍了虚表的内容，以及相应槽（slot）中存放的内容。第 4 章将基于本章内容讲解函数语义学。

第4章 函数语义学

C++函数语义学主要研究 C++成员函数的调用方式。本章主要介绍如下内容。

- C++函数决议规则。
- 编译器构造类对象虚表的过程。
- 静态成员函数和非静态成员函数的调用方式。
- 不同继承体系下，虚函数的调用方式。
- 指向成员函数的指针。

本章由一段代码说起：

```
class Base {
public:
  virtual ~Base() = default;
  virtual void f() {};
};
class Base2 {
public:
  virtual void f1() {};
  int a_{};
};
class Derived : public Base , virtual public Base2 {
public:
  virtual void fd() {}
  void f1() override {}
```

```
};
Derived d;
Base* p = &d;
p->f();
```

上述调用会产生什么结果呢？GCC 又是如何查找相应的函数并进行调用的呢？

C++中类的成员函数可分为静态成员函数、非静态非虚成员函数和虚成员函数 3 种。当 f 为静态成员函数时，上述调用会产生什么结果呢？当 f 为非静态非虚成员函数时，又会产生什么结果呢？

请读者带着上述疑问开启本章的学习。下面首先讲解 C++是如何实现函数决议的，即 C++是如何查找并调用函数的。

4.1　C++函数决议

在 C 语言中，函数的名称是唯一的。但在 C++中，函数的相关概念有更多的灵活性，具体如下。

- 可以定义多个函数，且这些函数具有相同的名称，但形参不能完全相同（重载）。
- 可以重载内建的操作符，例如'*'、'+'。
- 可以定义函数模板。
- 命名空间可以帮助避免命名冲突。

编译器对函数的调用提供了相应的规则，如图 4-1 所示。

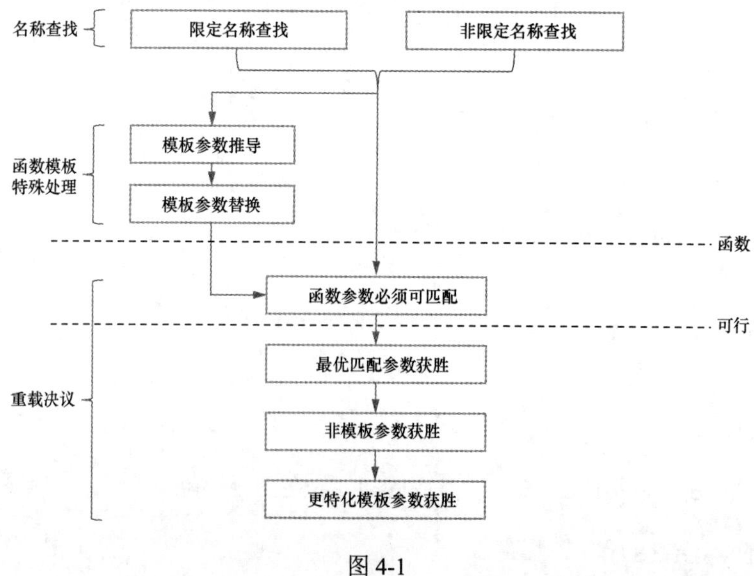

图 4-1

上述是 C++标准所规定的规则，每个编译器都应该遵守该规则。需要强调的是，函数决议发生在编译时。

接下来看看 C++中的名称查找（name lookup）规则。

4.1.1 名称查找

名称（name）是大部分编程语言的基本概念之一。开发人员可以通过名称与某些实体建立联系。当编译器遇到一个名称时，必须进行查找以确保该名称绑定某个实体。

名称查找可分为限定名称（qualified name）查找和非限定名称（unqualified name）查找。其中非限定名称查找又分为普通查找和参数依赖查找。

- 限定名称：如果一个名称的作用域被作用域解析操作符（::）或成员访问操作符（.或->）所指定，那么该名称便是限定名称。
- 非限定名称：不是限定名称的名称便是非限定名称。

此外，在模板中，还存在依赖名称（dependent name）。该名称通过某种形式依赖模板参数。例如，当 T 是一个模板参数，而不是一个已知类型或类型别名（using T = int）时，std::list<T>::iterator 就是一个依赖名称。

1. 限定名称查找

假设存在一个名称 A，当在项目中通过如下形式使用 A 时，编译器针对 A 采用的便是限定名称查找规则。

```
T::A // ①
ClassType b;
ClassType *p;
p->A; // ②
b.A // ③
```

在上述代码中，①只在 T（无论 T 是一个命名空间还是一个类类型）所限定的作用域内查找名称 A；②和③在类 ClassType 及其基类所限定的作用域内查找名称 A。

为了便于读者理解上述规则，这里引入了如下示例代码：

```
class  Base {
public:
    int A;
private:
    int B;
};

class Derived : public Base {};
```

```
int main() {
    Derived d;
    Derived* p = &d;
    Derived::A; // ①
    d.B; // ②
    d.A; // ③
    p->A; // ④
    return 0;
}
```

对上述代码进行分析，具体如下。

① 在 Derived 类所限定的作用域内查找名称 A，但是并不会查找其基类。因为此时 Derived 类中不存在名称 A 的声明，所以时编译器会报错。

② 通过成员访问操作符'.'引用成员变量 B。此时先查找 Derived 类，没有发现名称 B；然后查找其基类，发现名称 B。但由于此时 B 的访问控制权限为 private，编译器同样会报错。

③ 通过成员访问操作符'.'引用成员变量 A。此时先查找 Derived 类，没有发现名称 A；然后查找其基类，发现名称 A。此时 A 的访问控制权限为 public，故正常通过编译器检查。

④ 与③相似，不同之处仅在于其通过成员访问操作符'->'引用成员变量 A。

2. 非限定名称查找

非限定名称查找分为普通查找和参数依赖查找。

（1）普通查找。

普通查找是一种符合人类直觉的查找方式，从名称使用点开始不断向上查找，直至找到或最终未找到相应的名称。

为了便于读者进一步了解普通查找的规则，这里引入了如下示例代码：

```
int count = 2; // ①
namespace A1 {
    namespace B1 {
        void lookup_name();
        int count = 1; // ②
    } // namespace B1
    int count = 3;    // ③
} // namespace A1

void A1::B1::lookup_name() {
    int count = 5; // ④
    std::cout << count + ::count; // ⑤
}
```

⑤中的第一个 count 应用非限定名称查找规则，第二个 count 应用限定名称查找规则。如果④存在，则名称查找过程终止，此时第一个 count 值为 5。如果④不存在，则先在 B1 的命名空间中查找，即查找到②处，此时 count 值为 1；若②不存在，则查找到③处终止，此时第一个 count 值为 3；若③也不存在，则查找到①处，此时第一个 count 值为 2。

（2）参数依赖查找。

参数依赖查找（Argument-Dependent Lookup，ADL）主要应用于非成员函数名、重载操作符和友元函数的查找。

假设有一个函数声明如下：

```
void func(T1 t1, T2 t2, T3 t3);
```

则 ADL 会在 T1、T2、T3 类型所关联的类及命名空间中查找名称 func。

一个类型 T 所关联的类及命名空间的集合 S(T)可由如下规则确定。

- 若 T 为内建类型，则 S(T)为空。
- 若 T 为指针或数组，则 S(T)为 S(指针所指对象类型)或 S(数组元素类型)。
- 若 T 为枚举类型，则 S(T)包含枚举类型声明所在的命名空间。
- 若 T 为类 A 的成员，则 S(T)包含 A。
- 若 T 为类类型，则 S(T)由 T 本身、包含 T 的类、T 的直接和间接基类，以及所有这些类的关联类所在的命名空间构成。
- 若 T 为函数类型，则 S(T)由 T 的所有函数参数的关联类和命名空间，以及函数返回类型的关联类和命名空间构成。
- 若 T 为指向成员函数的指针，则 S(T)由成员函数所在类的关联类和命名空间、成员类型的关联类和命名空间、成员函数参数的关联类和命名空间，以及成员函数的返回类型的关联类和命名空间构成。
- using 声明会被 ADL 忽略。

为了加深读者对上述规则的理解，给出如下示例代码：

```
namespace N {
class A {
public:
  void f(int i) {
    std::cout << "i: " << i << '\n';
  }
};

enum E { a1 };
using MFPtr = void (A::*)(int);
```

```
void func(void (A::*p) (int)) { // ①
    (void)p;
    std::cout << "func(void (A::*p) (int)) \n";
}

void func(E) { // ②
    std::cout << "func(E) \n";
}

}

void func(int i) { // ③
    std::cout << "func int\n";
}

int main() {
    ::func(N::a1); // ④
    func(N::a1); // ⑤
    func(&N::A::f); //⑥
    return 0;
}
```

在上述代码中，④为限定名称查找，故直接调用③处的函数。⑤⑥为非限定名称查找，普通查找和 ADL 均找到相应的 func 名称，但 ADL 查找的函数具有更好的匹配度，故分别调用②和①处相应的函数。

若 ADL 和普通查找均查找到相应的非限定名称，编译器如何决议函数调用呢？接下来将讲解 C++的重载决议过程。

4.1.2　重载决议

重载决议主要针对函数调用，是指编译时根据调用表达式选择最优匹配的函数的过程。

C++17 标准规定的重载决议过程非常复杂，具体可参考该标准的 16.3 部分。本节仅简略讲解核心的重载决议过程。

函数指针（包括指向成员函数的指针和指向非成员函数的指针）不参与重载决议，这是因为重载决议发生在编译时，而通过指针调用函数发生在运行时。

对于图 4-1 而言，具体过程如下。

- 利用名称查找规则，根据函数名称查找相应的候选者，构建初始的重载集（overload set）。
- 调整重载集，因为模板参数推导和替换、SFINAE（Substitution Failure Is Not An Error，替换失败并不是一种错误）等情况会导致某些模板函数从重载集中被移除。

- 产生切实可行的函数候选者（viable function candidate）集合，如果形参经过隐式转换或考虑了默认参数仍无法匹配该候选者，则该候选者需要被移出重载集。
- 重载决议被执行，选择一个最优匹配的候选者。如果只有一个候选者满足最优匹配，那么决议成功；否则，编译器将报错。
- 检查选择的候选者。例如，检查其是否已被删除、是否为类的私有成员函数等。

关于重载决议的详细定义可参考《C++ Templates（第 2 版）中文版》、cppreference 及 C++17 标准。

当选择了一个最优的候选者后，编译器便会在运行时调用并执行该函数。接下来将讲解 C++对象模型中的函数语义学部分，深入探究 GCC 如何在运行时执行函数调用。

由于 C++多态的存在，我们需要先了解现代 GCC 针对 C++类对象所构造的虚表的具体构成。

4.2 虚表构造

C++提供了面向对象的编程范式，其核心便是多态，而实现多态的核心便是虚表。虚表是一个存放在某个位置的表格，该表格的槽中存放着某些信息用来调用虚函数、访问虚基类子对象及实现 C++ RTTI。

拥有虚成员函数或虚基类的类，编译器会为其生成一个虚表，该虚表可看作一些虚表的集合。在 GCC 中，虚表可由两部分构成：主虚表（primary virtual table）和二级虚表（secondary virtual table）。

那么 GCC 所生成的虚表是怎样的呢？虚表中各个槽的内容又是什么呢？……本节将回答这些问题。

4.2.1 虚表布局

GCC 生成的虚表布局一般如图 4-2 所示。

vcall_offset
vbase_offset
top_offset
typeinfo指针
虚函数指针

图 4-2

为了加深读者对 GCC 所生成的虚表布局的了解，下面将以本章开始处的代码为例，深入探究 Derived 类的虚表布局。

通过 Compiler Explorer 可知，Derived 类的虚表布局如图 4-3 所示。

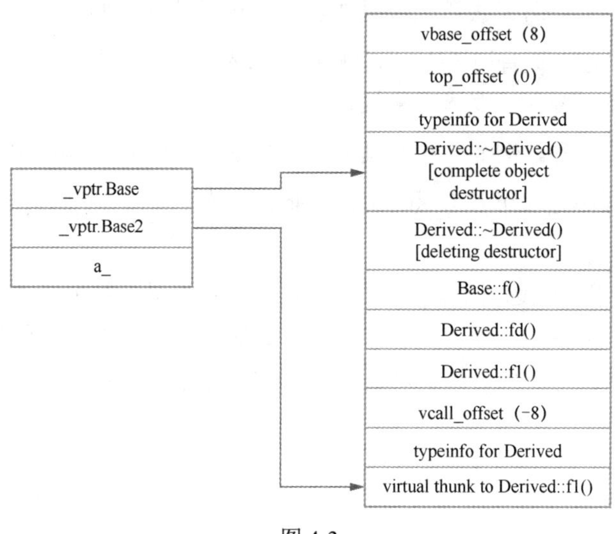

图 4-3

虚函数的调用原理将在第 5 章进行讲解，本节主要聚焦上述虚表中各个槽所代表的具体含义。

- vcall_offset、vbase_offset、top_offset：其概念已在第 3 章介绍过，此处不再赘述。4.2.2 小节将介绍它们是如何构造的，以及它们在虚表中的排列顺序。
- typeinfo 指针：指向用于 RTTI 的 typeinfo 对象。它总是存在的。给定类的每个虚表中的 typeinfo 指针都必须指向相同的 typeinfo 对象。typeinfo 相等性的正确实现是检查指针相等性，但（直接或间接）指向不完整类型的指针除外。typeinfo 指针在多态类场景下为非空，在非多态类场景下为空。
- 虚析构函数指针对：当编译器在派生类中生成隐式或显式的虚析构函数时，会在虚表中生成完整对象析构函数（complete object destructor）和删除对象析构函数（deleting object destructor）。完整对象析构函数销毁对象（即调用对象的析构函数，但不销毁对象所占用的内存），删除对象析构函数调用 delete()函数销毁对象所占用的内存。这两个析构函数也作用于类的虚基类子对象。此外，析构函数还有一个基类对象析构函数（base object destructor），该析构函数销毁非虚基类。
- 虚函数指针：用于虚函数调度。虚函数指针要么保存类的虚函数地址，要么保存将控制权转移到虚函数之前执行某些调整的辅助入口点的地址。
- thunk：与目标函数关联的代码段。调用该函数而不是目标函数，是为了在将控制权转移到目标函数之前修改参数（如 this）或环境的其他部分，并可能在返回后进行进一步修改。一个 thunk 要么包含一些指令（这些指令在目标函数调用之前执行），要么是一个具有自己的堆栈帧的完整函数，该函数对目标函数进行完整调用。

那么 thunk 在 GCC 中究竟是如何生效的呢？下面将以虚表中的虚函数 virtual thunk to Derived::f1()为例来讲解 thunk 技术。

通过 Compiler Explorer 可知，上述虚函数的汇编实现如下：

```
virtual thunk to Derived::f1():
        movq    (%rdi), %r10
        addq    -24(%r10), %rdi
        jmp     .LTHUNK0
```

那么上述代码中的.LTHUNK0 究竟是什么呢？

将配套资源中的 4/4.2/test1.cpp 通过如下命令进行构建：

```
g++ -S -o main.s test1.cpp -std=c++17 -g
```

通过 cat 命令查询 LTHUNK0 符号时会显示如下结果：

```
.set    .LTHUNK0,_ZN7Derived2f1Ev
jmp     .LTHUNK0
```

通过 c++filt 命令可知_ZN7Derived2f1Ev 为 Derived::f1()。

综上所述，在虚函数调用中，thunk 技术会在目标函数调用前执行一些额外指令，然后跳转到相应的目标函数。

至此，读者已经了解了 GCC 中 C++对象模型虚表的大体布局，下面将通过一些实践代码来讲解如何构造 C++虚表，以及根据何种规则安插相应虚表的内容。

4.2.2 虚表构造

一个类只有一个虚表，该虚表由主虚表（逻辑上的划分）和二级虚表（概念上的划分）构成。

本节主要探索一个类在不同场景下的虚表构造过程。根据其基类和继承方式，我们将讨论如下 4 种场景。

- 叶类。
- 只继承自非虚基类。
- 只继承自虚基类。
- 复合类（既有非虚基类，又有虚基类）。

1. 叶类

叶类（leaf class）需要满足如下条件。

- 没有继承的虚函数。

- 没有虚函数。
- 声明虚函数。

假设有如下类：

```
class Point {
public:
  Point() = default;
  virtual void print() {}
};
```

通过 Compiler Explorer 可知，Point 类的虚表内容如图 4-4 所示。此场景下虚表的相应槽中的内容构造顺序如图 4-5 所示。

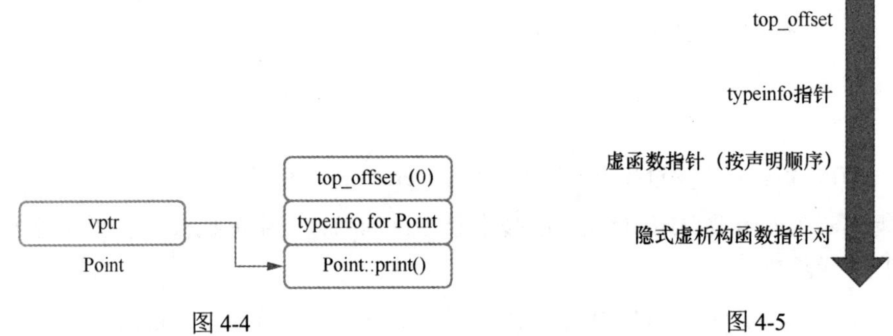

图 4-4

图 4-5

2．只继承自非虚基类

只继承自非虚基类的类需要满足以下条件。

- 只有非虚的固有基类。
- 有继承的虚函数。

假设 Point 类有如下定义：

```
class Base {
public:
  virtual ~Base() = default;
  virtual void print() {}
};

class Base2 {
public:
  virtual ~Base2() = default;
  virtual const Base2& get() { return *this; }

};
```

```
class Point : public Base, public Base2 {
public:
  Point() = default;
  void print() override {}
  virtual void test() {}

  const Point& get() override { return *this; }
};
```

通过 Compiler Explorer 可知，Point 类的虚表内容如图 4-6 所示。

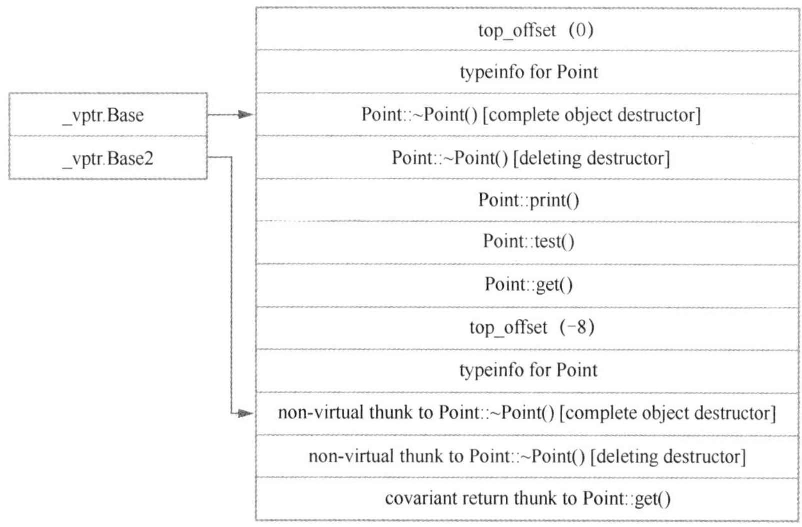

图 4-6

Point 类的虚表由基类 Base 和基类 Base2 的虚表构成，其中：

- top_offset 和 rtti 域的信息均是针对 Point 类对象而非相应的基类而言的；
- 继承自基类且被覆写（override）的虚函数的槽被派生类中的覆写函数地址所替换。

此外，即使继承自基类的虚函数没有被派生类覆写，其也会出现在虚表中，其槽的内容为相应的基类虚函数的地址。若派生类声明新的虚函数，则虚函数会在主虚表中分配相应的槽，并将相应的虚函数地址填入该槽中。

若派生类继承自基类的虚函数被覆写，且覆写函数的返回类型同被覆写函数的返回类型不一致，那么主虚表和二级虚表中均要有存放该虚函数地址的槽，并且在基类虚表中，该槽中的内容为 covariant return thunk to Point::get()（如图 4-6 所示）。

方法的协变返回类型（covariant return type）是指在子类中覆写该方法时，可以用一个更“狭窄”的类型（派生类型）替换原始返回类型。在 C++中，这是一种相当常见的编程范式。

3. 只继承自虚基类

只继承自虚基类的类需要满足如下条件。

- 只有虚基类（这些虚基类可能有非虚基类）。
- 虚基类既不是空的，也不是几乎空的（该类没有主基类）。

为了便于读者了解这种场景下类的虚表构造，假设有：

- 类 A，其父类为 P、V，即 class A: public P, virtual public V；
- 类 D，其虚拟继承自类 A。

相应的示例代码如下：

```
class P {
public:
  virtual ~P() = default;
  virtual void print() {}

private:
  int a_{0};
};

class V {
public:
  virtual ~V() = default;
  virtual void vtest() {}
  virtual void print() {}
private:
  int b_{};
};

class A : public P, virtual public V {
public:
  virtual ~A() = default;
  void print() override {}
  virtual void atest() {}
};

class D : virtual public A {
public:
  virtual void dtest() {}
  void print() override {}
};
```

通过 Compiler Explorer 可知，类 D 的虚表布局如图 4-7～图 4-9 所示。

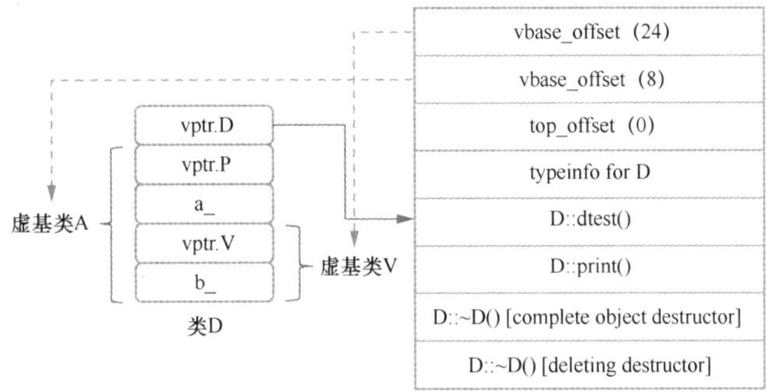

图 4-7

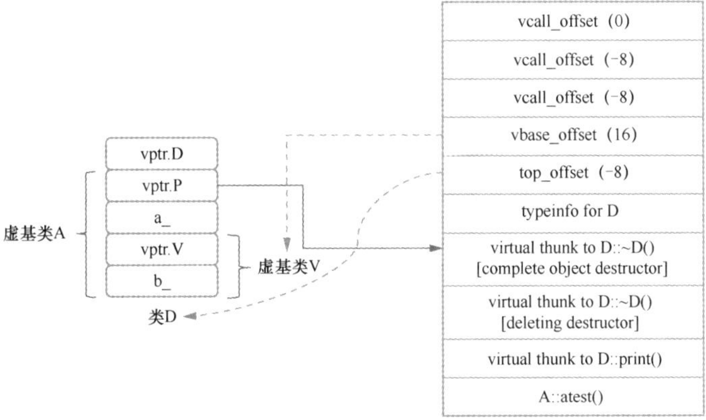

图 4-8

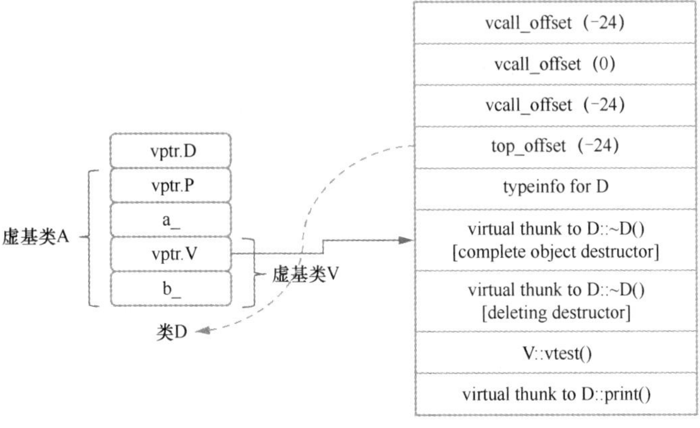

图 4-9

因为该场景比只继承自非虚基类的场景更复杂，所以下面将详细讲解其相应虚表的内容。

首先，由类的继承关系可知，类 A 是类 D 的虚基类，因此 A 不是 D 的主基类，所以 D

没有基类的虚表作为主虚表，只有二级虚表，且二级虚表为类 A 的虚表。此外，A 拥有主基类 P，因此 A 拥有主虚表，且 A 也虚拟继承自 V，故 A 的二级虚表为 V 的虚表。

因此 D 的虚表由 D 自身的主虚表和 A 的虚表构成，如图 4-7～图 4-9 所示。

此外，只有当类存在虚基类时，才会在虚表中分配 vbase_offset 的槽；当虚基类中存在虚函数时，则在虚表中分配相应的 vcall_offset。当类不存在虚基类时，虚表中只存在 top_offset。

因为虚基类 A 没有覆写其虚基类 V 中的 vtest 接口，所以图 4-9 中相应的虚函数 vtest 所对应的 vcall_offset 为 0。

图 4-7 显示的是类 D 主虚表的内容结构，因为此时类拥有虚基类，所以其虚表需要插入 vbase_offset 用于定位虚基类对象的位置。其 vbase_offset 的分配顺序与类 D 的继承图前序遍历的结果相反，如图 4-10 所示。

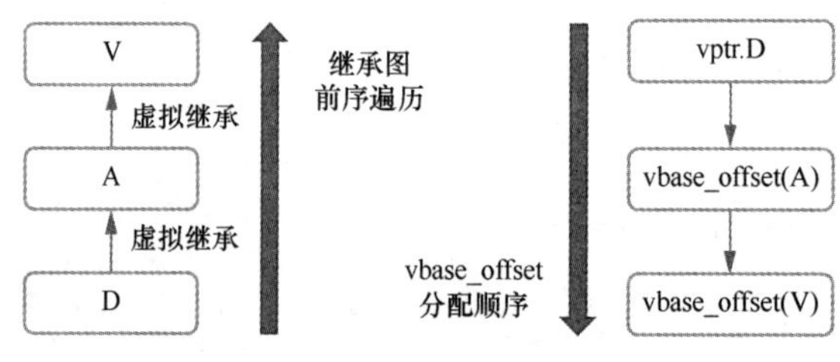

图 4-10

图 4-8 为类 D 的虚基类 A 的主虚表内容布局。当类 A 为虚基类时，其虚表构造除了采用场景 2（只继承自非虚基类）的方式，还会在虚表中额外插入 vcall 偏移入口（vcall offset entry）。

在主虚表中，每个 vcall 偏移对应一个类 A 的主基类和非虚基类中的虚函数。

对于在 A 的虚基类 V 中声明的虚函数，其从未在 A 或其非虚基类中被覆写，因此主虚表中没有 vcall 偏移入口。对此类函数的调用将使用 V 虚表中的 vcall 偏移量。

关于 vcall 偏移入口的分配顺序，可参考图 4-11 进行了解。

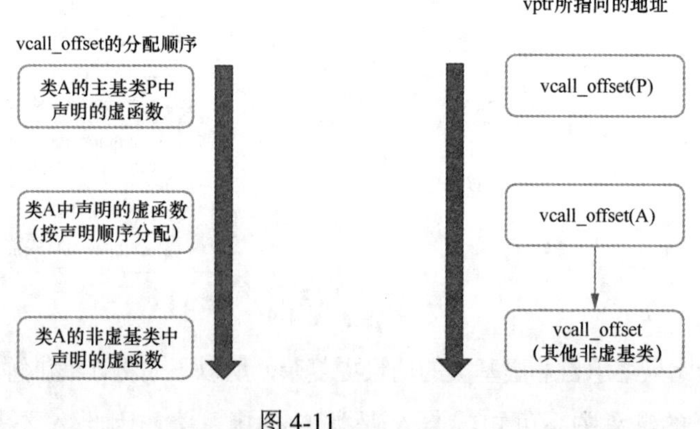

图 4-11

4. 复合类

复合类需要同时满足只继承自非虚基类和只继承自虚基类这两种场景对类的要求。为了便于读者了解该场景下类的虚表是如何构造的，给出如下示例代码：

```
class P1 {
public:
  virtual void f() {}
};

class A :  virtual public P1, virtual public V {
public:
  virtual ~A() = default;
  virtual void atest() {}
};

class D : virtual public A, public P {
public:
  virtual void dtest() {}
  void print() override {}
};
```

上述代码中 P 和 V 的定义可参考只继承自虚基类场景下的示例代码。D 虚拟继承自 A、普通继承自 P，A 虚拟继承自 P1 和 V（即 A 是 D 的虚基类，P 是 D 的非虚基类）。P 是 D 的非虚动态基类，故 P 为 D 的主基类。P1 为几乎空类，故 P1 为 A 的主基类。

通过 Compiler Explorer 可知，此时 D 的虚表布局如图 4-12～图 4-14 所示。

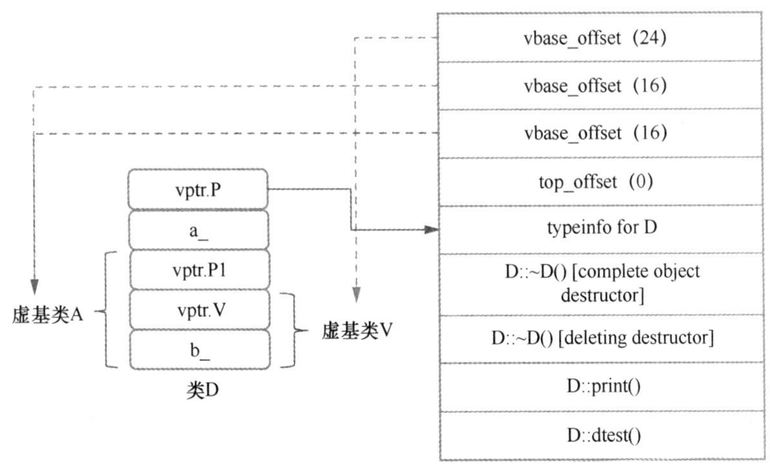

图 4-12

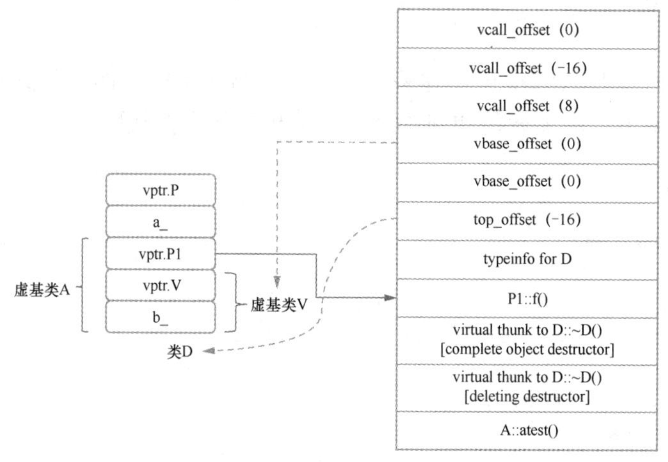

图 4-13

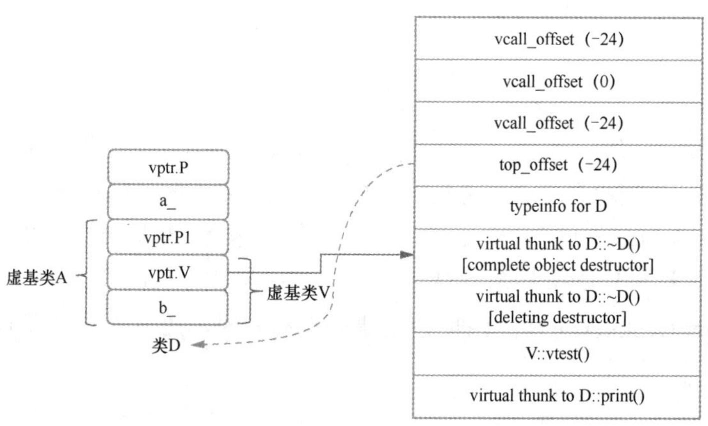

图 4-14

需要说明的是，该场景下的虚表布局规则是场景 2（只继承自非虚基类）和场景 3（只继承自虚基类）的虚表布局规则的复合体，并且在图 4-13 中，类 A 的直接虚基类 V 的 vbase_offset 为 0。

如果虚基类 A 拥有一个共享其虚表的主虚基类 P，则 P 的 vbase 和 vcall 偏移量在 A 的主虚表中排在第一位。如果 P 本身是虚基类，则它们将以相同的顺序出现，并且来自 A 的偏移量不复制来自 P 的偏移量，且位于它们之前。

例如，对于类 A 而言，其虚基类 P1 为几乎空虚基类，故 P1 为类 A 的主基类，类 A 和其虚基类 P1 共享类 A 的主虚表，虚基类 P1 的虚成员函数指针所占有的槽排在 A 本身的虚函数之前。而对于 A 的虚非主基类 V 而言，其相应的虚表为二级虚表，该虚表除了复制类 V 的虚表，还增加了相应的 vcall 偏移量。

对于非虚基类，来自派生类的虚函数指针条目仅出现在来自主基类的条目之后。当且仅当派生类覆写非虚基类的虚成员函数，且虚成员函数的返回值类型不同（协变）时，主基类中的覆写虚函数才有条目。对于这种情况，如果其中一种是另一种的非主基类或虚基类，则认为这两种类型是不同的。

至此，不同场景下类的虚表布局讲解完毕。接下来将根据相应的虚表内容，探讨不同场景下 C++是如何调用相应的函数的。

4.3 成员函数的调用方式

在 C++中，类的成员函数可分为非静态成员函数和静态成员函数两种。

本节将讲解 C++中成员函数的调用方式，主要包括以下内容。

- 非虚成员函数调用规约。
- 静态成员函数调用分析。
- 非静态成员函数调用分析。

C++函数调用规约遵循 C 语言相应的函数调用规约（calling convention）。

调用规约是机器实现和调用函数的标准化方法。调用规约指定编译器为访问子例程而设置的方法。理论上，任何编译器的代码都可以链接在一起，只要函数具有相同的调用规约。然而在实践中，情况并非总是如此。

调用规约指定如何将参数传递给函数，如何将返回值由函数传回，如何调用函数，以及函数如何管理堆栈及其堆栈帧。简言之，调用规约指定了将 C 或 C++中的函数调用转换为汇编语言的规则。不用说，这种翻译有很多方式发生，这就是指定某些标准方法如此重要的原因。如果不存在这些规约，那么使用不同编译器创建的程序几乎不可能相互通信和交互。

Intel 针对 macOS 和 Linux 平台的调用规约有以下 5 种。

- __attribute((cdecl))：C/C++程序的默认调用规约。可以在具有可变参数的函数上指定。
- __attribute((stdcall))：指定参数如何在堆栈中传递。不能在具有可变参数的函数上指定。
- __attribute((regparm(number)))：在基于 IA-32 体系结构的系统中，regparm 属性导致编译器在寄存器 eax、edx 和 ecx 中而不是在堆栈中传递最多数量的参数。采用可变数量参数的函数将继续在堆栈中传递它们的所有参数。
- __attribute__((regcall))：Intel C++编译器调用规约，指定尽可能多的参数在寄存器中传递；同样，regcall 尽可能使用寄存器来返回值。如果在具有可变参数的函数上指定，则忽略此调用规约。
- __attribute__((vectorcall))：指定传递向量类型参数的函数应使用向量寄存器。

本节均基于 cdecl 调用规约进行相应的分析。

4.3.1　静态成员函数

C++语言刚诞生时并没有静态成员函数的概念，而是规定所有的成员函数均需要通过类对象进行引用。引入静态成员函数的目的是解决类的静态数据成员的存取问题。

静态成员函数最主要的特性是不包含 this 指针。由此可以得出如下结论。

- 静态成员函数不能存取类中的非静态数据成员。
- 静态成员函数不能被 const、volatile 或 virtual 修饰。
- 静态成员函数不需要经过类对象便可被调用。

为了便于读者理解静态成员函数的调用方式，使用配套资源中的 4/4.3/test1.cpp 作为测试代码，其中有如下语句：

```
p->getVara()
```

通过 Compiler Explorer 可知，上述代码的汇编实现如下：

```
call     Point3d::getVara()
```

即通过类对象的指针调用静态成员函数，会被编译器转换为通过类直接调用相应的静态成员函数。

假设此时有如下语句：

```
Point3d test() {
  return Point3d();
}

test().getVara();
```

在以上代码中，通过某个表达式获取类对象，然后调用相应的静态成员函数。通过 Compiler Explorer 可知，其相应的汇编实现如下：

```
call     test()
call     Point3d::getVara()
```

此时会对表达式求值，然后依然将静态成员函数的调用转换为 ClassName::static member function 的形式。

如果对上述静态成员函数取地址，则获取的是该成员函数在内存中的地址。因为静态成员函数不包含 this 指针，所以获取地址的结果并不是一个指向类成员函数的指针，而是一个指向非类成员函数的指针。

为了便于读者进一步理解静态成员函数的指针，在配套资源的 4/4.3/test1.cpp 中增加如下语句：

```
auto pstr = &Point3d::getVara;
```

通过 cppinsights 可知，其被编译器转换为如下语句：

```
using FuncPtr_23 = int64_t (*)();
FuncPtr_23 pstr = &Point3d::getVara;
```

静态成员函数的指针与普通函数的指针相同，即在编译器层面，这两种函数的声明会被转化成一样的结构，也就是类似于上述 FuncPtr_23 的结构。

4.3.2 非静态成员函数

C++的设计准则之一：非静态非虚成员函数至少应与静态成员函数具有相同的效率。

为了探究 GCC 中类的非静态成员函数的调用是如何实现的，使用配套资源中的 4/4.3/test2.cpp 作为测试代码，其中有以下两个函数声明：

```
int64_t Point3d::mangitude3d() const
int64_t mangitude3d(const Point3d* _this)
```

通过 Compiler Explorer 可知，其汇编实现如下：

```
Point3d::mangitude3d() const:
        pushq   %rbp
        movq    %rsp, %rbp
        movq    %rdi, -8(%rbp)
        movq    -8(%rbp), %rax
        movq    (%rax), %rdx
        movq    -8(%rbp), %rax
        movq    8(%rax), %rax
        addq    %rax, %rdx
        movq    -8(%rbp), %rax
        movq    16(%rax), %rax
        addq    %rdx, %rax
        popq    %rbp
        ret
```

```
mangitude3d(Point3d const*):
        pushq   %rbp
        movq    %rsp, %rbp
        movq    %rdi, -8(%rbp)
        movq    -8(%rbp), %rax
        movq    (%rax), %rdx
        movq    -8(%rbp), %rax
        movq    8(%rax), %rax
        addq    %rax, %rdx
        movq    -8(%rbp), %rax
        movq    16(%rax), %rax
        addq    %rdx, %rax
        popq    %rbp
        ret
```

由上述汇编实现可知，GCC 中的非静态成员函数和非成员函数在汇编层面的实现相同。

为了便于读者进一步了解 GCC 中非静态成员函数所做的转换，在配套资源的 4/4.3/test2.cpp 中增加如下两条语句：

```
int64_t (Point3d::*f) () = &Point3d::mangitude3d;
  (pd.*f)();
```

通过 GDB 可知 f 表达式如下：

```
f = (int64_t (Point3d::*)(Point3d * const)) 0x5555555551c0 <Point3d::mangitude3d()>
```

针对相应的成员函数(pd.*f)()，通过 Compiler Explorer 分析汇编实现、通过 GDB 分析输出结果，可得出 GCC 会将该成员函数转换为如下形式：

```
int64_t _ZN7Point3d11mangitude3dEv(Point3d* const this)
```

当 Point3d::mangitude3d()为 const 成员函数时，通过 GDB 可知 f 表达式为

```
f = (int64_t (Point3d::*)(const Point3d * const this)) 0x5555555551c0
     <Point3d::mangitude3d() const>
```

通过 Compiler Explorer 及 GDB 相应的输出，GCC 会将其转换为如下形式：

```
int64_t _ZNK7Point3d11mangitude3dEv(const Point3d* const this)
```

综上所述，GCC 针对非静态成员函数会做如下工作。

- 改写函数原型，安插一个 this 指针参数到成员函数中，该 this 指针为相应类对象的指针。
- 将类对象中非静态数据成员的存取改为通过 this 指针实现。
- 将成员函数覆写为一个外部函数。对函数名进行 Mangling 处理（将在第 8 章中详细介绍），使它在程序中成为一个独一无二的语汇。

那么针对非静态成员函数或静态成员函数，其参数传递、返回值传递等在 C++中是如何处理的呢？

本节开始时给出了调用规约的定义。在 GCC 中，针对非虚函数的调用规约主要由 5 部分构成：返回值（return value）、值参数（value parameter）、引用参数（reference parameter）、空参数（empty parameter）、构造函数返回值（constructor return value）。下面详细介绍前 3 部分。关于空参数和构造函数返回值，有兴趣的读者可自行研究。

1. 返回值

C++标准针对函数的返回值做过很多优化，复制省略（copy elision）便是其中之一。

复制省略是一种优化技术，当需要初始化一个对象时，编译器略过类对象的复制构造函数或移动构造函数，直接调用类的构造函数进行类对象的初始化。在 C++17 中，复制省略已被强制开启。

返回值优化（Return Value Optimization，RVO）和具名返回值优化（Named Return Value Optimization，NRVO）是复制省略的两种形式。

为了便于读者进一步理解 RVO 和 NRVO，给出如下测试代码：

```
class Test {
public:
  Test() {
    std::cout << "Test\n";
  }

  Test(const Test&)  = delete;
```

```
  Test(Test&&) = delete;
};

Test myRvo() {
    return Test();
}
```

完整的测试代码见配套资源中的 4/4.3/test3.cpp。

如果在 C++14 标准下构建上述测试代码，那么编译器会报错，如图 4-15 所示。

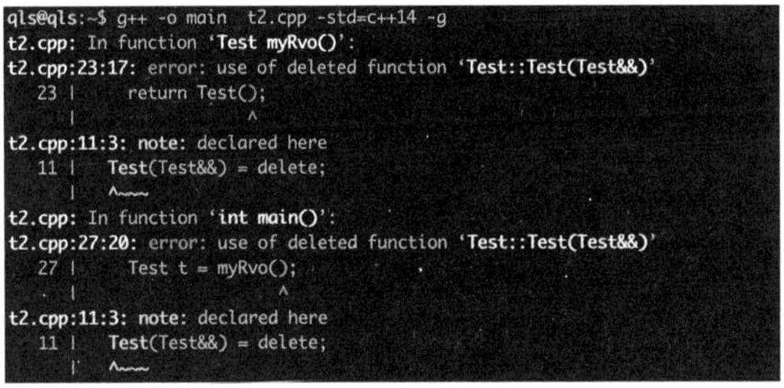

```
qls@qls:~$ g++ -o main  t2.cpp -std=c++14 -g
t2.cpp: In function 'Test myRvo()':
t2.cpp:23:17: error: use of deleted function 'Test::Test(Test&&)'
   23 |     return Test();
      |                 ^
t2.cpp:11:3: note: declared here
   11 |   Test(Test&&) = delete;
      |   ^~~~
t2.cpp: In function 'int main()':
t2.cpp:27:20: error: use of deleted function 'Test::Test(Test&&)'
   27 |     Test t = myRvo();
      |                    ^
t2.cpp:11:3: note: declared here
   11 |   Test(Test&&) = delete;
      |   ^~~~
```

图 4-15

在 C++14 中，虽然编译器可以进行 RVO，但需要保证复制构造函数或移动构造函数是可访问的且不是已删除的。

而在 C++17 中，上述测试代码可通过编译器检查并且能够正常工作。

当函数 myRVO 返回一个临时对象时，理论上，编译器应该调用 myRVO 函数返回值中的复制构造函数去初始化该返回值。但是，当 RVO 生效时，编译器不会生成临时对象，也不会调用任何复制（移动）构造函数，而是在返回值的内存中直接构建相应的对象。

RVO 也可以用在函数参数上，有兴趣的读者可以自行探索。

RVO 所做的优化可以看作编译器将函数调用改写为如下形式：

```
void myRVO(Test& result) {
  // 直接构造 result
}
```

NRVO 是复制省略的另一种形式。在函数的 return 语句中，当操作数是具有自动存储周期的 non-volatile 对象，且该对象不是函数参数或 catch 子句参数，并且该对象与函数返回类型具有相同的类类型（忽略 cv 限定）时，便可以使用 NRVO 技术。

NRVO 不能应用于函数参数和 catch 子句的参数。

为了便于读者了解 NRVO，在上述测试代码中增加如下语句：

```
Test myNRVO() {
```

```
    Test t;
    return t;
}
```

在调用侧添加如下代码：

```
Test obj2 = myNRVO();
```

在 C++17 中构建上面的语句，编译器会报错，如图 4-16 所示。

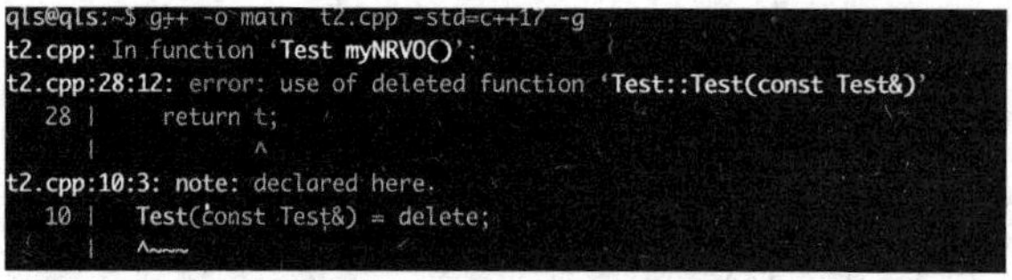

```
qls@qls:~$ g++ -o main  t2.cpp -std=c++17 -g
t2.cpp: In function 'Test myNRVO()':
t2.cpp:28:12: error: use of deleted function 'Test::Test(const Test&)'
   28 |     return t;
      |            ^
t2.cpp:10:3: note: declared here
   10 |   Test(const Test&) = delete;
      |   ^~~~
```

图 4-16

在 C++17 中，RVO 和 NRVO 是两种不同的优化技术，NRVO 需要保证复制构造函数或移动构造函数是可访问的且不是已删除的。

修改测试代码，将复制构造函数、移动构造函数分别定义如下：

```
Test(const Test&) {
    std::cout << "test copy constructor\n";
  }

  Test(Test&&) {
    std::cout << "test move constructor \n";
  }
}
```

此时运行相应测试代码，便可发现 NRVO 已生效。

在 C++17 中，复制省略是被强制生效的，但用户可通过编译器选项-fno-elide-constructors 来禁止复制省略生效。需要注意的是，该选项只对 NRVO 生效。读者可以自行验证。

为了便于读者进一步理解 GCC 中的返回值调用规约，在禁止复制省略的场景下，通过 Compiler Explorer 可知，在测试代码中，Test t2 = myNRVO()的汇编实现如下：

```
main:
        pushq   %rbp
        movq    %rsp, %rbp
        subq    $16, %rsp // ①
        leaq    -1(%rbp), %rax // ②
        movq    %rax, %rdi // ③
        call    myNRVO() // ④
myNRVO():
        pushq   %rbp
```

```
movq    %rsp, %rbp
subq    $32, %rsp // ⑤
movq    %rdi, -24(%rbp) // ⑥
leaq    -1(%rbp), %rax // ⑦
movq    %rax, %rdi // ⑧
call    Test::Test() [complete object constructor] // ⑨
leaq    -1(%rbp), %rdx // ⑩
movq    -24(%rbp), %rax // ⑪
movq    %rdx, %rsi // ⑫
movq    %rax, %rdi // ⑬
call    Test::Test(Test&&) [complete object constructor] // ⑭
movq    -24(%rbp), %rax // ⑮
leave
ret
```

对上述汇编代码进行分析，具体如下。

① 在 main 函数堆栈中分配 16 字节的内存。

② 将 rbp − 1 的值赋给 rax 寄存器，rax 的值即为 t2 的 this 指针的地址。

③ 将 this 指针赋给 rdi 寄存器，作为 myNRVO 函数的入参。

④ 调用 myNRVO 函数。

⑤ 在 myNRVO 函数的堆栈中分配临时内存，大小为 32 字节。

⑥ 将 t2 的 this 指针保存在上述临时内存中。

⑦ 将 rbp − 1 的值赋给 myNRVO 函数临时对象的 this 指针。

⑧ 将 rax 寄存器中的值赋给 rdi 寄存器，作为 myNRVO 临时对象构造函数的入参。

⑨ 调用 Test 构造函数，初始化临时对象。

⑩ 将临时对象的 this 指针赋给 rdx 寄存器。

⑪ 将 t2 的 this 指针赋给 rax 寄存器。

⑫⑬ 分别初始化移动构造函数的入参。

⑭ 调用 Test 的移动构造函数，利用临时对象初始化 t2。

⑮ 返回 t2。

通常，C++返回值的处理方式与 C 返回值的处理方式一致，这包括在寄存器中存储返回的类。但是，如果返回值类型具有非 trivial 复制构造函数或析构函数，则调用者会先在 main 函数堆栈中为临时对象分配内存，并将指向临时对象的指针作为第一个参数隐式传递给 this 参数和用户参数。而被调用者会将返回值构造到这个临时变量中。

返回空类类型时，就好像它是包含单个字符的结构体一样，即 struct S { char c; }。返回寄存器的实际内容是未指定的。

2. 值参数

在参数类型具有非 trivial 复制构造函数或析构函数的特殊情况下，调用者必须为临时副本分配内存，并通过引用传递临时副本。

为了便于读者了解该场景下函数参数初始化的过程，以及 GCC 的函数调用规约，给出如下示例代码：

```
class Derived {
public:
  virtual ~Derived() = default;
};

void func(Derived d) {
  (void)d;
}

int main() {
  Derived d;
  func(d);
  return 0;
}
```

注意，此处均为非优化场景下的描述，因为函数参数也可以利用 RVO 技术。

上述 Derived 类具有非 trivial 复制构造函数和析构函数，通过 Compiler Explorer 可知，针对 func(d)的调用，GCC 生成的汇编实现如下：

```
main:
        pushq   %rbp
        movq    %rsp, %rbp
        pushq   %rbx
        subq    $24, %rsp // ①
        movl    $vtable for Derived+16, %eax // ②
        movq    %rax, -32(%rbp) // ③
        leaq    -32(%rbp), %rdx // ④ 从该处开始便为 func(d)
        leaq    -24(%rbp), %rax // ⑤
        movq    %rdx, %rsi // ⑥
        movq    %rax, %rdi // ⑦
        call    Derived::Derived(Derived const&) [complete object
                constructor] // ⑧
        leaq    -24(%rbp), %rax // ⑨
        movq    %rax, %rdi // ⑩
        call    func(Derived) // ⑪
```

```
        leaq    -24(%rbp), %rax // ⑫
        movq    %rax, %rdi // ⑬
        call    Derived::~Derived() [complete object destructor] // ⑭
```

对上述汇编代码进行分析，具体如下。

① 在 main 函数的堆栈中分配 24 字节的临时内存。

② 初始化 Derived 类的 vptr，即 eax 寄存器中放置的是$vtable for Derived+16 的地址。

③ 将临时对象 Derived 的 this 指针放置在临时内存空间中。

④ 将临时对象 d 的 this 指针赋给 rdx 寄存器。

⑤ 将临时对象 tmp 的 this 指针赋给 rax 寄存器。

⑥⑦ 初始化 Derived 类的复制构造函数的参数。

⑧ 调用 Derived 类的复制构造函数。

⑨ 将临时对象 tmp 的指针赋给 rax 寄存器。

⑩ 将 rax 寄存器中的值赋给 rdi 寄存器。

⑪ 调用 func 函数，并传入分配的临时对象 tmp。

⑫～⑭ 在函数 func 调用结束后，调用临时对象 tmp 的析构函数，销毁临时对象。

当调用的函数的形参为值参数，并且其类类型拥有非 trivial 复制构造函数或析构函数时，GCC 调用规约会执行以下操作。

- 调用端（即上述 main 函数）在堆栈/堆中分配一个临时内存，并将原生对象复制到该临时内存中。
- 调用端将临时对象的指针或引用作为参数传递到被调用端（即 func 函数）。
- 调用端负责临时对象的销毁。

当值参数的类类型拥有 trivial 复制构造函数或析构函数时，Derived 类有如下定义：

```
class Derived {
public:
  Derived() = default;
private:
  int a_{0};
};
```

通过 Compiler Explorer 可知，func(d)生成如下代码：

```
        leaq    -2(%rbp), %rdx
        leaq    -1(%rbp), %rax
        movq    %rdx, %rsi
        movq    %rax, %rdi
```

```
        call    Derived::Derived(Derived const&) [complete object
                constructor]
        call    func(Derived)
```

当调用的形参为值参数，并且其类类型拥有 trivial 复制构造函数或析构函数时，GCC 会执行以下操作。

- 调用者分配一个临时内存用于存储临时对象。它位于正常的参数传递空间（即参数寄存器或堆栈）中，并在必要时调用构造函数。一般 GCC 会将其类对象的地址放置在寄存器中作为参数传递到 func 中。
- 调用者在分配的内存中构造参数，并简单地复制到参数空间（即参数寄存器或堆栈）中。
- 传递参数到 func 中。

3. 引用参数

为了便于读者理解该场景下函数的调用方式，将测试代码更改如下：

```
class Derived {
public:
  Derived(int a, int b) : a_(a), b_(b) {}
private:
  int a_{0};
  int b_{1};
};

void func(Derived& d) {
  (void)d;
}
```

通过 Compiler Explorer 可知，针对 func(d)的调用，GCC 生成的汇编实现如下：

```
main:
        pushq   %rbp
        movq    %rsp, %rbp
        subq    $16, %rsp
        leaq    -8(%rbp), %rax
        movl    $1, %edx
        movl    $1, %esi
        movq    %rax, %rdi
        call    Derived::Derived(int, int) [complete object constructor]
        leaq    -8(%rbp), %rax        // Derived 对象的 this 指针
        movq    %rax, %rdi            // func 函数的参数
        call    func(Derived&)
```

由上可知，引用参数是通过传递指向实参的指针来实现的。

4.4 虚成员函数的调用方式

虚成员函数调用发生在运行时，需要虚表的参与。相应虚表的具体内容在之前章节均有讲解。

一个虚函数即一个由 virtual 声明的接口，其一般形式如下：

```
virtual void norm()
```

假设有如下类声明和定义：

```
class Point3d {
public:
  virtual ~Point3d() = default;

  virtual void norm() {}
};
```

完整的测试代码见配套资源中的 4/4.4/test1.cpp。

那么 p->norm()的调用形式是怎样的呢？通过 Compiler Explorer 可知，其汇编实现如下：

```
main:
        pushq   %rbp
        movq    %rsp, %rbp
        pushq   %rbx
        subq    $24, %rsp // ①
        movl    $8, %edi // ②
        call    operator new(unsigned long) // ③
        movq    %rax, %rbx // ④
        movq    %rbx, %rdi // ⑤
        call    Point3d::Point3d() [complete object constructor] // ⑥
        movq    %rbx, -24(%rbp) // ⑦
        movq    -24(%rbp), %rax // ⑧
        movq    (%rax), %rax // ⑨
        addq    $16, %rax // ⑩
        movq    (%rax), %rdx // ⑪
        movq    -24(%rbp), %rax // ⑫
        movq    %rax, %rdi // ⑬
        call    *%rdx // ⑭
```

对上述汇编代码进行分析，具体如下。

① 在 main 函数堆栈中分配临时内存，大小为 24 字节。

② 将 operator new 的函数参数（8）赋给 edi 寄存器。

③ 调用 operator new 操作分配相应的内存。

④ 将③中分配的内存的首地址赋给 rbx 寄存器。

⑤ 将 rbx 寄存器（即 this 指针）的地址赋给 rdi 寄存器。

⑥ 调用派生类 Point3d 的构造函数进行初始化。

⑦ 将 rbx 寄存器（this 指针）复制到相应的堆栈临时内存中。

⑧ 将 this 指针赋给 rax 寄存器，即 rax = vptr(this)。

⑨ 将 vptr 指向的内容赋给 rax 寄存器，即 rax = *vptr = vtable for Point3d+16。

⑩ rax = rax + 16 = &Point3d::norm()。

⑪ rdx = Point3d::norm()。

⑫ rax = this(vptr)。

⑬ 将 Point3d::norm 需要的参数赋给 rdi 寄存器，即 rdi = this。

⑭ 调用相应的虚成员函数。

为了便于分析相应的汇编实现，读者可参考类 D 的虚表布局，如图 4-17 所示。

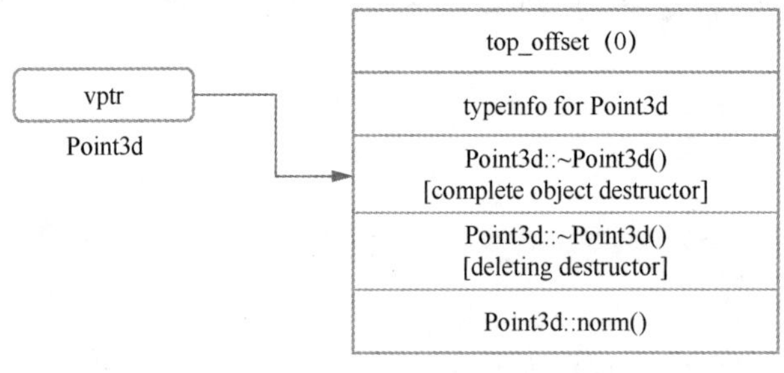

图 4-17

综上所述，对于虚函数的调用，此时 GCC 会作如下转换：

```
(*ptr->vptr[2])(ptr)
```

- vptr 表示由编译器产生的指针，指向虚表。它被安插在每一个声明有（或继承自）一个或多个虚函数的类对象中。事实上，其名称也会被 Mangling，因为在一个复杂的类派生体系中，可能存在多个 vptr。
- 2 是虚表槽的索引值，关联到 norm()函数。
- 第二个 ptr 表示 this 指针。

上面对虚函数调用进行了简单分析，下面将分析多继承下的虚成员函数调用规约。

4.4.1 多继承下的虚成员函数

在多继承且没有虚拟继承的场景下，相应虚表的构造过程可参考 4.2 节的内容。本节主要讲解在该场景下，相应的主基类中的虚成员函数、二级基类中的虚成员函数是如何调用的，以帮助读者更好地理解 C++对象模型。

假设有如下几个类：

```
class P {
public:
  virtual ~P() = default;
  virtual void print() {}

private:
  int a_{0};
};

class V {
public:
  virtual ~V() = default;
  virtual void vtest() {}
  virtual void print() {}
private:
  int b_{};
};

class A : public P, public V {
public:
  virtual ~A() = default;
  void print() override {}
  virtual void atest() {}
};
```

相应的调用侧如下：

```
A a;
V &v = a;
P &p = a;
v.print();
p.print();
v.vtest();
```

那么上述代码在 GCC 中是如何实现的呢？

通过 Compiler Explorer 可知，类 A 的虚表如图 4-18 所示。

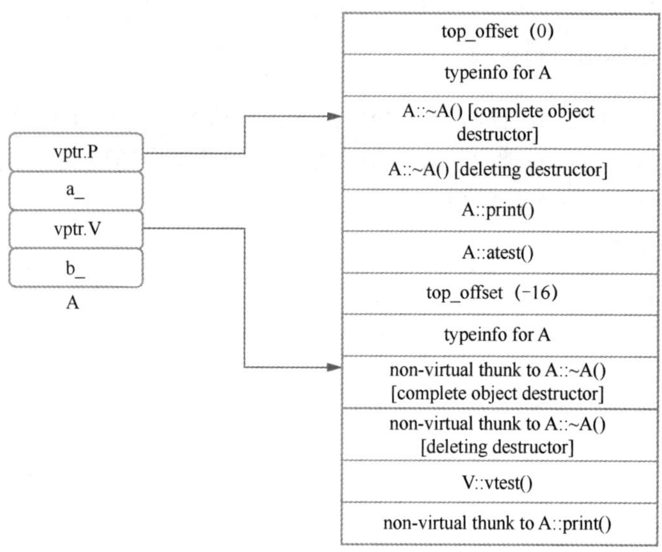

图 4-18

通过 Compiler Explorer 可知，上述调用侧相应的汇编实现如下：

```
// A a 的汇编实现如下
main:
        // ……
        movl    $vtable for A+16, %eax
        movq    %rax, -64(%rbp) // ①
        // ……
```

在上述代码中，①处表示 a 对象的首地址，即 this 指针存放在临时堆栈中，其位置为 rbp − 64。

```
// V &v = a 的汇编实现如下
        leaq    -64(%rbp), %rax  // ①
        addq    $16, %rax // ②
        movq    %rax, -24(%rbp) // ③
```

对上述汇编代码进行分析，具体如下。

① 将 a 对象的 this 指针赋给 rax 寄存器。

② 调整 this 指针，使 rax = rax + 16，由图 4-18 可知，此时 rax 指向基类子对象 V 的地址。

③ 将调整后的 this 指针存放在堆栈的 rbp − 24 处。

```
// P &p = a 的汇编实现如下
        leaq    -64(%rbp), %rax // ①
        movq    %rax, -32(%rbp) // ②
```

对上述汇编代码进行分析，具体如下。

① 将 a 对象的 this 指针赋给 rax 寄存器。

② 将 this 指针存放在 rbp − 32 处，此时该 this 指针指向基类子对象 P。

```
// v.print()的汇编实现如下
        movl    $non-virtual thunk to A::print(), %edx // ①
        movq    -24(%rbp), %rax // ②
        movq    %rax, %rdi // ③
        call    *%rdx // ④
```

对上述汇编代码进行分析，具体如下。

① 将 non-virtual thunk to A::print()的地址赋给 edx 寄存器。

② 将 A 的基类子对象 V 的地址（this）赋给 rax 寄存器。

③ 将 rax 寄存器中的值赋给 rdi 寄存器。

④ 调用 non-virtual thunk to A::print()函数。

而相应的 non-virtual thunk to A::print()的汇编实现如下：

```
non-virtual thunk to A::print():
        subq    $16, %rdi // ①
        jmp     .LTHUNK0 // ②
```

对上述汇编代码进行分析，具体如下。

① 调整 V 的 this 指针，使 this = this − 16，即变为派生类对象 a 的 this 指针。

② 调用相应的 A::print()函数，关于 LTHUNK0 的内容可参考第 3 章提供的方式进行查看。

由此归纳 GCC 关于虚成员函数调用的第一条规约：若虚函数为二级基类的成员函数，且被派生类覆写，那么在虚表的相应槽中会放置一个 thunk 函数的地址，该 thunk 函数负责调整相应的 this 指针并跳转到真正的虚函数。

为了进一步说明 GCC 中虚成员函数调用的相关规约，来看看 p.print()表达式的汇编实现，具体如下：

```
// p.print()的汇编实现如下
        movq    -32(%rbp), %rax // ①
        movq    (%rax), %rax // ②
        addq    $16, %rax // ③
        movq    (%rax), %rdx // ④
        movq    -32(%rbp), %rax // ⑤
        movq    %rax, %rdi // ⑥
        call    *%rdx // ⑦
```

对上述汇编代码进行分析，具体如下。

① 将对象的 this 指针赋给 rax 寄存器。

② 使 rax = *vptr.P。

③ 调整 rax，使 rax = rax + 16 = $ A::print()。

④ 使 rdx = A::print()。

⑤ 将 A 的基类子对象的 this 指针赋给 rax 寄存器。

⑥ 将 this 指针赋给 rdi 寄存器。

⑦ 调用 A::print()函数。

由此可归纳出 GCC 中虚成员函数调用的第二条规约：若虚成员函数为主基类的成员函数，且被派生类覆写，那么在虚表的相应槽中会直接放置相应的派生类中虚函数的地址，调用相应虚函数时，不需要调整 this 指针。

为了说明 GCC 中虚成员函数调用的第三条规约，下面以 v.vtest()表达式为例讲解其汇编实现：

```
// v.vtest()的汇编实现如下
        movl    $V::vtest(), %edx // ①
        movq    -24(%rbp), %rax // ②
        movq    %rax, %rdi // ③
        call    *%rdx // ④
```

对上述汇编代码进行分析，具体如下。

① 将 V::vtest()函数的地址赋给 edx 寄存器。

② 将 A 的基类子对象 V 的 this 指针赋给 rax 寄存器。

③ 将 this 指针赋给 rdi 寄存器，作为 V::vtest()函数的参数。

④ 调用 V::vtest(const V*)函数。

综上所述，归纳出 GCC 中虚成员函数调用的第三条规约：若虚成员函数为二级基类的成员函数，且没有被派生类覆写，那么在虚表的主虚表中不会分配相应的槽，只会在相应的二级虚表中分配相应的槽，且槽的值为相应基类的虚成员函数的地址。当通过该子对象调用相应虚成员函数时，不需要调整 this 指针。

至此，一个类在多继承且没有虚拟继承的场景下，相应的虚成员函数的调用规约介绍完毕。下面将探索当有虚拟继承存在时，虚成员函数的调用规约。

4.4.2　虚拟继承下的虚成员函数

在多继承且有虚拟继承的场景下，一个类的相应虚表的构造过程可参考 4.2 节中的内容。本节主要讲解在该场景下，相应的主基类中的虚成员函数、二级基类中的虚成员函数是如何调用的，以帮助读者更好地理解 C++对象模型。

本节继续以 4.4.1 节的示例代码为例展开介绍，更改相应 A、P 的实现如下：

```
class P {
public:
  virtual ~P() = default;
  virtual void print() {}
};

class A : virtual public P, virtual public V {
public:
  virtual ~A() = default;
  void print() override {}
  virtual void atest() {}
};
```

那么此刻：

```
    A a;
    V &v = a;
    P &p = a;
    v.print();
    p.print();
    v.vtest();
```

上述代码在 GCC 中是如何实现的呢？

通过 Compiler Explorer 可知，类 A 的虚表布局如图 4-19 所示。

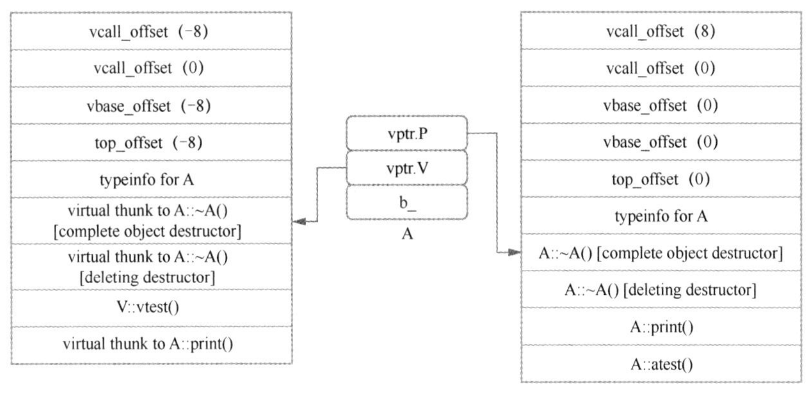

图 4-19

通过 Compiler Explorer 可知，上述调用侧相应的汇编实现如下：

```
// A a的汇编实现如下
main:
        // ......
        movl    $vtable for A+16, %eax
```

```
        movq    %rax, -64(%rbp) // ①
        // ……
```

在上述代码中，①表示 a 对象的首地址，即 this 指针存放在临时堆栈中，其位置为 rbp − 64。

为了研究在多继承场景下，派生类是如何转换为其第二父类（例如上述示例代码中的 V）的，下面对 V &v = a 的汇编实现进行分析：

```
// V &v = a 的汇编实现如下
        leaq    -64(%rbp), %rax  // ①
        addq    $8, %rax  // ②
        movq    %rax, -24(%rbp) // ③
```

对上述汇编代码进行分析，具体如下。

① 将 this 指针赋给 rax 寄存器。

② 调整 this 指针的值，此处调整结果为 this + 8。

③ 将 this + 8 存放在临时堆栈中。this + 8 便是虚基类 V 的子对象的地址。

为了探究派生类同其主基类（父类 P）的转换规则，对 P &p = a 的汇编实现进行分析：

```
// P &p = a 的汇编实现如下
        leaq    -64(%rbp), %rax // ①
        movq    %rax, -32(%rbp) // ②
```

对上述汇编代码进行分析，具体如下。

① 将类 A 的 this 指针赋给 rax 寄存器。

② 将类 A 的 this 指针直接复制到临时堆栈中，即 p 的值为 A 的 this 指针。

为了探究 GCC 中虚成员函数调用规约，下面对通过虚基类调用相应虚成员函数（即 v.print()）的汇编实现进行分析：

```
// v.print()的汇编实现如下
        movl    $virtual thunk to A::print(), %edx // ①
        movq    -24(%rbp), %rax // ②
        movq    %rax, %rdi // ③
        call    *%rdx // ④
```

对上述汇编代码进行分析，具体如下。

① 将 virtual thunk to A::print()的地址赋给 edx 寄存器。

② 根据对 V &v = a 的分析可知，%rbp − 24 堆栈处存放的是虚基类 V 的子对象的地址，即 this 指针，将其赋给 rax 寄存器。

③④ 将虚基类 V 子对象的地址赋给 rdi 寄存器，作为 virtual thunk to A::print()函数的参数，并调用该函数。

上述 virtual thunk to A::print()函数的汇编实现如下：

```
virtual thunk to A::print():
        movq    (%rdi), %r10 // ①
        addq    -40(%r10), %rdi // ②
        jmp     .LTHUNK0 // ③

virtual thunk to A::print():
        movq    (%rdi), %r10
        addq    -32(%r10), %rdi
        jmp     .LTHUNK1
```

上述汇编之所以出现两个 virtual thunk to A::print()函数，是因为类 A 有两个虚基类，并且两个虚基类中均声明了虚成员函数 print。

对上述第一个 virtual thunk to A::print()函数的汇编代码进行分析，具体如下。

① rdi 为 vptr.V，因此 r10 = *vptr.V。

② 将 r10 – 40 所指向的值加上 rdi 寄存器中的值赋给 rdi 寄存器，即此时 rdi = rdi – 8。

③ 在②中，编译器将 vptr.V（即指向 V 的 this 指针）调整为派生类 A 的 this 指针，因此这里调用的是派生类 A 的 print 函数，调用相应的 A::print()函数。

由此可归纳 GCC 中虚成员函数调用的第四条规约：若虚成员函数为二级基类和主基类的成员函数（即 print），且该成员函数被派生类覆写，那么编译器会生成多个类似 virtual thunk to A::print()的函数，并在二级基类的虚表中分配相应的槽，该槽中的内容为出现的第一个类 virtual thunk to A::print()的地址。当通过二级基类调用该函数时，编译器会先根据调整后的 this 指针跳转到相应的虚拟 thunk 函数中，接着根据 vcall_offset 的值调整相应的 this 指针，然后调用派生类中的函数。

为了便于读者了解在派生类有虚基类且虚基类中声明有虚成员函数的场景下，通过基类指针或引用来调用相应虚成员函数的规约，下面将进一步分析 p.print 及 v.vtest 表达式的汇编实现。这是因为基类 P 为类 A 的主基类，基类 V 中 vtest 虚成员函数并没有在派生类 A 中被覆写，所以是另外两种特殊情况。

```
// p.print()的汇编实现如下
        movq    -32(%rbp), %rax  // ①
        movq    (%rax), %rax  // ②
        addq    $16, %rax  // ③
        movq    (%rax), %rdx  // ④
        movq    -32(%rbp), %rax  // ⑤
        movq    %rax, %rdi  // ⑥
        call    *%rdx  // ⑦
```

对上述汇编语句进行分析，具体如下。

① 由上述 P &p = a 语句分析可知，%rbp − 32 中存放的是虚基类 P 的子对象的地址，即 this 指针，该 this 指针与派生类 A 的 this 指针相同。

② 将 vptr.P 赋给 rax 寄存器。

③ 将 vptr.P 增加 16 字节，此时 rax 中存放的是虚表中存放 A::print()函数地址的槽的地址。

④ 将 A::print()函数的地址赋给 rdx 寄存器。

⑤ 将类 P 的子对象的 this 指针赋给 rax 寄存器。

⑥ 将 rax 寄存器中的值赋给 rdi 寄存器，作为 A::print()函数的参数。

⑦ 调用 A::print()函数。

下面进一步分析通过虚基类 V 的子对象的引用来调用未被派生类覆写的虚成员函数（即 v.vtest()）的规则：

```
// v.vtest()的汇编实现如下
        movl    $V::vtest(), %edx  // ①
        movq    -24(%rbp), %rax  // ②
        movq    %rax, %rdi // ③
        call    *%rdx  // ④
```

对上述汇编语句进行分析，具体如下。

① 将 V::vtest()函数地址赋给 edx 寄存器。

② 将基类 V 的子对象的 this 指针赋给 rax 寄存器。

③ 将 rax 寄存器中的值赋给 rdi 寄存器，作为 V::vtest()函数的参数。

④ 调用 V::vtest()成员函数。

由于此时 vcall_offset 为 0，不需要调整 this 指针。

综上所述，GCC 中虚成员函数的调用规约具体如下。

- 若虚函数为二级基类的成员函数，且被派生类覆写，那么在虚表的相应槽中会放置一个 thunk 函数的地址，该 thunk 函数负责调整相应的 this 指针并跳转到真正的虚函数。
- 若虚成员函数为主基类的成员函数，且被派生类覆写，那么在虚表的相应槽中会直接放置相应的派生类中虚函数的地址，调用相应虚函数时，不需要调整 this 指针。
- 若虚成员函数为二级基类的成员函数，且没有被派生类覆写，那么在虚表的主虚表中不会分配相应的槽，只会在相应的二级虚表中分配相应的槽，且槽的值为相应基类的虚成员函数的地址。当通过该子对象调用相应虚成员函数时，不需要调整 this 指针。
- 若虚成员函数为二级基类和主基类的成员函数（即 print），且该成员函数被派生类覆写，那么编译器会生成多个类似 virtual thunk to A::print()的函数，并在二级基类的虚表中分配相应的槽，该槽中的内容为出现的第一个类 virtual thunk to A::print()

的地址。当通过二级基类调用该函数时，编译器会先根据调整后的 this 指针跳转到相应的虚拟 thunk 函数中，接着根据 vcall_offset 的值调整相应的 this 指针，然后调用派生类中的函数。

4.5 指向成员函数的指针

指向成员函数的指针是 C++中最不常用的特性之一。其语法声明如下：

```
Return_type (ClassName::* pointer) (arguments);
```

上述代码各部分的含义说明如下。

- Return_type：成员函数的返回类型。
- ClassName：类名，且该类声明并定义了相应的成员函数。
- pointer：声明一个指针类型变量，该指针变量指向类成员函数。
- arguments：成员函数的参数列表。

为了便于读者了解 C++中指向成员函数的指针的实现原理，假设有一个类 A，其有一个成员函数 f1 的声明如下：

```
int A::f1(double);
```

那么相应的指向类 A 的成员函数 f1 的指针 fptr 可以声明如下：

```
int (A::*fptr) (double);
```

上述示例代码中 int 类型用于声明指向成员函数的指针的返回类型。上述示例代码中基类为类 A，成员函数参数列表为 double。

初始化相应的成员函数指针有如下两种形式：

```
// 形式一:
int (A::*fptr) (double);
fptr = &A::f1;
// 形式二:
int (A::*fptr) (double) = &A::f1
```

通过指向成员函数的指针调用相应的成员函数，需要使用“.*”或“->*”。例如，声明一个类 A 的对象 a，通过 fptr 调用相应的成员函数的形式如下：

```
(a.*fptr)(2.0)
```

又如，声明一个指向类 A 的指针 pa，通过 fptr 调用相应的成员函数的形式如下：

```
(pa->*fptr)(2.0)
```

那么 C++中指向成员函数的指针和指向普通函数的指针有什么区别呢？它们又由哪些部分构成呢？下面将深入分析在不同继承场景下，成员函数指针的工作原理，以解释上述问题。

4.5.1　单继承场景下指向成员函数的指针

为了便于读者了解 C++中指向成员函数的指针的具体实现，下面先从简单的单继承场景出发，构造如下测试用例：

```
class Base {
public:
  virtual void f() {
    std::cout << " Base f()\n";
  }
};

class A : public Base {
public:
  void fa() {}
};
```

在调用侧有如下实现：

```
using Afptr = void (A::*)();
Afptr fptr = & A::fa;
Afptr fbptr = &A::f;
A a;
(a.*fptr)();
(a.*fbptr)();
```

完整的测试代码见配套资源中的 4/4.5/test1.cpp。

通过 Compiler Explorer 可知，上述各个语句的汇编实现如下：

```
// Afptr fptr = & A::fa 的汇编实现如下
        movq    $A::fa(), -16(%rbp) // ①
        movq    $0, -8(%rbp) // ②
```

上述两条指令代表指向成员函数的指针的构成。对上述汇编语句进行分析，具体如下。

① 将成员函数的地址存放在相应的临时堆栈内存中。

② 将 0 存放在相应的临时内存中，这也是成员函数指针的一个数据成员。

```
// Afptr fbptr = &A::f 的汇编实现如下
        movq    $1, -32(%rbp) // ①
        movq    $0, -24(%rbp) // ②
```

因为 f 为虚成员函数，所以 GCC 并不会将相应的成员函数地址存放在相应的指向成员函数的指针对象中。对上述汇编语句进行分析，具体如下。

① 将 1 存放在相应的临时堆栈内存中。

② 将 0 存放在相应的临时堆栈内存中。

综上所述，可归纳出在 C++中，指向成员函数的指针并非普通指针，在 GCC 中，一个指向成员函数的指针 PTRMFUNC 有如下形式：

```
PTRMFUNC {
  sometype ptr;
  ptrdiff_t adj;
};
```

上述 ptr 指针针对虚成员函数和非虚成员函数有所不同。若指向成员函数的指针代表的是一个非虚成员函数，那么 ptr 指针存放的是相应的成员函数的地址；若指向成员函数的指针代表的是一个虚成员函数，那么 ptr 指针存放的是虚成员函数在虚表中的偏移量加 1。adj 表示 this 指针的调整值。

为了便于读者更深入地了解指向成员函数的指针的调用方式，下面继续对调用侧代码的汇编实现进行分析。

```
// A a 的汇编实现如下
        movl    $vtable for A+16, %eax
        movq    %rax, -40(%rbp)

//(a.*fptr)()的汇编实现如下
        movq    -16(%rbp), %rax // ①
        andl    $1, %eax // ②
        testq   %rax, %rax // ③
        je      .L4 // ④
        movq    -8(%rbp), %rax // ⑤
        movq    %rax, %rdx // ⑥
        leaq    -40(%rbp), %rax // ⑦
        addq    %rdx, %rax // ⑧
        movq    (%rax), %rax // ⑨
        movq    -16(%rbp), %rdx // ⑩
        subq    $1, %rdx // ⑪
        addq    %rdx, %rax // ⑫
        movq    (%rax), %rax // ⑬
        jmp     .L5 // ⑭
.L4:
        movq    -16(%rbp), %rax // ⑮
.L5:
```

```
        movq    -8(%rbp), %rdx // ⑯
        movq    %rdx, %rcx // ⑰
        leaq    -40(%rbp), %rdx // ⑱
        addq    %rcx, %rdx // ⑲
        movq    %rdx, %rdi // ⑳
        call    *%rax // ㉑
```

由上述汇编实现可知，通过成员函数的指针调用会产生大量的指令，间接说明该种方式效率较低，尽量少用。

① 将成员函数的地址$A::fa 赋给 rax 寄存器。

②③ 解析函数指针的 ptr 部分是虚成员函数还是非虚成员函数，并根据相应的判断结果跳转到相应的执行分支，因为 A::fa 为非虚成员函数，所以上述语句会直接跳转到.L4 处执行。

⑮ 将成员函数的地址$A::fa 赋给 rax 寄存器。

⑯ 将成员函数指针的 adj 赋给 rdx 寄存器，即 rdx = 0。

⑰ 将 rdx 寄存器中的值赋给 rcx 寄存器，即 rcx = 0。

⑱ 将类 A 的对象 a 的 this 指针赋给 rdx 寄存器。

⑲ 根据 adj，调整 this 指针，并将其赋给 rdx 寄存器。

⑳ 将 rdx 寄存器中的值赋给 rdi 寄存器，即构造 A::fa 的 this 指针参数。

㉑ 调用 A::fa 成员函数。

上述汇编实现中④～⑭处相应的分析可参考(a.*fbptr)()，其汇编实现如下：

```
//(a.*fbptr)()的汇编实现如下
        movq    -32(%rbp), %rax // ①
        andl    $1, %eax // ②
        testq   %rax, %rax // ③
        je      .L6 // ④
        movq    -24(%rbp), %rax // ⑤
        movq    %rax, %rdx // ⑥
        leaq    -40(%rbp), %rax // ⑦
        addq    %rdx, %rax // ⑧
        movq    (%rax), %rax // ⑨
        movq    -32(%rbp), %rdx // ⑩
        subq    $1, %rdx // ⑪
        addq    %rdx, %rax // ⑫
        movq    (%rax), %rax // ⑬
        jmp     .L7 // ⑭
.L6:
        movq    -32(%rbp), %rax // ⑮
.L7:
```

```
movq    -24(%rbp), %rdx // ⑯
movq    %rdx, %rcx // ⑰
leaq    -40(%rbp), %rdx // ⑱
addq    %rcx, %rdx // ⑲
movq    %rdx, %rdi // ⑳
call    *%rax // ㉑
```

上述汇编代码中①～④处相应的分析可参考 A::fa。

⑤ 因为此时是虚成员函数，所以运行分支到这一步，将成员函数指针的 adj 赋给 rax 寄存器，即 rax = 0。

⑥ 将 rax 寄存器中的值赋给 rdx 寄存器，即 rdx = 0。

⑦ 将类 A 的对象 a 的 this 指针赋给 rax 寄存器。

⑧ 根据 adj 调整 this 指针，并将其赋给 rax 寄存器。

⑨ 将 vptr 指向的值赋给 rax 寄存器，即 rax = vptr。

⑩ 将成员函数指针的 ptr 赋给 rdx 寄存器，即 rdx = 1。

⑪ 将 rdx 寄存器中的值减 1 赋给 rdx 寄存器，即 rdx = rdx – 1。

⑫ 调整 vptr 指向的位置，此时 rax = vptr + 0。

⑬ 将调整后的 vptr 所指向位置的值赋给 rax 寄存器，即 rax = $Base::f()。

⑭ 直接跳转到.L7 处。

⑮ 此处被跳过。

⑯ 将指向成员函数的指针的 adj 赋给 rdx 寄存器，即 rax = 0。

⑰ 将 rdx 寄存器中的值赋给 rcx 寄存器。

⑱⑲ 根据 rdx 寄存器中的值调整 this 指针。

⑳㉑ 调用相应的虚成员函数 B::f()。

综上所述，针对 C++中成员函数的指针，GCC 给出了如下模型：

```
PTRMFUNC {
  sometype ptr;
  Ptrdiff_t adj;
};
```

其中 ptr 为虚成员函数和非虚成员函数所代表的含义有所不同，具体判断依据是函数开始处的 4 条指令。

本节分析了在单继承场景下，指向成员函数的指针在汇编层面的调用方式。那么在多继承且有虚拟继承的场景下，指向成员函数的指针又是如何调用的呢？

4.5.2　多继承场景下指向成员函数的指针

为了便于读者理解在多继承且有虚拟继承的场景下，指向成员函数的指针的工作原理，我基于 4.5.1 节的代码构造了如下测试用例：

```
class Base2 {
public:
  virtual void fb2() {}
};

class A : public Base, virtual public Base2 {
public:
  void fb2() {}
};
```

在调用侧有如下测试代码：

```
using Afptr = void (A::*)();
Afptr fbptr = &A::fb2;
A a;
(a.*fbptr)(); // ①
```

那么上述测试代码中①是如何被调用的呢？相应的指向成员函数的指针是否会有所不同呢？通过 Compiler Explorer 可知，上述调用侧代码的汇编实现如下：

```
// Afptr fbptr = &A::fb2 的汇编实现如下
        movq    $9, -16(%rbp)
        movq    $0, -8(%rbp)
```

由上可知指向成员函数的指针是不变的，依然由两部分构成：ptr 和 adj。

为了探究(a.*fbptr)()的调用原理，继续分析 A a 及(a.*fbptr) ()的汇编实现，具体如下：

```
// A a 的汇编实现如下
        leaq    -32(%rbp), %rax // ①
        movq    %rax, %rdi // ②
        call    A::A() [complete object constructor] // ③
```

类 A 的初始化工作比较简单，①将类 A 对象的 this 指针赋给 rax 寄存器；②将 rax 寄存器中的值赋给 rdi 寄存器，此时 rdi 中存放的是类 A 对象的 this 指针；③直接调用类 A 的构造函数，完成类 A 的初始化工作。

通过类 A 对象和指向成员函数的指针来调用相应成员函数（即(a.*fbptr) ()）的汇编实现如下：

```
// (a.*fbptr)()的汇编实现如下
        movq    -16(%rbp), %rax // ①
        andl    $1, %eax // ②
```

```
        testq   %rax, %rax // ③
        je      .L8 // ④
        movq    -8(%rbp), %rax // ⑤
        movq    %rax, %rdx // ⑥
        leaq    -32(%rbp), %rax // ⑦
        addq    %rdx, %rax // ⑧
        movq    (%rax), %rax // ⑨
        movq    -16(%rbp), %rdx // ⑩
        subq    $1, %rdx // ⑪
        addq    %rdx, %rax // ⑫
        movq    (%rax), %rax // ⑬
        jmp     .L9 // ⑭
.L8:
        movq    -16(%rbp), %rax
.L9:
        movq    -8(%rbp), %rdx // ⑮
        movq    %rdx, %rcx // ⑯
        leaq    -32(%rbp), %rdx // ⑰
        addq    %rcx, %rdx // ⑱
        movq    %rdx, %rdi // ⑲
        call    *%rax // ⑳
```

对上述汇编代码进行分析，具体如下。

①～④ 处的分析可参考 4.5.1 节中的内容。

⑤～⑧ 根据 adj 调节 this 指针。

⑨ 将类 A 的对象 a 的 this 指针指向的结果赋给 rax 寄存器，即 rax = vptr。

⑩ 将指向成员函数的指针的 ptr 赋给 rdx 寄存器，即 rdx = 9。

⑪ 设置 rdx，使 rdx = rdx – 1。

⑫ 调整 vptr 指向的地址，使 vptr = vptr + rdx = vptr + 8，由类 A 的虚表可知，此时 vptr + 8 = $A::fb2()。

⑬ 将 A::fb2()的地址赋给 rax 寄存器。

⑭ 跳转到.L9 处执行。

⑮～⑱ 根据指向成员函数的指针调整类 A 对象的 this 指针。

⑲⑳ 调用 A::fb2()成员函数。

通过上述分析可知，在多继承且有虚拟继承的场景下，指向成员函数的指针依然由两部分构成，并且其调用规约与非虚拟继承场景下的调用规约一致。

接下来，我将以成员函数指针之间的互相转换来结束本节。测试用例如下：

```
#include <iostream>
```

```
class F {
public:
  int f(char* ch=0){
    std::cout<<"F::f()"<<std::endl;
    return 1;
  }
};

class Bar{
public:
  void b(int i=4){
    std::cout<<"Bar::b()"<<std::endl;
  }
};

class FDerived:public F {
public:
  int f(char* c=0){
    std::cout<<"FDerived::f()\n";
    return 0;
  }
};

int main(int argc, char* argv[]){
  typedef  int (F::*FPTR) (char*);
  typedef  void (Bar::*BPTR) (int);
  typedef  int (FDerived::*FDPTR) (char*);

  FPTR fptr = &F::f;
  BPTR bptr = &Bar::b;
  FDPTR fdptr = &FDerived::f;

  Bptr = static_cast<void (Bar::*) (int)> (fptr); // ①
  fdptr = static_cast<int (FDerived::*) (char*)> (fptr); // ②

  Bar obj;
  ( obj.*(BPTR) fptr )(1);// ③
  return 0;
}
```

在上述代码中，我通过 typedef 声明了某种类型别名，这是 C++的一种使用技巧。当然，读者也可以使用 using 声明某种类型别名。

上述代码中的①部分，将 fptr 强制转换为指向类 Bar 的成员函数的指针，此时编译器会报错，这是因为指向非静态非虚成员函数的指针具有强类型，不能被相互转换。

上述代码中的②部分，将 fptr 强制转换为指向类 FDerived 的成员函数的指针，此时编译器可以通过构建，这是因为指向派生类的成员函数的指针可以应用于任何基类成员函数指针的应用场景。

上述代码中的③部分，通过 Bar 对象调用 fptr 指针，调用结果显示为调用 F::f()函数，这是因为指向非虚非静态成员函数的指针是静态绑定的。

4.6 总结

本章从一个简单的代码片段说起，主要讲解了以下内容。

- 函数名称查找及函数决议规则，即 C++如何找到相应的函数候选者。
- 分析了不同场景下类的虚表构成及虚表的构造过程。
- 深入探讨了类的成员函数调用方式，包括静态成员函数及非静态成员函数的调用方式，同时介绍了 C++17 中所规定的复制省略的相关概念。
- 深入分析了类的虚成员函数的调用方式。
- 深入讲解了类的成员函数指针的相关概念，以及编译器如何实现在不同场景下调用指向成员函数的指针。

最后，以接口类的虚表结束本章，如下所示：

```
class VBase {
public:
  virtual ~VBase() = default;
  virtual void fbase() = 0;
};
```

VBase 类的虚表内容如图 4-20 所示。

top_offset (0)
typeinfo for VBase
0
0
__cxa_pure_virtual

图 4-20

由图 4-20 可知，当一个类声明了纯虚函数时，即使其析构函数声明为 default，其虚表中相应析构函数的槽的值也为 0。

针对所声明的纯虚函数，相应虚表的槽中放置的是__cxa_pure_virtual 函数的地址。该函数的具体实现依赖不同的编译器，当通过某种途径调用了未被覆写的纯虚函数时，编译器会报告“Pure Virtual Function Called”并终止程序。

第 5 章将讲解 C++对象模型中构造函数和析构函数的工作原理。

第 5 章

构造、析构语义学

在 C++中，构造函数是一种特殊的非静态成员函数，用于初始化类对象。构造函数分为复制构造函数（copy constructor）、移动构造函数（move constructor）、默认构造函数（default constructor）、转换构造函数（converting constructor）等。构造函数支持重载。

C++析构函数也是一种特殊的非静态成员函数，当对象的生命周期结束时，会自动调用相应的析构函数以释放其管理的资源。析构函数不支持重载。

本章不考虑复制构造函数、移动构造函数和转换构造函数，只基于默认构造函数或普通构造函数来讲解类对象的初始化过程。同时，本章也会讲解相应的类对象的析构过程。本章主要内容如下。

- 构造虚表的结构及原理，包括 VTT 的概念、类对象的初始化过程（即构造函数如何生效）。
- 子对象构造。
- 一次性构造（即线程安全的单例的实现原理）。
- 对象数组构造。
- 子对象析构。
- 对象数组析构。
- 全局对象构造与析构，包括如何控制全局对象的构造顺序。

本章由一段代码说起：

```
class Base {
```

```
public:
  virtual void fbase() {
    std::cout << "Base" << "\n";
  }
};

class Base1:virtual public Base {
public:
  Base1() {
    Base* b = static_cast<Base*>(this);
    b->fbase();
  }

  void fbase() override {
    std::cout << "Base1\n";
  }
};

class Derived:virtual public Base1 {};
```

完整的测试代码见配套资源中的 5/5.0/test1.cpp。

当构造 Derived 类时，Base1 的构造函数将 this 指针强制转换为其虚基类的指针，并调用虚基类的成员函数 fbase，但运行结果显示其调用的是 Base1 的 fbase 函数。这种行为是如何产生的呢？

以这个问题为出发点，我们开始本章的学习。

5.1　对象构造

第 3 章讲解了 GCC 分配对象数据成员内存的规则。本章将讲解类对象的初始化规则。

在 C++中，类对象的构造包括初始化其非静态数据成员及父类子对象。假设有一个类 Base3，其定义如下：

```
class Base3 {
public:
  virtual void fbase3() {}
};
```

将 Derived 类的定义更改如下：

```
class Derived : virtual public Base1, public Base3 {};
```

那么 Derived 类是如何初始化其非虚基类子对象及虚基类子对象的呢？

5.1.1 构造虚表

如果一个类的基类有虚基类（虚拟继承）存在，GCC 会为其生成一个构造虚表（construction virtual table）。构造虚表主要用于其基类的构造和析构。

之所以引入构造虚表，是因为派生类和基类针对虚基类有不同的偏移。通常而言，对象的固有基类的虚表可能没有保存正确的 vbase_offset 来访问对象正在构造的虚基类。此时，如果一个指针要通过虚表寻址来从指向对象的虚基类转换到指向对象的另一部分，就可能导致指针出现错误。因此若基类拥有直接或间接的虚基类，那么相应的虚表指针应该设置为构造虚表的地址。构造虚表的构成如图 5-1 所示。

第 3 章中介绍过 VTT（Virtual Table Table，虚表列表），它是存储虚表指针的表。VTT 中会保存完整类的构造虚表地址和正常虚表地址，这主要用来保证类的基类在构造时，其虚表指针能指向合适的虚表。

为了帮助读者加深对 VTT 及构造虚表的理解，我通过 Compiler Explorer 得到了 Derived 类的 VTT，如图 5-2 所示。

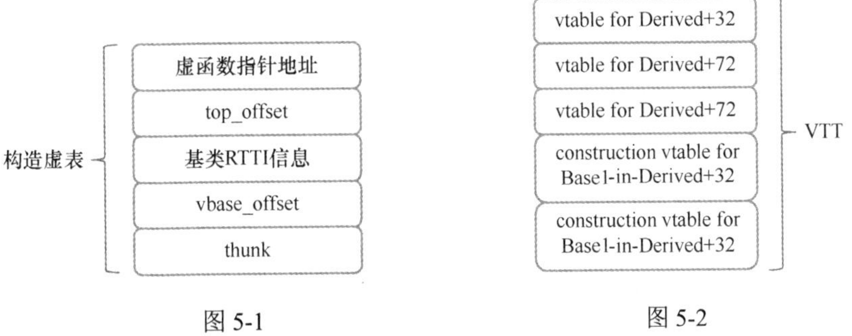

图 5-1

图 5-2

对于次基类（secondary base class）Base1，编译器生成了相应的构造虚表，其内容如图 5-3 所示。

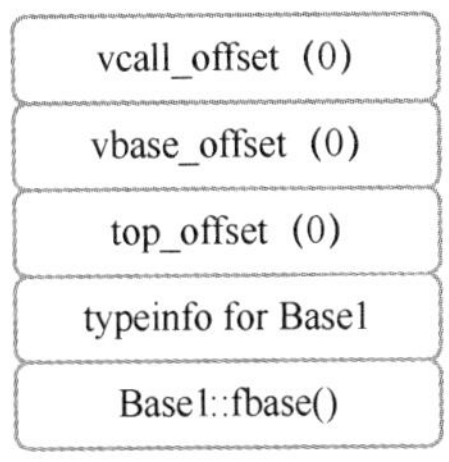

图 5-3

从图 5-3 中可以看到，对于派生类的虚基类而言，生成的构造虚表的内容同虚表内容大体相同。

那么上述VTT中的各个槽的内容都代表什么含义呢？VTT的布局是怎样的呢？VTT的构成如图 5-4 所示。

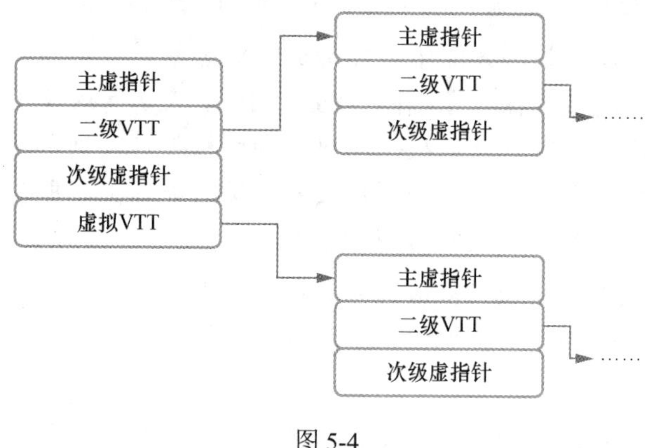

图 5-4

- 主虚（primary virtual）指针：指向最底层的派生类（most derived class，又称最派生类）Derived 的主虚表地址，即第一个 vptr 所指向的地址。
- 二级 VTT（secondary VTT）：对于每个需要 VTT 的最派生类 Derived 的直接非虚固有基类 B，按声明顺序为 B 创建一个子 VTT，子 VTT 的结构与主 VTT 的结构相似，具有主虚指针、二级 VTT 和次级虚指针，但没有虚拟 VTT。
- 次级虚（secondary virtual）指针：如果一个基类 X 满足两个条件，第一个条件是该基类 X 有虚基类或通过虚路径可达（虚路径可达指的是在相应的继承图中存在一个路径 X→B1→B2→…→BN→D，并且这条路径中至少存在一个虚基类），第二个条件是该基类 X 不是一个非虚主基类，那么编译器便会在 VTT 中为该基类 X 生成一个次级虚指针，指向基类 X 在派生类 D 中的虚表的地址或基类 X 的构造虚表的地址。
- 虚拟 VTT（virtual VTT）：针对继承图前序中的每个虚基类，编译器会为该类生成一个相应的虚拟 VTT，并按相应的顺序将其虚拟 VTT 的地址放置在相应的槽中。

为了便于读者深入理解相应的 VTT 及构造虚表的内容，我进一步丰富了相应的示例代码，增加了类 Base2 并更改了类 Base1：

```
class Base2 {
public:
  virtual void fbase2() {
    std::cout << "Base2" << "\n";
  }
  int a_{};
```

```
};

class Base1 : virtual public Base, virtual public Base2;
```

上述 Derived 类的 VTT 如图 5-5 和图 5-6 所示。图 5-5 和图 5-6 实际为一张图，将其拆分为两张图是为了绘图方便。其中图 5-5 中间部分为 Derived 类的 VTT 槽中的内容，箭头所指为槽中指针所代表的值。

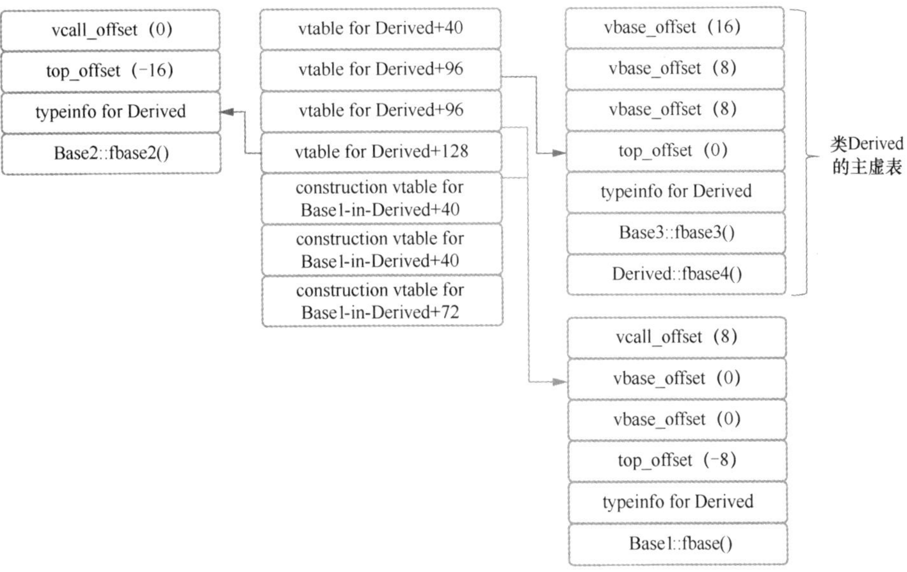

图 5-5

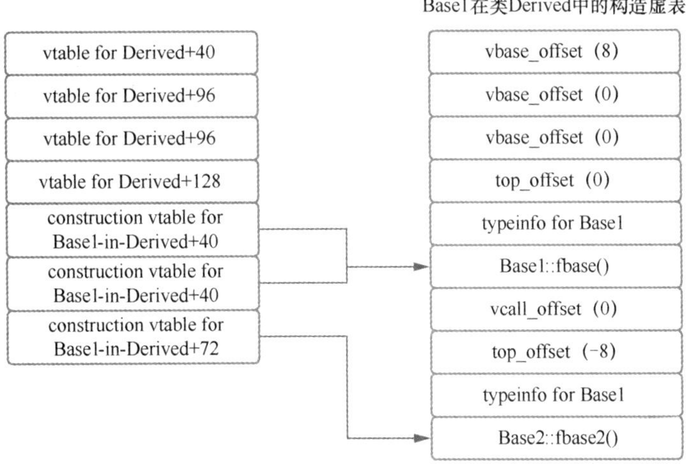

图 5-6

由图 5-5 和图 5-6 可知，Derived 类有一个直接非虚动态类 Base3（主基类）和一个虚基类 Base1，并且 Base1 中有虚基类 Base、Base2 存在，故 Derived 类的基类中有虚基类存在，因此编译器会为 Derived 类生成一个 VTT。

在图 5-5 和图 5-6 中，VTT 中有以下几个槽：

```
vtable for Derived+40
vtable for Derived+96
vtable for Derived+96
vtable for Derived+128
construction vtable for Base1-in-Derived+40
construction vtable for Base1-in-Derived+40
construction vtable for Base1-in-Derived+72
```

其相应的解释如下所示。

- vtable for Derived+40：主 VTT 中的主虚指针，指向 Derived 类的主虚表。
- vtable for Derived+96：主 VTT 中的次级虚指针，指向 Base1 在 Derived 类中的虚表地址。
- vtable for Derived+96：主 VTT 中的次级虚指针，指向 Base 在 Derived 类中的虚表地址，而 Base 为 Base1 的主基类，因此两者拥有相同的虚表指针值。
- vtable for Derived+128：主 VTT 中的次级虚指针，指向 Base2 在 Derived 类中的虚表地址。
- construction vtable for Base1-in-Derived+40：属于虚拟 VTT 中的一部分，即类 Base1 的主虚指针，指向类 Base1 的构造虚表的主虚表。
- construction vtable for Base1-in-Derived+40：属于虚拟 VTT 中的一部分，即类 Base1 的次级虚指针，指向类 Base 在 Base1 的构造虚表中的虚表地址。
- construction vtable for Base1-in-Derived+72：属于虚拟 VTT 中的一部分，即类 Base1 的次级虚指针，指向类 Base2 在 Base1 的构造虚表中的虚表地址。

那么 GCC 是如何初始化（构造）Derived 类及其子对象的呢？下面将结合其 VTT 及相应的构造虚表内容来讲解在虚基类存在的场景下类的构造过程。

5.1.2　子对象构造

在介绍类的构造顺序时，先引入两个概念：继承图和继承图顺序。

继承图（inheritance graph）的节点是一个类或该类的直接基类子对象，图的边可以将每个节点与其直接基类相连。

例如，配套资源 5/5.1/test1.cpp 中 Derived 类的继承图如图 5-7 所示。

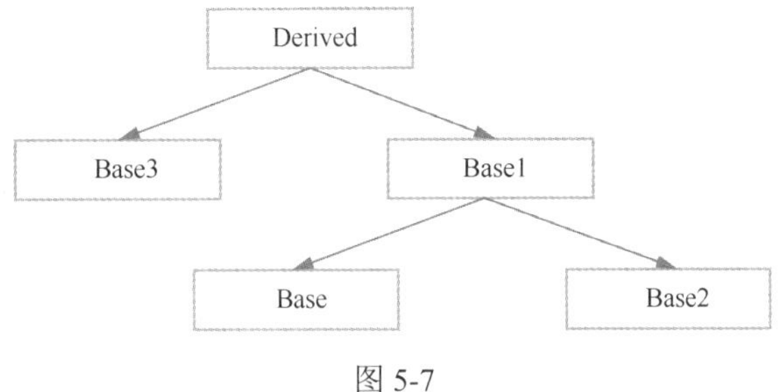

图 5-7

继承图顺序（inheritance graph order）指遍历继承图的顺序。类对象及其所有子对象的排序通过对其继承图的深度优先遍历获得，顺序是从最底层派生类对象到基类子对象，其中：

- 所有节点只能被遍历一次（虚基类子对象及该子对象的所有基类子对象也仅被遍历一次）；
- 节点的子对象按其声明的顺序进行访问（即对于 Derived 类而言，遍历顺序为 Derived→Base3→Base1→Base→Base2）。

按照前序遍历的方式遍历继承图，则称为继承图前序。

当 Derived 类继承自多个类时，其相应基类的构造顺序如下。

- 首先，最底层派生类 Derived 的构造过程的起点为虚基类初始化，并且虚基类将按照它们在基类中声明的继承图前序进行初始化。
- 其次，直接基类按照从左到右的顺序初始化。
- 再次，按照类定义中声明的顺序初始化非静态数据成员。
- 最后，执行 Derived 类的构造函数的主体。

为了加深对上述规则的理解，读者可运行配套资源中的 5/5.1/test1.cpp，运行结果如图 5-8 所示。

图 5-8

为了解答本章起始部分所提出的问题，下面将深入汇编层面，分析 C++类对象的构造过程。通过 Compiler Explorer 可知，Derived 类的构造函数的汇编实现如下：

```
Derived::Derived() [complete object constructor]:
        pushq   %rbp
        movq    %rsp, %rbp
```

```
subq    $16, %rsp // ①
movq    %rdi, -8(%rbp) // ②
movq    -8(%rbp), %rax // ③
addq    $8, %rax // ④
movq    %rax, %rdi // ⑤
call    Base::Base() [base object constructor] // ⑥
movq    -8(%rbp), %rax // ⑦
addq    $16, %rax // ⑧
movq    %rax, %rdi // ⑨
call    Base2::Base2() [base object constructor] // ⑩
movq    -8(%rbp), %rax // ⑪
addq    $8, %rax // ⑫
movl    $VTT for Derived+32, %edx // ⑬
movq    %rdx, %rsi // ⑭
movq    %rax, %rdi // ⑮
call    Base1::Base1() [base object constructor] // ⑯
movq    -8(%rbp), %rax // ⑰
movq    %rax, %rdi // ⑱
call    Base3::Base3() [base object constructor] // ⑲
movl    $vtable for Derived+40, %edx // ⑳
movq    -8(%rbp), %rax // ㉑
movq    %rdx, (%rax) // ㉒
movq    -8(%rbp), %rax // ㉓
addq    $8, %rax // ㉔
movl    $vtable for Derived+96, %edx // ㉕
movq    %rdx, (%rax) // ㉖
movq    -8(%rbp), %rax // ㉗
addq    $8, %rax // ㉘
movl    $vtable for Derived+96, %edx // ㉙
movq    %rdx, (%rax) // ㉚
movq    -8(%rbp), %rax // ㉛
addq    $16, %rax // ㉜
movl    $vtable for Derived+128, %edx // ㉝
movq    %rdx, (%rax) // ㉞
```

由于上述汇编代码较长，我将分段进行讲解。

① 在 Derived 类的构造函数所在堆栈中分配 16 字节的临时内存。

② rdi 为 Derived 类对象的 this 指针，存放在临时内存中。

③ 将 this 指针赋给 rax 寄存器。

由上述 Derived 类的构造函数可知，接下来构造虚基类 Base，因为该类没有相应的 VTT 和构造虚表，所以直接利用 Derived 类的对象虚表进行相应构造。

④ 调整 this 指针，使 this = this + vbase_offset，此时 rax = this + 8。

⑤ 将调整后的 this 指针赋给 rdi 寄存器。

⑥ 调用 Base 基类的构造函数，初始化相应的 Base 基类子对象。其构造函数的汇编实现就留给读者自行实现。

⑦～⑩ 构造虚基类 Base2，该类的构造过程与 Base 类的构造过程相同，此处不再赘述。

下面着重讲解虚基类 Base1 的构造过程。Base1 为 Derived 类的虚基类，并且 Base1 拥有虚基类，故编译器会针对该类生成相应的构造虚表，同时针对 Derived 类生成相应的 VTT，所以该类的构造比普通类复杂。

⑪ 将 Derived 类对象的 this 指针赋给 rax 寄存器。

⑫ 调整 this 指针，使 rax = this + vbase_offset = this + 8。

⑬ 将$VTT for Derived+32 的地址赋给 edx 寄存器，此时 edx 寄存器代表的是针对类 Base1 所生成的虚拟 VTT 的地址。

⑭ 将类 Base1 的虚拟 VTT 的地址赋给 rsi 寄存器，作为 Base1 类构造函数的参数之一。

⑮ 将类 Derived 调整后的 this 指针作为 Base1 类构造函数的参数之一。

⑯ 调用类 Base1 的构造函数对其进行初始化，类 Base1 的构造函数会用到构造虚表。

⑰～⑲ 类 Base1 构造完成后，接着构造 Base3。相关构造代码分析可参考 Base 构造部分的解析。

Derived 类拥有虚基类和相应的动态主基类，因此在子对象初始化完成后，需要初始化相应的虚表指针。其具体的初始化分析如下。

⑳ 将$vtable for Derived+40 的地址赋给 edx 寄存器，即主虚表的 vptr。

㉑ 将 Derived 类对象的 this 指针赋给 rax 寄存器。

㉒ 将主虚表的 vptr，即 vptr.Base3 放置在 Derived 类对象的第一个数据成员处。

㉓～㉖ 初始化 vptr.Base1。

㉗～㉚ 初始化 vptr.Base。

㉛～㉞ 初始化 vptr.Base2。

下面讲解虚基类 Base1 的构造过程，其相应的汇编实现如下：

```
Base1::Base1() [base object constructor]:
        pushq   %rbp
        movq    %rsp, %rbp
        subq    $16, %rsp // ①
        movq    %rdi, -8(%rbp) // ②
        movq    %rsi, -16(%rbp) // ③
        movq    -16(%rbp), %rax // ④
        movq    (%rax), %rdx // ⑤
```

```
movq    -8(%rbp), %rax // ⑥
movq    %rdx, (%rax) // ⑦
movq    -8(%rbp), %rax // ⑧
movq    (%rax), %rax // ⑨
subq    $32, %rax // ⑩
movq    (%rax), %rax // ⑪
movq    %rax, %rdx // ⑫
movq    -8(%rbp), %rax // ⑬
addq    %rax, %rdx // ⑭
movq    -16(%rbp), %rax // ⑮
movq    8(%rax), %rax // ⑯
movq    %rax, (%rdx) // ⑰
movq    -8(%rbp), %rax // ⑱
movq    (%rax), %rax // ⑲
subq    $40, %rax // ⑳
movq    (%rax), %rax // ㉑
movq    %rax, %rdx // ㉒
movq    -8(%rbp), %rax // ㉓
addq    %rax, %rdx // ㉔
movq    -16(%rbp), %rax // ㉕
movq    16(%rax), %rax // ㉖
movq    %rax, (%rdx) // ㉗
```

对上述汇编代码进行分析，具体如下。

① 在类 Base1 的构造函数中分配 16 字节的临时内存。

② 将 rdi 寄存器（即类 Base1 子对象的 this 指针）放置在相应的堆栈中。

③ 将 rsi 寄存器（即子 VTT 的地址，亦为类 Base1 的虚拟 VTT 的地址）放置在相应的堆栈中。

④ 将虚拟 VTT 的地址赋给 rax 寄存器。

⑤ 将 construction vtable for Base1-in-Derived+40 的地址赋给 rdx 寄存器。

⑥ 将类 Base1 的子对象的 this 指针赋给 rax 寄存器。

⑦ 将类 Base1 的主虚表指针用子 VTT 的主虚表指针初始化。

⑧ 获得类 Base1 的 this 指针。

⑨ 将类 Base1 的主 vptr 赋给 rax 寄存器。

⑩ 根据 vptr 的地址找到相应的 vbase_offset 的槽，即 vptr − 32。

⑪⑫ 将 vbase_offset 的值放置在 rax 寄存器中，使 rax = 0，并将其赋给 rdx 寄存器。

⑬ 将类 Base1 的 this 指针赋给 rax 寄存器。

⑭ 调整 Base1 的 this 指针，使 rdx = this + 0 = this。

⑮ 获取传入类 Base1 构造函数的构造虚表的地址，并放在 rax 寄存器中。

⑯ 根据子 VTT 入口的地址（即 Base1 的构造虚表的地址）选择构造虚表的第二项，使 rax = rax + 8。

⑰ 利用⑯中的 rax（即主基类的 vptr）初始化类 Base1 的第二个 vptr 值。

⑱～㉗ 初始化类 Base1 的第三个 vptr，即 Base2 的 vptr，详细过程此处不再赘述。

针对 Derived 类的相应 vptr 及基类的初始化的实现代码如下：

```
static vtable* *__VTT_1B[1+n+m] = {
    B 的主虚表指针;
    sub-VTT[n]; // 假设存在子 VTT，无论是二级 VTT 还是虚拟 VTT
    B 的次级虚表指针[m];// 针对 B 的所有基类，并且该基类满足次级虚表指针产生的条件
};

B(B* this, vtable** ctorvtbls) {
    for (base A : B) {
        // 针对每个类 B 的基类
        if(has_ctorvtbl(A)) {
            // 如果基类 A 有一个构造虚表，即类 A 的基类中有虚基类
            // 那么 A 初始化过程如下
            A((A*)this, ctorvtbls + 子 VTT 索引(A));
            // 即需要找到类 A 的子 VTT 的入口，并将其传入 A 的构造函数
        } else {
            A((A*)this);
        }
    }

    // 开始初始化虚指针
    this->vptr = ctorvtbls + 0; // 初始化主虚表指针

    for (每个子对象 A : B) {
      if (has_ctorvtbl(A)) {
        ((A*)this)->vptr = ctorvtbls + 1 + n + A 的次级虚表指针索引;
        // 其中 n 为子 VTT 的个数
      } else {
        ((A*)this)->vptr = &(A 在 B 中的虚表的地址)
      }
    }

    // 初始化类 B 的其他成员
}
```

在本章开始处，类 Base1 的实现如下：

```
class Base1 : virtual public Base {
public:
```

```
  Base1() {
    Base* b = static_cast<Base*>(this);
    b->fbase();
  }

  void fbase() override {
    std::cout << "Base1\n";
  }
};
```

类 Base1 的构造函数中有如下两行代码：

```
Base* b = static_cast<Base*>(this);
b->fbase();
```

上述第一行代码的汇编实现如下：

```
// Base* b = static_cast<Base*>(this)的汇编实现如下
        movq    -24(%rbp), %rax // ①
        movq    (%rax), %rax // ②
        subq    $32, %rax // ③
        movq    (%rax), %rax // ④
        movq    %rax, %rdx // ⑤
        movq    -24(%rbp), %rax // ⑥
        addq    %rdx, %rax // ⑦
        movq    %rax, -8(%rbp) // ⑧
```

对上述汇编代码进行分析，具体如下。

① 将类 Base1 的 this 指针赋给 rax 寄存器。

② 将类 Base1 的数据成员 vptr 赋给 rax 寄存器。

③ 调整 rax 寄存器，使 rax = vptr – 32。

④ 将 vbase_offset（值为 0）赋给 rax 寄存器。

⑤ 将 rax 寄存器中的值赋给 rdx 寄存器。

⑥~⑧ 调整 this 指针，并将其放置在临时堆栈中。

为了进一步分析在类 Base1 的构造函数中通过 static_cast 将该类转换为基类，并调用基类的成员函数 fbase 的过程，下面对 b->fbase()的汇编实现进行分析，具体如下：

```
// b->fbase()的汇编实现如下
        movq    -8(%rbp), %rax // ①
        movq    (%rax), %rax // ②
        movq    (%rax), %rdx // ③
        movq    -8(%rbp), %rax // ④
        movq    %rax, %rdi // ⑤
```

```
        call    *%rdx // ⑥
```

对上述汇编代码进行分析，具体如下。

① 将调整后的 this 指针赋给 rax 寄存器，此时 this 与 Base1 的 this 相同。

② 将 Base1 的第一个数据成员 vptr 赋给 rax 寄存器。

③ 获取 rax 寄存器所指向的地址的内容，即 rdx = *vptr = Base1::fbase()的地址。

④ 获取调整后的 this 指针。

⑤ 将④获取的指针赋给 rdi 寄存器，作为 fbase 函数的入参。

⑥ 调用 Base1::fbase()函数。

综上所述，虽然在虚基类 Base1 的构造函数中通过 static_cast 将该类的 this 指针转换为指向 Base1 的虚基类 Base，但因为类 Base1 的构造虚表中相应槽的虚函数在编译期被编译器写入了 Base1::fbase 的地址，所以在类 Base1 的构造函数中，无论是使用静态转换将该类的 this 指针转换为指向虚基类 Base 的指针，还是使用动态分发等语义，均会调用 Base1::fbase()函数。

5.1.3 一次性构造

在现代 C++中，若要实现线程安全的单例，一般有 4 种方案。其中最简单的方案是 Meyers 单例，具体如下：

```
class Singleton {
public:
  Singleton(const Singleton&) = delete;
  Singleton& operator=(const Singleton&) = delete;
  Singleton(Singleton&&) noexcept = delete;
  Singleton& operator=(Singleton&&) noexcept = delete;

  static Singleton& getInstance() {
    static Singleton instance;
    return instance;
  }
private:
  Singleton() = default;
};
```

单例模式需要定义一个类，用户需要确保这个类只有一个实例且只能提供一个全局访问点。上述全局访问点为 Singleton::getInstance()。

那么 GCC 是如何保证 getInstance()中静态对象只被初始化一次，并且在 Linux 中是线程安全的呢？

GCC会对函数作用域中的静态对象分配一个guard变量以保证相应的静态对象只被初始化一次。

GCC 为了支持相应的线程安全，一次初始化需要使用如下 API 接口。

（1）extern "C" int __cxa_guard_acquire(__int64_t* guard_object)。

其返回值只有 0 或 1。当对象初始化未完成时，该接口返回 1；当对象初始化已完成时，该接口返回 0。该函数在对象初始化之前被调用。该函数不修改 guard_object 第一个字节的值。如果其返回 1，那么__cxa_guard_release 或__cxa_guard_abort 必须被调用，并且其参数也需要为 guard_object。

一个线程安全的实现将可能使用 mutex 以保证安全地访问 guard 变量的第一个字节，如果这个函数返回 1，则 mutex 已经被加锁。

（2）extern "C" void __cxa_guard_abort(__int64_t* guard_object)。

该函数设置 guard 变量的第一个字节为非 0 值。该函数在对象初始化完成后被调用。

一个线程安全的实现将释放__cxa_guard_acquire 所获取的 mutex。

（3）extern "C" void __cxa_guard_abort(__int64* guard_object)。

当对象的初始化过程抛出异常时，调用该函数。其会将__cxa_guard_acquire 获取的 mutex 解锁。

为了帮助读者加深对上述 API 函数的理解，我将对上述全局入口点的汇编实现进行探究。通过 Compiler Explorer 可知，其汇编实现如下：

```
Singleton::getInstance()::instance: // ①
        .zero   1
guard variable for Singleton::getInstance()::instance: // ②
        .zero   8
Singleton::getInstance():
        pushq   %rbp
        movq    %rsp, %rbp
        movzbl  guard variable for Singleton::getInstance()::instance
                (%rip), %eax // ③
        testb   %al, %al // ④
        sete    %al // ⑤
        testb   %al, %al // ⑥
        je      .L2 // ⑦
        movl    $guard variable for Singleton::getInstance()::instance,
                %edi // ⑧
        call    __cxa_guard_acquire // ⑨
        testl   %eax, %eax // ⑩
        setne   %al // ⑪
        testb   %al, %al // ⑫
        je      .L2 // ⑬
        movl    $guard variable for Singleton::getInstance()::instance,
                %edi // ⑭
```

```
        call     __cxa_guard_release // ⑮
.L2:
        movl     $Singleton::getInstance()::instance, %eax // ⑯
        popq     %rbp
        Ret
```

对上述汇编代码进行分析，具体如下。

① 表示 Singleton::getInstance()::instance 处的内存分配为 0。

② 分配 Singleton::getInstance()::instance 的 guard 变量，并初始化其内容为 8 字节的 0。

③ 通过 rip 与 guard 变量的地址定位 guard 变量，并将其赋给 eax 寄存器。

④ guard 变量在②中被初始化为 0，对 guard 的第一个字节执行按位与操作，即 al & al。

⑤ 若④处 al&al 为 0，则 CPU 的标志位 ZF 的值为 1，此时 sete 指令将 al 的值设置为 1；否则将 al 的值设置为 0。

⑥ 当第一次调用时 al 为 1，因此该语句设置 ZF = 0，故跳过⑦处的命令；否则直接执行⑦处的语句，跳转到.L2 处执行。

⑧ 将 guard 变量的地址赋给 edi 寄存器，并作为__cxa_guard_acquire 的入参之一。

⑨ 调用__cxa_guard_acquire 函数。

⑩ eax 寄存器中存放的是__cxa_guard_acquire 函数的返回值，若返回值为 0，表示对象初始化完成，此时 testb 将 ZF 设置为 1；若返回值为 1，表示对象初始化未完成，此时 testb 将 ZF 设置为 0。

⑪ 若__cxa_guard_acquire 返回 0，则将返回值第一个字节设置为 0；若__cxa_guard_acquire 返回 1，则将返回值第一个字节设置为 1。

⑫ 若__cxa_guard_acquire 返回 0，设置 ZF = 1；若__cxa_guard_acquire 返回 1，则设置 ZF = 0。

⑬ 当 ZF = 1 时，执行该语句；当 ZF = 0 时，跳过该语句。

⑭ 假设此时__cxa_guard_acquire 返回 1，则会运行到此处，将 guard 变量的地址赋给 edi 寄存器，并将其作为__cxa_guard_release 的入参之一。

⑮ 调用__cxa_guard_release 函数。

⑯ 将初始化完成后的对象地址赋给 eax 寄存器作为返回值返回给调用者。

综上所述，编译器针对函数作用域内的静态变量初始化所产生的伪代码如下：

```
If (guard_object.first_byte = 0) {
  If (__cxa_guard_acquire(&guard_object)) {
Try {
   // 初始化静态变量（对象）
```

```
    } catch(...) {
      __cxa_guard_abort(&guard_object);
      Throw;
    }
    // 将对象的析构函数通过__cxa_atexit 注册到全局表中
    __cxa_guard_release(&guard_object);
   }
  }
```

在 GCC 中，使用 CAS 技术读取 guard 变量的第一个字节。

5.1.4　对象数组构造

new 表达式主要做两件事：在堆栈中分配内存；在相应的内存中初始化相应对象。

new 表达式通过调用相应的分配函数来分配相应的内存，若 new 表达式中的对象类型为非数组类型，那么相应的分配函数为 operator new 操作符；若 new 表达式中的对象类型为数组类型，那么相应的分配函数为 operator new[]操作符。

operator new 的常见定义有如下几种形式：

```
void* operator new(std::size_t count);
void* operator new[](std::size_t count);
void* operator new(std::size_t count, void* ptr);
void* operator new[](std::size_t count, void* ptr);
void* operator new(std::size_t count, user-defined-args...);
void* operator new[](std::size_t count, user-defined-args...);
void* T::operator new(std::size_t count);
void* T::operator new[](std::size_t count);
void* T::operator new(std::size_t count, user-defined-args...);
void* T::operator new[](std::size_t count, user-defined-args...);
```

new 表达式首先调用 operator new(size_t count)分配单个对象的内存。当内存分配失败时，标准库实现会调用由 std::get_new_handler 函数返回的 new_handler 函数指针继续分配内存。若 new_handler 为空或分配失败，相应的 operator new 会抛出 std::bad_alloc 异常。

operator new[]底层会调用 operator new 函数分配相应的内存。

需要注意的是，operator new 可以在类中重新定义，并且允许有用户自定义的参数存在。为了说明该方式，给出如下示例代码：

```
class Test {
public:
  static void* operator new(std::size_t count, int a, bool b,
                            const std::string& hello) {
    std::cout << "hello: " << hello << " a: " << a << " b: " << b << "\n";
    if (count == 0) ++count;
```

```
    void* ptr = std::malloc(count);
    return ptr;
  }
  static void operator delete(void* ptr, std::size_t count) {
    std::cout << "delete Test\n";
    std::free(ptr);
  }
};
```

上述测试用例定义了 Test 自定义的 operator new 函数，并且提供了用户自定义的参数，其通过如下形式分配 new 的内存：

```
Test* ptr = new(1, false, "hello world!");
```

下面来看看 GCC/Clang 编译器如何分配数组类型，以及如何记录相应的信息，以便 delete[] 表达式可以定位数组的元素，从而正确地释放相应的数组内存。

在 GCC 中，当 operator new 分配数组时，一般会产生一个 cookie 以存储数组的长度，确保数组能被正确释放。

有以下两种情况不会生成相应的 cookie。

- 当 new 操作符的数组元素的析构函数为 trivial，且相应的 operator delete 函数的参数不为 2 时。
- 当 new 操作符为::operator new[](size_t, void*)时。

否则，按如下步骤创建并初始化相应的 cookie。

- 分配 cookie 的大小为 sizeof(size_t)。
- cookie 的对齐值（align）为 size_t 与数组元素的对齐值中的最大值。
- 如果数组元素的对齐值大于 size_t 的对齐值，那么需要填补相应的内存区域（padding）直到满足对齐值规定。
- 分配数组的内存为数组所需要的内存加上填充所需要的内存。
- 分配的数组内存的对齐值为 cookie 的对齐值。
- 数组的第一个元素放置在 cookie 之后，即第一个数组元素的偏移量为 cookie 的对齐值。
- 数组的元素个数放置在 cookie 中，并且位于数组数据之前。

假设有一个类型 T，其对齐值为 16，相应的数组元素个数为 4，那么最终的内存布局如图 5-9 所示。

为了便于读者进一步理解上述规则，这里假设一个类 T 有如下定义：

```
class T {
public:
```

```
  ~T() = default;
private:
  int a_{};
};
```

图 5-9

可知上述类 T 拥有 trivial 析构函数。如果一个类拥有 trivial 析构函数，那么该类必须满足以下条件。

- 析构函数不能是用户提供的（即析构函数要么采用隐式声明，要么声明为 default）。
- 析构函数不能是虚函数（该类的基类也不能拥有虚析构函数）。
- 所有的直接基类拥有 trivial 析构函数。
- 所有的非静态数据成员拥有 trivial 析构函数。

通过 Compiler Explorer 可知，表达式 new T[10]的汇编实现如下：

```
        movl    $40, %edi // ①
        call    operator new[](unsigned long) // ②
        movq    %rax, %r13 // ③
        movq    %r13, %r12 // ④
        movl    $9, %ebx // ⑤
.L4:
        testq   %rbx, %rbx // ⑥
        js      .L3 // ⑦
        movq    %r12, %rdi // ⑧
        call    T::T() [complete object constructor] // ⑨
        addq    $4, %r12 // ⑩
        subq    $1, %rbx // ⑪
        jmp     .L4 //
.L3:
        movq    %r13, -40(%rbp) //
```

对上述汇编代码进行分析，具体如下。

① 将需要分配的数组的内存大小的值 40 赋给 edi 寄存器。

② 调用 operator new[](size_t)，分配相应的内存。

③ 返回值，即将 void* ptr 中 ptr 的值放置在 rax 寄存器中，并将其赋给 r13 寄存器。

④ 将 r13 寄存器中的值赋给 r12 寄存器。

⑤ 将数组元素 10（即 9 + 1）赋给 ebx 寄存器。

⑥ 判断 rbx 寄存器中的值是否小于 0，若小于 0，则 sf = 1，否则 sf = 0。

⑦ 当 sf = 1 时，跳转到.L3 处，否则跳过该语句。

⑧ 将 operator new[]返回的地址赋给 rdi 寄存器，即 this 指针。

⑨ 调用相应类的构造函数进行初始化。

⑩ 调整相应的 this 指针的值。

⑪ 将 rbx 寄存器中的值减 1，继续跳转到.L4 处进行数组中下一个元素的初始化。

由上可知，此时 operator new 并未生成相应的 cookie，并且 new[]操作由 operator new[]和对象初始化两部分构成。

假设将类 T 的析构函数更改为 virtual ~T() = default，通过 Compiler Explorer 可知，表达式 new T[10]的汇编实现变为如下：

```
        movl    $168, %edi // ①
        call    operator new[](unsigned long) // ②
        movq    %rax, %rbx // ③
        movq    $10, (%rbx) // ④
        leaq    8(%rbx), %rax // ⑤
        movl    $9, %r12d // ⑥
        movq    %rax, %r13 // ⑦
.L4:
        testq   %r12, %r12 // ⑧
        js      .L3 // ⑨
        movq    %r13, %rdi // ⑩
        call    T::T() [complete object constructor] // ⑪
        addq    $16, %r13 // ⑫
        subq    $1, %r12 // ⑬
        jmp     .L4 // ⑭
.L3:
        leaq    8(%rbx), %rax // ⑮
        movq    %rax, -40(%rbp) // ⑯
```

上述类 T 的对象的大小为 16 字节，align 属性值为 8，可分别通过 sizeof 和 alignof 操作符获得相应的结果。

对上述汇编代码进行分析，具体如下。

① 将分配的内存大小的值 168 赋给 edi 寄存器，此时可知对象内存为 160 字节，多出来的 8 字节便为 cookie 的大小。

② 调用 operator new[]操作符分配相应的内存。

③ 将 new 操作符返回的内存地址的首地址（即 ptr）赋给 rax 寄存器，并将 rax 的值赋给 rbx 寄存器。

④ 将数组元素个数 10 赋给 new 操作符分配的内存开始的 8 字节，即 cookie 中值的大小。

⑤ 调整分配内存的地址，使 ptr = ptr + 8，得到数组元素的首地址。

⑥ 将数组个数 9（其遍历次数为 10）赋给 r12d 寄存器。

⑦ 将数组内存的首地址 ptr + 8 赋给 r13 寄存器。

⑧ 测试 r12 寄存器的值是否小于 0，若小于 0，则 sf = 1，否则 sf = 0。

⑨ 若 sf = 1，则直接跳转到.L3 处执行，否则继续执行。

⑩ 将 r13 寄存器（即数组的第一个类对象的 this 指针）赋给 rdi 寄存器。

⑪ 调用类 T 的构造函数，对数组中的元素进行初始化。

⑫ 调整 r13 寄存器使其指向数组中下一个元素的地址。

⑬ 将遍历次数减 1。

⑭ 跳转到.L4 处继续初始化。

⑮ 当数组初始化完成后，跳转到该处，将数组的第一个元素的地址赋给 rax 寄存器。

⑯ 将 rax 的值赋给相应的指针变量。

由上可知，此时 GCC 会生成相应的 cookie，并为其分配相应的内存，使得数组中实际的分配内存变大，且将数组元素放置在相应的 cookie 中。

假设针对数组 T[]调用相应的 new 操作符，则相应的工作过程如下。

- 如果类型 T 拥有 trivial 析构函数，则需要将图 5-9 中的 padding 所占用的字节数设置为 0。此时调用::operator new[](size_t, void*)分配数组内存。
- 如果类型 T 拥有非 trivial 析构函数，则需要将图 5-9 中的 padding 所占用的字节数设置为 max(sizeof(size_t), alignof(T))。此时调用 operator new[](size_t, user_params…)分配数组内存，其中 size_t 的大小为 n * sizeof(T) + padding，user_params 为用户定义的 operator new[]的参数包。假设上述 operator new[]返回的 void* 记作 p，那么需要调节 p 的值为 p1 = (T*)((char*)p + padding)。填充图 5-9 中 padding 中所包含的值*(size_t*)(p1 – 1) = n。遍历数组（for I =[0, n]），创建相应的 T 对象，并调用 T 的默认构造函数，在 p1[i]初始化相应的对象。最终将 p1 作为 new[]表达式的返回值返回给相应的调用者。

在编译器内部，new 函数的实现需要提供如下 API：

```
extern "C" void * __cxa_vec_new(
    size_t element_count,
    size_t element_size,
    size_t padding_size,
    void (*constructor)(void *this),
    void (*destructor)(void *this));
```

上述 API 等价于__cxa_vec_new2(element_count, element_size, padding_size, constructor, destructor, &::operator new[], &::operator delete[])。

__cxa_vec_new2 函数的声明如下：

```
extern "C" void * __cxa_vec_new2(
    size_t element_count,
    size_t element_size,
    size_t padding_size,
    void (*constructor)(void *this),
    void (*destructor)(void *this),
    void* (*alloc)(size_t size),
    void (*dealloc)(void *obj));
```

在上述代码中，element_count 为数组元素的个数，element_size 为数组中元素的大小，padding_size 为需要产生的 cookie 的大小。alloc 函数指针用于分配相应的数组和填充的内存，并调用相应的 constructor 构造每一个数组元素。返回指向数组的第一个元素的指针，该地址位于填充所占内存之后。

如果 alloc 函数抛出一个异常，那么__cxa_vec_new2 函数将重新抛出该异常。如果 alloc 返回空指针，那么__cxa_vec_new2 函数将返回空指针。如果 constructor 函数抛出异常，那么将对已经构建的每个数组元素调用 destructor 函数，并重新抛出异常。如果 destructor 函数抛出异常，那么该函数会调用 std::terminate()函数终止程序。

constructor 函数可能为空，在该场景下，其一定不会被调用；如果 padding_size 为 0，则 destructor 函数也可能为空，那么在该场景下，其也一定不会被调用。

如果分配的数组对象的计算大小（如果指定，包括 cookie 的空间）超过实现定义的限制，那么该函数会抛出 std::bad_array_new_length 异常。

__cxa_vec_new3 函数的声明如下：

```
extern "C" void * __cxa_vec_new3(
    size_t element_count,
    size_t element_size,
    size_t padding_size,
    void (*constructor)(void *this),
```

```
    void (*destructor)(void *this),
    void* (*alloc)(size_t size),
    void (*dealloc)(void *obj, size_t size));
```

由上可知，__cxa_vec_new3 与__cxa_vec_new2 基本相同，但是__cxa_vec_new3 的 dealloc 函数需要两个参数——对象指针和对象大小。

```
extern "C" void __cxa_throw_bad_array_new_length (void);
```

由上可知，__cxa_vec_new3 无条件抛出 std::bad_array_new_length 异常。

```
extern "C" void __cxa_vec_ctor(
    void *array_address,
    size_t element_count,
    size_t element_size,
    void (*constructor)(void *this),
    void (*destructor)(void *this ));
```

由上可知，__cxa_vec_ctor 函数接收一个数组的首地址作为参数，不包括相应的 cookie 的大小，并且会根据给定相应数组的元素个数和元素的大小，调用 constructor 函数构造每个对象。如果 constructor 函数抛出异常，那么该函数对已经初始化的数组对象调用相应的 destructor 函数，然后重新抛出异常。如果 destructor 函数抛出异常，则该函数会调用 terminate 函数终止程序。

编译器内部可以获得类的构造函数和析构函数的地址，但应用开发者无法获得相应的函数地址，为了演示上述相应 new 接口的工作原理，给出如下示例代码：

```
void* operator new[](std::size_t cnt) {
    std::cout << "user defined\n";
    return std::malloc(cnt);
}

void dummy_ctor(void*) { std::cout << "dummy_ctor\n"; }
void dummy_dtor(void*) { std::cout << "dummy_dtor\n"; }
void *dummy_alloc(size_t) { std::cout << "dummy_alloc\n"; }
void dummy_dealloc(void*) { std::cout << "dummy_dealloc\n"; }

void test_overflow_in_multiplication() {
  const size_t elem_count = 2;
  const size_t elem_size = 8;
  const size_t padding = 1;
  try {
    __cxxabiv1::__cxa_vec_new(elem_count, elem_size, padding, dummy_ctor,
                              dummy_dtor);
  } catch (std::bad_array_new_length const&) {
    // OK
```

```
    } catch (...) {
    }

    try {
      __cxxabiv1::__cxa_vec_new2(elem_count, elem_size, padding, dummy_ctor,
                                 dummy_dtor, &dummy_alloc, &dummy_dealloc);
} catch (std::bad_array_new_length const&) {
      // OK
    } catch (...) {
    }
  }
```

完整的测试代码见配套资源中的 5/5.1/test2.cpp，运行结果如图 5-10 所示。

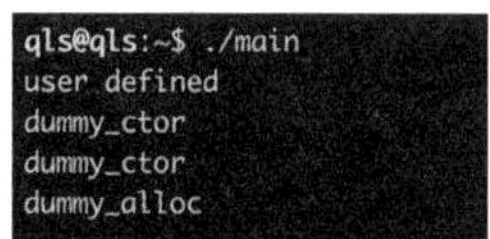

图 5-10

5.2　对象析构

一个类若作为派生类的父类，那么其析构函数必须声明为虚析构函数；否则，当其作为基类时，程序可能造成内存泄漏。

假设有一个类 Base，其定义如下：

```
class Base {
public:
  Base() = default;
private:
  int a_;
};
```

有一个类 Derived 继承自类 Base：

```
class Derived : public Base {
public:
  Derived() = default;
private:
  int b_{};
};
```

调用者使用如下形式构造对象：

```
Base* b = new Derived;
delete b;
```

此时，删除操作只会释放类 Base 所占用的内存，并不会释放类 Derived 所占用的内存，从而造成内存泄漏；并且只会销毁 Base 子对象，留下 Derived 部分。这是因为 Base* b 属于静态绑定，故删除时只销毁 Base 子对象的部分。

那么删除操作的工作原理是怎样的？如何实现只部分销毁 Derived 类的对象？如何保证正确销毁 Derived 类的对象？

下面我们来逐步探索 C++对象模型中关于对象析构的过程！

5.2.1　子对象析构

为了深入探讨子对象析构过程，这里将复用 5.1.1 节的测试代码，只是针对其基类增加了相应的虚析构函数。更改后的完整测试代码见配套资源中的 5/5.2/test1.cpp。

相应的测试部分代码如下：

```
Base3* d = new Derived;
Base* b = new Derived;
delete d;
delete b;
```

此时，类 Derived 的虚表布局如图 5-11 所示。注意，因为本小节的分析仅需要用到 Base 和 Base3 的虚表，所以省略了 Base2 的虚表。

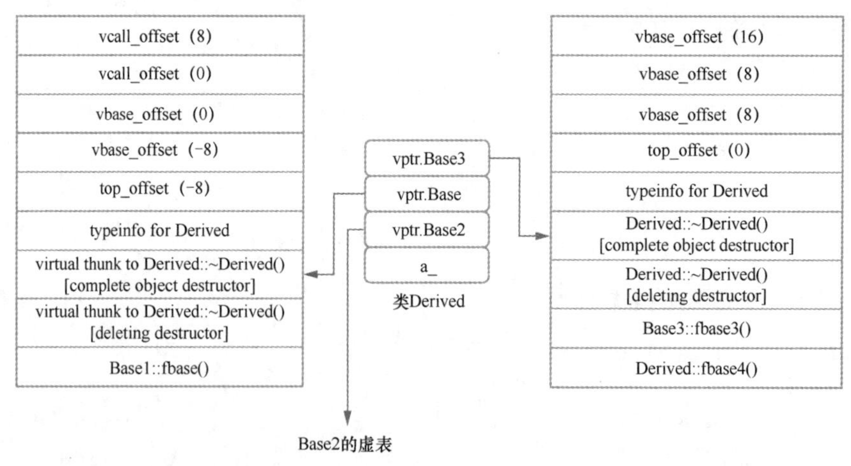

图 5-11

类 Derived 的 VTT 如图 5-12 所示。

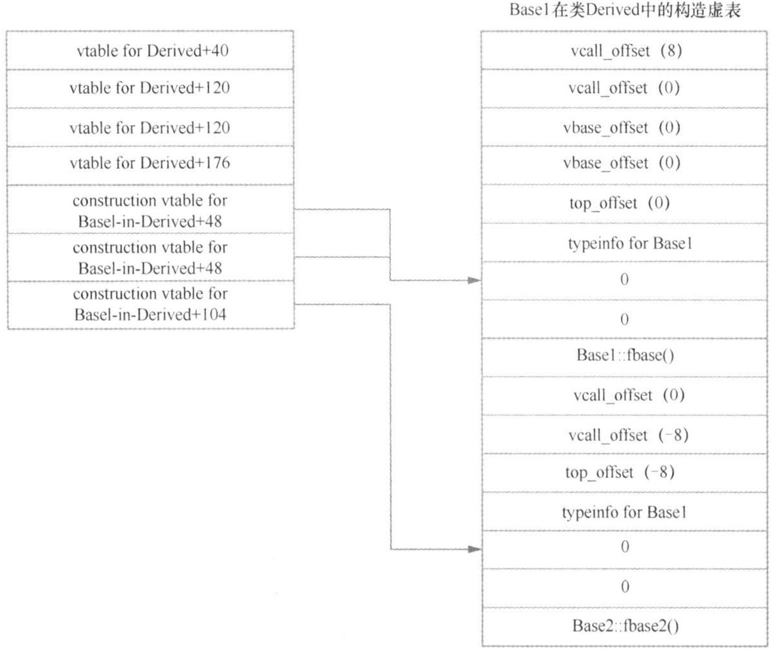

图 5-12

下面探索删除操作的具体工作过程，以及析构函数的调用过程。通过 Compiler Explorer 可知，测试部分代码的汇编实现如下：

```
// delete d 的汇编实现如下
        movq    -24(%rbp), %rax // ①
        testq   %rax, %rax // ②
        je      .L29 // ③
        movq    (%rax), %rdx // ④
        addq    $8, %rdx // ⑤
        movq    (%rdx), %rdx // ⑥
        movq    %rax, %rdi // ⑦
        call    *%rdx // ⑧
```

对上述汇编代码进行分析，具体如下。

① 将 Derived 类对象的 this 指针赋给 rax 寄存器。

② 判断 rax 是否为 nullptr，若为 nullptr，则跳过其析构过程。

③ 若 rax 为 nullptr，则跳转到.L29 处执行。

④ 若 rax 不为 nullptr，则将图 5-11 中的 vptr.Base3 赋给 rdx 寄存器。

⑤ 调整 vptr，使 vptr = vptr + 8，即 vptr 指向 Derived::~Derived() [deleting destructor]。

⑥ 将 Derived::~Derived() [deleting destructor]的地址赋给 rdx 寄存器。

⑦ 将 this 指针赋给 rdi 寄存器。

⑧ 调用 Derived::~Derived() [deleting destructor]函数。

通过 Compiler Explorer 可知，Derived::~Derived() [deleting destructor]函数的汇编实现如下：

```
Derived::~Derived() [deleting destructor]:
        // ……
        subq    $16, %rsp // ①
        movq    %rdi, -8(%rbp) // ②
        movq    -8(%rbp), %rax // ③
        movq    %rax, %rdi // ④
        call    Derived::~Derived() [complete object destructor] // ⑤
        movq    -8(%rbp), %rax // ⑥
        movl    $32, %esi // ⑦
        movq    %rax, %rdi // ⑧
        call    operator delete(void*, unsigned long) // ⑨
        // ……
```

对上述汇编代码进行分析，具体如下。

① 在删除对象析构函数（deleting object destructor）的堆栈中分配临时内存。

② 将 Derived 类的 this 指针放置在临时内存中。

③ 将 this 指针赋给 rax 寄存器。

④ 将 rax 寄存器中的值赋给 rdi 寄存器，使 rdi 为 this 指针。

⑤ 调用 Derived 类的 Derived::~Derived() [complete object destructor]函数，该函数完成相应的对象析构工作。

⑥ 将 this 指针赋给 rax 寄存器。

⑦ 将类对象大小的值 32 赋给 esi 寄存器。

⑧ 将 this 指针赋给 rdi 寄存器，构造 operator delete 函数的入参。

⑨ 调用 operator delete(void*, unsigned long)释放 Derived 类所占用的内存。

通过 Compiler Explorer 可知，Derived::~Derived() [complete object destructor]函数的汇编实现如下：

```
Derived::~Derived() [complete object destructor]:
        // ……
        movq    %rdi, -8(%rbp) // ①
        movl    $vtable for Derived+40, %edx // ②
        movq    -8(%rbp), %rax // ③
        movq    %rdx, (%rax) // ④
        movq    -8(%rbp), %rax // ⑤
        addq    $8, %rax // ⑥
```

```
movl    $vtable for Derived+120, %edx // ⑦
movq    %rdx, (%rax) // ⑧
movq    -8(%rbp), %rax // ⑨
addq    $8, %rax // ⑩
movl    $vtable for Derived+120, %edx // ⑪
movq    %rdx, (%rax) // ⑫
movq    -8(%rbp), %rax // ⑬
addq    $16, %rax // ⑭
movl    $vtable for Derived+176, %edx // ⑮
movq    %rdx, (%rax) // ⑯
movq    -8(%rbp), %rax // ⑰
movq    %rax, %rdi // ⑱
call    Base3::~Base3() [base object destructor] // ⑲
movq    -8(%rbp), %rax // ⑳
addq    $8, %rax // ㉑
movl    $VTT for Derived+32, %edx // ㉒
movq    %rdx, %rsi // ㉓
movq    %rax, %rdi // ㉔
call    Base1::~Base1() [base object destructor] // ㉕
movq    -8(%rbp), %rax // ㉖
addq    $16, %rax // ㉗
movq    %rax, %rdi // ㉘
call    Base2::~Base2() [base object destructor] // ㉙
movq    -8(%rbp), %rax // ㉚
addq    $8, %rax // ㉛
movq    %rax, %rdi // ㉜
call    Base::~Base() [base object destructor] // ㉝
// ……
```

对上述汇编代码进行分析，具体如下。

① 将类 Derived 的 this 指针赋给 rbp − 8 指向的堆栈中的地址。

② 将类 Derived 的 VTT 中第一个槽中的值（即 Derived 的主虚表指针）赋给 edx 寄存器。

③ 将 this 指针赋给 rax 寄存器。

④ 销毁类 Derived 的 vptr.Base3，即将类 Derived 的 VTT 的主虚表指针赋给 vptr.Base3。

⑤ 将 this 指针赋给 rax 寄存器。

⑥ 调整 this 指针，将 this 指针与 vbase_offset(8)相加，得到虚基类 Base1 的地址。

⑦ 将类 Derived 的 VTT 中第二个槽中的值（即 Derived 的基类 Base1 的次级虚表指针）赋给 edx 寄存器。

⑧ 销毁 vptr.Base1，即将 Derived 的基类 Base1 的次级虚表指针赋给 vptr.Base1。

⑨～⑲ 部分，读者可参考①～⑧自行分析。

⑳ 将类 Derived 的 this 指针赋给 rax 寄存器。

㉑ 调整类 Derived 的 this 指针，根据 vbase_offset 将 this 调整为指向其虚基类 Base1。

㉒ 将类 Derived 的子 VTT 的入口（即类 B 的构造虚表的地址）赋给 edx 寄存器。

㉓ 将类 Derived 的 VTT 中类 Base1 的子 VTT 作为类 Base1 的析构函数的入参之一，赋给 rsi 寄存器。

㉔ 将调整后的 this 指针赋给 rdi 寄存器。

㉕ 调用虚基类 Base1 的析构函数析构 Base1。

㉖～㉝ 析构相应的虚基类 Base 和 Base2

综上所述，关于类 Derived 的析构函数（delete d）总结如下。

- Derived 基类子对象的析构顺序与其子对象的构造顺序相反。
- 类 Derived 被删除时，会先调用其删除对象析构函数（deleting object destructor），然后调用相应的完整对象析构函数（complete object destructor）。
- 针对类 Derived 的虚基类 Base1，因为其拥有构造虚表，所以在析构该子对象时，会将虚基类 Base1 的 VTT（即构造虚表）作为其析构函数的一个参数来调用相应的完整对象析构函数。
- 类 Derived 的删除对象析构函数会调用相应的 operator delete 函数，释放其所占用的内存。
- 因为 Base3 的析构函数为虚析构函数，所以在类 Derived 的虚表中，通过 d 指针编译器可以定位到类 Derived 的析构函数（多态），从而进行正确的析构操作。

当通过非主基类的指针引用派生类，并删除相应的非主基类的指针时，即为 delete b。为了探究 delete b 的原理，有必要先来分析 Base* b = new Derived 的汇编实现。通过 Compiler Explorer 可知：

```
// Base* b = new Derived 的汇编实现如下
        movl    $32, %edi
        call    operator new(unsigned long)
        movq    %rax, %rbx
        movq    %rbx, %rdi
        call    Derived::Derived() [complete object constructor]
        // ……
        movq    (%rbx), %rax // ①
        subq    $32, %rax // ②
        movq    (%rax), %rax // ③
        addq    %rbx, %rax // ④
        // ……
        movq    %rax, -32(%rbp) // ⑤
```

对上述汇编中的关键部分进行分析，具体如下。

① 将类 Derived 的主 vptr（vptr.Base3）赋给 rax 寄存器。

② 调整主 vptr 的值，使 vptr = vptr – 32，由类 Derived 的虚表可知，此时 vptr 指向其第二个槽。

③ 读取 vbase_offset(8)的值，并将其赋给 rax 寄存器。

④⑤ 调整类 Derived 的 this 指针的值，使其指向虚基类 Base，并将其存放在堆栈临时内存中。

下面基于 Base* b = new Derived 的汇编分析来研究 delete b 的具体行为。通过 Compiler Explorer 可知：

```
// delete b 的汇编实现如下
        movq    -32(%rbp), %rax // ①
        testq   %rax, %rax // ②
        je      .L32 // ③
        movq    (%rax), %rdx // ④
        addq    $8, %rdx // ⑤
        movq    (%rdx), %rdx // ⑥
        movq    %rax, %rdi // ⑦
        call    *%rdx // ⑧
```

对上述汇编代码进行分析，具体如下。

①～③ 判断 new 返回值是否为空，若为空则直接跳转到.L32 处执行，否则执行④处的操作。

④ 将类 Derived 的虚基类 Base 的虚表的 vptr.Base 赋给 rdx 寄存器。

⑤ 调整 vptr.Base 的值，使 vptr.Base = vptr.Base + 8，由类 Derived 的虚表可知，此时 vptr.Base 指向的内容为 virtual thunk to Derived::~Derived() [deleting destructor]的槽。

⑥ 将 virtual thunk to Derived::~Derived() [deleting destructor]地址赋给 rdx 寄存器。

⑦ 将类 Derived 的虚基类 Base 子对象的 this 指针赋给 rdi 寄存器，作为其析构函数的入参。

⑧ 调用 virtual thunk to Derived::~Derived() [deleting destructor]函数。

通过 Compiler Explorer 可知，virtual thunk to Derived::~Derived() [deleting destructor]的汇编实现如下：

```
virtual thunk to Derived::~Derived() [deleting destructor]:
        movq    (%rdi), %r10 // ①
        addq    -24(%r10), %rdi // ②
        jmp     .LTHUNK4 // ③
```

对上述汇编代码进行分析，具体如下。

① 将类 Derived 的虚基类 Base 的 vptr.Base 指针赋给 r10 寄存器。

② 首先调整 vptr.Base，使 vptr.Base = vptr.Base – 24，此时其指向的内容为 top_offset（-8）的槽，然后将其内容与 rdi 的值相加，而 rdi 为虚基类 Base 子对象的 this 指针，故该语句的作用为调节虚基类 Base 子对象的 this 指针，使其指向派生类 Derived，然后调用 Derived 的析构函数。

③ .LTHUNK4 便是 Derived 的删除对象析构函数。

综上所述，在多继承场景下，通过非主基类的指针删除相应派生类时，编译器会进行如下工作。

- 通过派生类的虚表调整派生类的 this 指针，使其指向其父类。
- 当通过主基类的指针删除相应派生类时，首先调整相应的 vptr 的值，从而定位 virtual thunk 析构函数，然后在该函数中，通过其相应虚表调整相应的 this 指针，并调用其派生类的析构函数进行相应的析构。

综上所述，GCC 在基类存在虚析构函数的时候，执行表达式(delete 基类指针)不会造成内存泄漏，主要是因为该表达式能够正确定位派生类的析构函数。

为了便于读者进一步理解对象析构的原理，下面给出在基类的析构函数非虚的场景下，通过删除基类指针销毁派生类的过程。这里假设有如下 Base 类和 Derived 类：

```
class Base {
public:
  ~Base() = default;
  virtual void f() {}
};

class Derived : public Base {int b_{}};
```

相应的测试代码如下：

```
Base* b = new Derived;
delete b;
```

通过 Compiler Explorer 可知，上述测试代码的相应汇编实现如下：

```
// Base* b = new Derived 的汇编实现如下
        movl    $16, %edi
        call    operator new(unsigned long)
        movq    %rax, %rbx
        movq    %rbx, %rdi
        call    Derived::Derived() [complete object constructor]
        movq    %rbx, -24(%rbp) // ①
// delete b 的汇编实现如下
        movq    -24(%rbp), %rax
        testq   %rax, %rax
        je      .L5
```

```
movl     $8, %esi // ②
movq     %rax, %rdi // ③
call     operator delete(void*, unsigned long) // ④
```

对上述汇编代码进行分析，具体如下。

① 将类 Derived 的 this 指针存放在临时内存中。

② 将基类 Base 的大小（即 sizeof(Base)的值）赋给 esi 寄存器。

③ 将类 Derived 的 this 指针（即基类 Base 子对象的 this 指针）赋给 rdi 寄存器。

④ 调用 operator delete 函数销毁基类 Base 子对象。

由上可知，若基类的析构函数非虚，delete b 会销毁派生类的基类子对象，但不会销毁派生类，因此会造成内存泄漏。所以，若某个类作为基类使用，那么其析构函数应声明为虚析构函数。

5.2.2 对象数组析构

5.1.4 节讲解了 new 表达式分配数组的原理。本节将对其进行补充，讲解 delete 表达式如何销毁相应数组。

delete 表达式有如下两种声明方式：

```
delete 表达式 // ①
delete[]表达式 // ②
```

上述声明中的①销毁由 new 表达式创建的对象（非数组对象），②销毁由 new[]表达式创建的数组对象。

①中的表达式只能是指向对象类型的指针，该指针必须由 new 表达式返回，其可以为空指针或可隐式转换为类类型的指针。如果表达式中指向对象的指针为 new[]表达式返回值，那么此时①的行为未定义。

②中的表达式只能是空指针或者由 new[]表达式产生的指针。如果②表达式中指针为由 new 表达式返回的指向非数组类型的指针，那么该表达式为未定义行为（Undefined Behavior，UB）。

delete 表达式由两部分构成：调用对象的析构函数和调用操作符 delete（即 operator delete 函数）销毁对象所占用的内存。

相应的 operator delete 函数的常见定义有如下形式：

```
void operator delete(void* ptr)noexcept;
void operator delete[](void* ptr)noexcept;
void operator delete(void* ptr, std::size_t count)noexcept;
void operator delete[](void* ptr, std::size_t count)noexcept;
```

```
void operator delete(void* ptr, user-defined-args...);
void operator delete[](void* ptr, user-defined-args...);
void T::operator delete(void* ptr);
void T::operator delete[](void* ptr);
void T::operator delete(void* ptr, user-defined-args...);
void T::operator delete[](void* ptr, user-defined-args...);
```

上述代码中相应的 operator delete 操作符均对应相应的 operator new 操作符。当 new 表达式在对象构造过程中抛出异常时，系统会调用相应的 operator delete 函数释放其内存。

5.1.4 小节讲过，new[]表达式在分配对象数组时，在一定场景下会生成一个 cookie 以记录其分配的数组的元素个数。那么 delete[]表达式是如何正确销毁相应的对象数组，并正确释放内存的呢？

为了探索 delete[]在 GCC 中的工作原理，仍以 5.1.4 节的类 T 为例，其定义如下：

```
class T {
public:
  ~T() = default;
private:
  int a_{};
};
```

类 T 的析构函数的声明为 default，因此类 T 的析构函数是 trivial 析构函数，此时相应的 new[]表达式不会生成相应的 cookie。若有如下测试代码：

```
T* ptr = new T[10];
delete[] ptr;
```

通过 Compiler Explorer 可知，delete[] ptr 语句的汇编实现如下：

```
// delete[] ptr 的汇编实现如下
        cmpq    $0, -40(%rbp) // ①
        je      .L5 // ②
        movq    -40(%rbp), %rax // ③
        movq    %rax, %rdi // ④
        call    operator delete[](void*) // ⑤
```

对上述汇编代码进行分析，具体如下。

① 判断 ptr 是否为空，若不为空，则直接跳转到③处执行。

② 若 ptr 为空，则跳转到.L5 处执行。

③ 将 new[]表达式返回的首地址 ptr 赋给 rax 寄存器。

④ 将 rax 寄存器中的值赋给 rdi 寄存器。

⑤ 调用 operator delete[](void*)函数释放相应的数组内存。

假设此时将 T 的析构函数更改为虚析构函数，则 new[]表达式会创建一个 cookie。此时 delete[] ptr 的汇编实现变为如下：

```
// delete[] ptr 的汇编实现如下
        cmpq    $0, -40(%rbp) // ①
        je      .L5 // ②
        movq    -40(%rbp), %rax // ③
        subq    $8, %rax // ④
        movq    (%rax), %rax // ⑤
        salq    $4, %rax // ⑥
        movq    %rax, %rdx // ⑦
        movq    -40(%rbp), %rax // ⑧
        leaq    (%rdx,%rax), %rbx // ⑨
.L7:
        cmpq    -40(%rbp), %rbx // ⑩
        je      .L6 // ⑪
        subq    $16, %rbx // ⑫
        movq    (%rbx), %rax // ⑬
        movq    (%rax), %rax // ⑭
        movq    %rbx, %rdi // ⑮
        call    *%rax // ⑯
        jmp     .L7 // ⑰
.L6:
        movq    -40(%rbp), %rax // ⑱
        subq    $8, %rax // ⑲
        movq    (%rax), %rax // ⑳
        salq    $4, %rax // ㉑
        leaq    8(%rax), %rdx // ㉒
        movq    -40(%rbp), %rax // ㉓
        subq    $8, %rax // ㉔
        movq    %rdx, %rsi // ㉕
        movq    %rax, %rdi // ㉖
        call    operator delete[](void*, unsigned long) // ㉗
```

对上述汇编代码进行分析，具体如下。

① 将 new[]表达式返回的地址与 0 进行比较，判断 ptr 是否为空。

② 若 ptr 为空，则跳转到.L5 处执行，否则继续执行。

③ 将 ptr 赋给 rax 寄存器。

④ 调整 rax，使 rax = rax − 8，即 ptr 指向 GCC 创建的 cookie。

⑤ 将 cookie 中的值赋给 rax 寄存器。

⑥ 将 rax 寄存器中的值左移 4 位，即计算数组元素的字节数，并将其赋给 rax 寄存器。

⑦ 将 rax 寄存器中的值赋给 rdx 寄存器。

⑧ 将 new[]表达式返回的指针 ptr 赋给 rax 寄存器。

⑨ 将“rax 寄存器中的值 + 数组所占字节数”赋给 rbx 寄存器，此时 rbx 指向数组的尾地址，rbx 及 rax 等所做的转换可参考图 5-13。

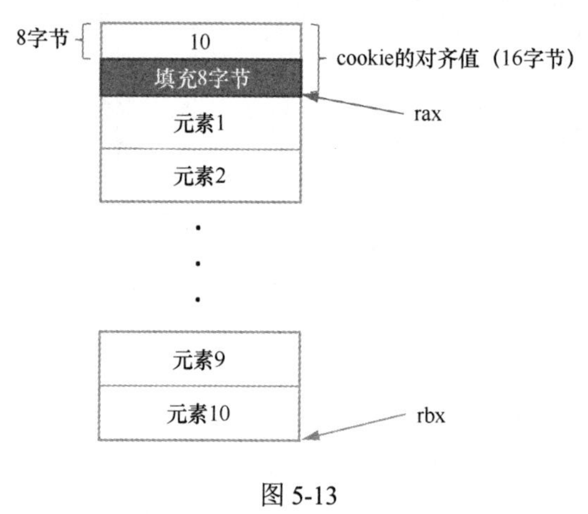

图 5-13

⑩ 比较 ptr 和 rbx 的值是否相等。

⑪ 若 ptr 与 rbx 的值相等，同时遍历到数组首地址，则跳转到.L6 处执行，否则继续执行。

⑫ 将 rbx 的值减去 16，由于 sizeof(T)为 16，此时 rbx 指向 ptr[9]。

⑬ 将元素的 vptr 赋给 rax 寄存器。

⑭ 将 T::~T() [complete object destructor]的地址赋给 rax 寄存器。

⑮ 将相应元素的 this 指针赋给 rdi 寄存器。

⑯ 调用相应元素的 T::~T() [complete object destructor]函数。

⑰ 跳转到.L7 处执行。

⑱ 将 new[]表达式返回的 ptr 赋给 rax 寄存器。

⑲ 调整 rax，使其等于 rax – 8，即 rax 指向 cookie。

⑳ 将 cookie 中的值（10 × 16）存储到 rax 寄存器中。

㉑ 将 rax 寄存器中的值左移 4 位，即将数组所占总字节数赋给 rax 寄存器。

㉒ 将 new[]表达式所分配的总字节数（rax + 8）赋给 rdx 寄存器。

㉓ 将 ptr 赋给 rax 寄存器。

㉔ 调节 ptr，使其指向 new[]所分配内存的首地址。

㉕㉖ 设置 operator delete[]的入参。

㉗ 调用 operator delete[](void*, unsigned long)释放相应的内存。

综上所述，得出如下结论。

- 当类的析构函数为 trivial 时，operator delete[]不需要了解相应的数组个数，由编译器内部 API 确定其正确释放相应内存。
- 当类的析构函数为非 trivial 时，operator delete[]需要先获得 cookie 中的值，然后由后向前调用数组元素的析构函数。
- 当所有元素析构完成后，operator delete[]会将 new[]表达式分配的内存的首地址，以及相应的内存大小作为其入参，并释放相应的内存。

编译器为了完成相应的 delete 表达式，需要提供如下 API：

```
extern "C" void __cxa_vec_delete (
    void *array_address,
    size_t element_size,
    size_t padding_size,
    void (*destructor) ( void *this ) );
```

如果 array_address 为空，那么该 API 立马返回；否则，根据给定的 array_address（数组地址）、padding_size（cookie 所占的内存大小）、element_size（数组元素的大小），该 API 会针对数组中的每个元素调用 destructor 函数，其遍历个数由 cookie 确定，然后该 API 会继续调用 operator delete[]函数。如果 padding_size 为 0，那么 destructor 必须为空，并且 destructor 不会被调用。

__cxa_vec_delete2 除了利用 dealloc 函数代替默认的 operator delete[]函数，其他均与__cxa_vec_delete 相同：

```
extern "C" void __cxa_vec_delete2 (
    void *array_address,
    size_t element_size,
    size_t padding_size,
    void (*destructor) ( void *this ),
    void (*dealloc) ( void *obj ) );
```

__cxa_vec_delete3 利用 dealloc 函数代替默认的 operator delete[]函数，并且 dealloc 函数拥有两个参数，即对象的地址和对象的大小。若 dealloc 抛出异常，那么该 API 的行为未定义。除此之外，其他均与__cxa_vec_delete 相同：

```
extern "C" void __cxa_vec_delete3 (
    void *array_address,
    size_t element_size,
    size_t padding_size,
    void (*destructor) ( void *this ),
    void (*dealloc) ( void *obj, size_t size ) );
```

__cxa_vec_dtor 接口的参数与__cxa_vec_delete 相同，该 API 会对每个数组元素调用 destructor 函数。若该函数抛出异常，那么会在后续的元素销毁过程中重新抛出该异常，此时 API 调用 terminate 终止程序：

```
extern "C" void __cxa_vec_dtor (
    void *array_address,
    size_t element_count,
    size_t element_size,
    void (*destructor) ( void *this ) );
```

__cxa_vec_cleanup 接口的功能与__cxa_vec_dtor 相同，不同之处仅在于 destructor 函数抛出异常后会立即调用 terminate 终止程序：

```
extern "C" void __cxa_vec_cleanup (
    void *array_address,
    size_t element_count,
    size_t element_size,
    void (*destructor) ( void *this ) );
```

为了更好地理解上述 API 的调用方式，给出如下示例代码：

```
class T {
public:
  virtual ~T() {
    std::cout << "~T\n";
  }
};

void operator delete[](void* ptr) {
    std::cout << "user defined\n";
}

void dummy_dtor(void* p) {
  static_cast<T*>(p)->~T();
}
void dummy_dealloc(void*) { std::cout << "dummy_dealloc\n"; }

void test_overflow_in_multiplication() {
  const size_t elem_count = 2;
  T* ptr = new T[elem_count];
  const size_t elem_size = sizeof(T);
  const size_t padding = alignof(T);

  try {
    __cxxabiv1::__cxa_vec_delete(ptr, elem_size, padding, &dummy_dtor);
  } catch (std::bad_array_new_length const&) {
```

```
    // OK
  } catch (...) {
  }

  try {
    __cxxabiv1::__cxa_vec_delete2(ptr, elem_size, padding, &dummy_dtor,
                                 &dummy_dealloc);
  } catch (std::bad_array_new_length const&) {
    // OK
  } catch (...) {
  }
}

int main(int, char**) {
  test_overflow_in_multiplication();
  return 0;
}
```

上述示例代码的测试结果如图 5-14 所示。

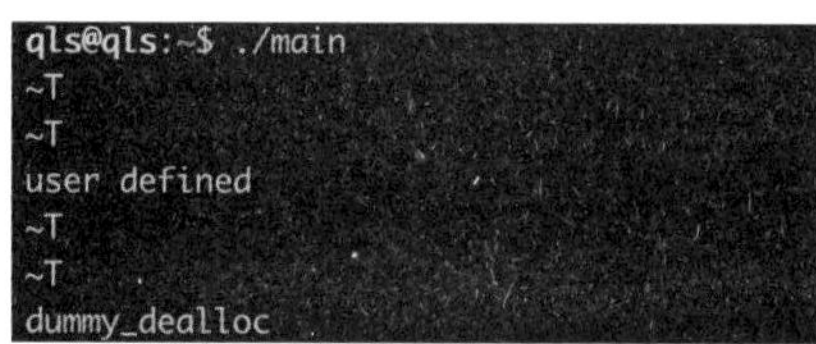

图 5-14

至此，C++对象模型中 new[]表达式和 delete[]表达式的原理，以及类对象的构造和析构过程讲解完毕。为了保持本章的完整性，接下来将探索全局对象构造与析构的原理，以及静态局部对象的析构过程。

5.3 全局对象构造与析构

在工程上，当需要在 main 函数之前初始化一些资源时，便会用到全局对象、静态变量或局部静态变量。

全局变量和静态变量在初始化时可能发生“静态初始化顺序惨败”(static initialization order fiasco)。全局变量和静态变量的初始化顺序问题在 C++中是很细微且易被误解的问题。因为错误发生在 main 函数之前，所以很难被检测。

假设有两个类 Base、Wife，类 Basc 有 print 接口，定义一个类 Base 对象（完整代码见配套资源中的 5/5.3/base.cpp）：

```
// base.cpp
#include <base.h>
Base b;
```

类 Wife 的构造函数调用 b.print()，定义一个 Wife 对象（完整代码见配套资源中的 5/5.3/wife.cpp）：

```
// wife.cpp
#include <wife.h>
Wife f;
```

如果工程中出现上述代码，那么当 f 初始化时，程序是未定义行为。因为变量 b 和 f 定义在两个构建单元中，所以编译器和链接器无法保证其初始化顺序。

为了解决上述问题，可以使用函数局部静态变量来控制对象的初始化顺序，例如对类 Base 定义如下函数：

```
// base.cpp
Base& getBase() {
  static Base b;
  return b;
}
```

此时，在类 Wife 的构造函数中，b.print()被更改为 getBase().print()。

但是这会带来另一个问题：静态变量初始化顺序可以控制，但是析构顺序无法确定。也就是说，若类 Wife 的析构函数使用了对象 b 且调用了相应的接口，那么可能存在对象 b 已经析构的情况，即类 Wife 的析构函数使用了已经析构的对象，这便会产生未定义行为。该种错误一般在服务退出时发生。

此时，可以通过将函数局部静态变量更改为函数局部静态指针来解决上述问题，即将上述 getBase 接口更改如下：

```
// base.cpp
Base& getBase() {
  static Base* b = new Base;
  Return *b;
}
```

这种方式不会析构相应的对象，只有程序退出后，进程才会释放相应的资源。

在计算机的世界中关键的是权衡。至于使用哪种方式，需要根据具体场景具体讨论。那么编译器是如何实现全局变量和静态变量在 main 函数之前构造，在 return 函数之后析构的呢？

下面将详细讲解 C++对象模型中全局对象构造与析构的底层原理。

在经典的 UNIX 模型中，GCC 会将程序的入口点设置在符号_start 处。start 函数的主要工作是收集与系统相关的信息、初始化程序数据结构、调用 main 函数，以及在 main 函数返回之后终止程序。

start 函数的实现如下：

```
void start(int argc, ...) {
    // 提取堆栈中的参数
    char **argv = &argc + 1;
    char **envp = &argc + 2 + argc;
    // 保存环境变量
    environ = envp;
    // 调用用户定义的入口点函数
    exit(main(argc, argv, envp));
    syscall(1);
}
```

随着 C++变得越来越复杂，start 函数所做的工作也变得复杂化。例如 FreeBSD 的启动代码如下：

```
/* 入口函数 */
void_start(char **ap, void (*cleanup)(void)) {
    int argc;
    char **argv;
    char **env;

    // 提取程序参数
    argc = *(long *)(void *)ap;
    argv = ap + 1;
    env = ap + 2 + argc;
    // 设置程序的环境变量及程序名
    handle_argv(argc, argv, env);
    // 如果需要执行重定位
    if (&_DYNAMIC != NULL) {
        atexit(cleanup);
    } else {
        process_irelocs();
        _init_tls();
    }
    // 调用_init() 和 .init_array 函数初始化全局对象与静态变量
    handle_static_init(argc, argv, env);
    // 调用 main 函数
    exit(main(argc, argv, env));
}
```

为了进一步探索 C++中全局对象的初始化及析构过程，假设有一个类 Base，其定义如下：

```
class Base {
public:
  Base() {
    std::cout << "Base()\n";
  }
  ~Base() {
    std::cout << "~Base()\n";
  }
};
```

测试代码如下：

```
Base b;
int main() { //测试代码 }
```

通过 Compiler Explorer 可知，Base b 的汇编实现如下：

```
_GLOBAL__sub_I_b:
        // ……
        call    __static_initialization_and_destruction_0(int, int)
__static_initialization_and_destruction_0(int, int):
        // ……
        movl    $b, %edi
        call    Base::Base() [complete object constructor]
        movl    $__dso_handle, %edx
        movl    $b, %esi
        movl    $_ZN4BaseD1Ev, %edi
        call    __cxa_atexit
```

由上述汇编代码可知，对于全局变量，编译器会生成两个函数_GLOBAL__sub_I_b 和__static_initialization_and_destruction_0。_GLOBAL__sub_I_b 函数会调用__static_initialization_and_destruction_0 函数，__static_initialization_and_destruction_0 函数会调用全局对象的构造函数，并注册相应的析构函数到全局表中。

那么_GLOBAL__sub_I_b 函数究竟存放在何处呢？我在 ELF 中定义了.init_array、.fini_array 和.preinit_array 3 个段（section）来进行程序初始化工作。与 C++全局对象相关的初始化工作均由.init_array 段负责。.fini_array 段很少被使用，但可以使用该段来注册相应的回调函数，这些函数在进程退出前执行。

编译器生成的_GLOBAL__sub_I_b 函数便存放在.init_array 段中，并且一个编译单元一般而言只生成一个与_GLOBAL__sub_I_×××相应的函数。

.init_array 段中有一个函数指针数组，在 GCC 中该数组的起始位置为__init_array_start，结束位置为__init_array_end。为了便于读者进一步理解.init_array，下面将对如下测试用例进行分析：

```
#include <iostream>
#include <stdio.h>
#include <stddef.h>

class Base {
public:
  Base() {
    printf("%s\n", "Base()");
  }
  ~Base() {
    printf("%s\n", "~Base()");
  }
};

Base b;

__attribute__((constructor(1001))) int func() {
    printf("%s\n","func()");
    return 0;
}

typedef void (*init_func)(void);
extern init_func __init_array_start[];
extern init_func __init_array_end[];

int main(int argc, char **argv, char **env) {

    int array_size = __init_array_end - __init_array_start;
    for (int n = 0; n < array_size; n++) {
         __init_array_start[n]();
    }
    std::cout << "main()\n";
    return 0;
}
```

上述测试用例的输出结果如图 5-15 所示。

GCC 提供了一个扩展功能，即__attribute__((constructor()))，它可以使任意函数在 main 函数之前运行，一个 constructor 函数可以给定一个优先级，即__attribute__((constructor(N)))。优先级 0～100 保留给系统使用，101～65535 供应用层开发者使用。在同一个构建单元中，按照 constructor(N)中参数 N 依次递减的顺序存放在.init_array 中，参数 N 最大的 constructor 函数被最先执行。

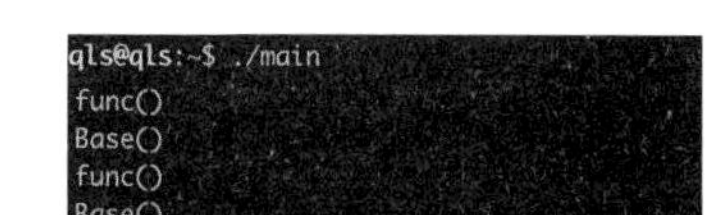
qls@qls:~$ ./main
func()
Base()
func()
Base()
main()
~Base()
~Base()
图 5-15

链接器一般会定义__init_array_start 和__init_array_end 来

引用.init_array 数组中的元素。

因此测试代码会输出两次 func()和 Base()。

C++中全局对象的析构函数在 main 函数返回之后被调用。其直观方式是将全局对象的析构函数注册在.fini_array 段中，但这里有一个潜在条件需要考虑：全局对象的析构函数只能在对象初始化成功后被调用一次。如果程序在初始化过程中终止，那么其只能销毁那些已经完成构造函数的对象。相比之下，全局终结器会遍历_fini 或.fini_array 中的所有函数。

因此 GCC 并不将全局对象的析构函数存放在.fini_array 中，而是调用__cxa_atexit 函数去注册全局对象的析构函数（在全局对象初始化成功后）。__cxa_atexit 的声明如下：

```
extern "C" int __cxa_atexit ( void (*f)(void *), void *p, void *d );
```

上述参数的具体含义如下。

- f：函数指针，通常指向类的析构函数。
- p：析构函数需要的 this 指针。
- d：__dso_handle 指针，当加载共享对象时，其可能有自己的全局对象要初始化。当它被卸载时，包含对象和相关函数的内存被释放，故需要执行相关的终结器，否则它会留下一堆悬空指针。调用__cxa_atexit 函数时，对象将从__dso_handle 加载适当的指针。

用户可以使用 atexit 来注册相应的析构函数指针 f，atexit 底层会调用__cxa_atexit (f, nullptr, nullptr)。

程序在结束时或共享对象被卸载时会调用__cxa_finalize 函数，该函数会调用所有注册的析构函数。__cxa_finalize 函数的声明如下：

```
extern "C" void __cxa_finalize ( void *d );
```

回到__static_initialization_and_destruction_0(int, int)函数，其汇编代码如下：

```
movl    $__dso_handle, %edx // ①
movl    $b, %esi // ②
movl    $_ZN4BaseD1Ev, %edi // ③
call    __cxa_atexit // ④
```

对上述汇编代码进行分析，具体如下。

① 将__dso_handle 的地址赋给 edx 寄存器，作为__cxa_atexit 的参数之一。

② 将全局对象 b 的地址赋给 esi 寄存器，作为__cxa_atexit 的参数之一。

③ 将全局对象 b 的析构函数的地址赋给 edi 寄存器，作为__cxa_atexit 的参数之一。

④ 调用__cxa_atexit 函数，注册相应的析构函数。

至此，总结 C++对象模型中全局对象的构造和析构过程如下。

- 在一个构建单元中，针对全局变量的构造和析构会生成一个_GLOBAL__sub_I_×××函数。

- 在_GLOBAL__sub_I_×××函数中会调用__static_initialization_and_destruction_×××函数，该函数会调用全局对象的构造函数初始化对象，并在对象初始化成功后，调用__cxa_atexit 函数将全局对象的析构函数注册到终止函数列表中。
- 编译器及链接器会收集_GLOBAL__sub_I_×××函数至.init_array 段中，在程序启动时，会在 main 函数运行前遍历.init_array 段中的所有函数。

在讲解一次性构造时，笔者省略了析构阶段。一次性构造的析构过程和全局对象析构过程相同，在静态函数局部变量初始化成功后，调用__cxa_atexit 函数将其析构函数注册到终止函数列表中。在 main 函数返回后调用相应的析构函数。

某些场景下可能需要控制不同模块中全局对象的构造顺序，在尽可能少的改动量的约束下，此时可以使用 GCC 提供的扩展功能__attribute__((init_priority(N)))来调整全局对象的初始化顺序。

例如一个模块 a.cc 中有如下语句：

```
class A {
public:
  A() {
    printf("A();\n");
  }
};

A a __attribute__((init_priority(1002))) ;
```

模块 b.cc 中有如下语句：

```
class B {
public:
  B() {
    printf("hello B()\n");
  }
};

B b __attribute__((init_priority(1001)));
```

相应的输出如下：

```
hello B()
A();
```

5.4 总结

本章由一段代码说起，围绕 C++对象模型中类对象的构造和析构主要介绍了以下内容。

- 对象构造：包括构造虚表、VTT 等，并深入剖析了子对象构造过程中如何使用 VTT 及构造虚表。
- 一次性构造：深入介绍了现代 C++中线程安全的单例的实现原理，即静态函数局部变量的初始化原理。
- 数组构造：深入介绍了 GCC 中通过 new[]表达式分配数组时所做的工作，包括生成或不生成相应 cookie 的条件等；同时进一步介绍了编译器内部需要实现的 API。
- 对象析构：深入剖析了子对象析构过程中 VTT 及构造虚表的使用，以及虚析构函数的作用及类对象的析构过程等。
- 数组析构：深入解析了 delete[]表达式完成数组析构的详细过程。
- 全局对象的构造和析构：由工程实践出发，讲解了 ELF 文件中.init_array 段的作用，并进一步分析了其相关内容，解析了全局对象的构造和析构原理。

本章未讲解复制构造函数、复制赋值函数、移动构造函数、移动赋值函数。在 C++中存在“三/五原则”。“三原则”是指，在 C++98 和 C++03 中，若存在用户定义的析构函数，那么用户也应该定义复制构造函数和复制赋值函数。在 C++11 及之后的版本中，用户定义的复制构造函数会禁止编译器生成相应的移动构造函数和移动赋值函数，因此引出了“五原则”：如果有用户定义的析构函数，那么用户也应该定义复制构造函数、复制赋值函数、移动构造函数和移动赋值函数。Howard Hinnant 于 2014 年在 ACCU 大会演讲中，针对特殊成员之间的依赖关系，给出了图 5-16 所示的解释。

		编译器隐式声明					
		default constructor	destructor	copy constructor	copy constructor	move constructor	move constructor
用户声明	Nothing	defaulted	defaulted	defaulted	defaulted	defaulted	defaulted
	Any constructor	not declared	defaulted	defaulted	defaulted	defaulted	defaulted
	default constructor	user declared	defaulted	defaulted	defaulted	defaulted	defaulted
	destructor	defaulted	user declared	defaulted	defaulted	not declared	not declared
	copy constructor	not declared	defaulted	user declared	defaulted	not declared	not declared
	copy assignment	defaulted	defaulted	defaulted	user declared	not declared	not declared
	move constructor	not declared	defaulted	deleted	deleted	user declared	not declared
	move assianment	defaulted	defaulted	deleted	deleted	not declared	user declared

图 5-16

在图 5-16 中，用户声明（user declared）的意思是显式定义该函数或以 =default 的方式使用编译器默认生成该函数；使用 =delete 删除特殊成员函数也被视为用户声明。本质上，当只使用默认构造函数的名称时，它将被视为用户声明的。

只要类中定义了构造函数，便会禁止编译器生成默认构造函数。默认构造函数是一个可以在无参数情况下调用的构造函数。

当使用 =default 或 =delete 的方式定义或删除默认构造函数时，其余 5 个特殊成员函数都不会受到影响。

当使用 =default 或 =delete 的方式定义或删除析构函数、复制构造函数或复制赋值运算符时，不会获得编译器生成的移动构造函数和移动赋值构造函数。这意味着诸如移动构造或移动赋值之类的移动操作会回退到诸如复制构造或复制赋值之类的复制操作。

当使用 =default 或 =delete 的方式定义或删除移动构造函数或移动赋值运算符时，只会得到定义的 =default 或 =delete 移动构造函数或移动赋值运算符。因此，复制构造函数和复制赋值运算符设置为 =delete。故调用复制操作（如复制构造或复制赋值）会导致编译错误。

在本章的末尾，我将介绍与移动构造函数及移动赋值函数相关的移动语义，并且进一步介绍与移动语义相关的核心组件 std::move()函数的工作原理。

移动语义使得编译器可以使用不那么昂贵的移动操作来替换昂贵的复制操作。与复制构造函数、复制赋值运算符赋予人们复制语义的能力一样，移动构造函数、移动赋值运算符也赋予人们移动语义的能力。更通俗地说，移动语义是通过移动构造函数或移动赋值运算符实现的。

移动语义的本质是所有权的转换。

举个例子，对于 C++标准库提供的 std::shared_ptr 智能指针，当对其进行复制操作时，需要增加其引用计数，而引用计数是原子类型，因此增加引用计数是个耗时的操作；而当对其进行移动操作时，引用计数保持不变，即无须进行引用计数操作。

C++17 中 std::move()强制将实参转换为右值引用的模板函数。其在 C++17 中的一个实现示例如下：

```
template <typename T>
typename std::remove_reference<T>::type&&
move(T&& param) {
     using return_type = typename std::remove_reference<T>::type&&;
     return static_cast<return_type >(param);
}
```

由上述实现可知，std::move()将参数强制转换为右值引用。而当某个参数被转换为右值引用后，便有机会通过移动构造函数或移动赋值运算符进行移动操作。

下面以类 A 为例说明其实现操作。类 A 的定义如下：

```
class A {
public:
    A() {
```

```
        std::cout << "A constructor" << std::endl;
    }

    A(const A& lhs) {
        std::cout << "copy constructor" << std::endl;
    }

    A(A&& rhs) {
        std::cout << "move constructor" << std::endl;
    }

    virtual ~A() {}
};
```

测试代码及测试结果如下：

```
int main() {
    A a;
    A b = a;
    A c = std::move(a);
    return EXIT_SUCCESS;
}
```

```
A constructor
copy constructor
move constructor
```

可以看到，由于 std::move()将 a 转换为右值，此时 c 通过移动构造函数进行初始化。

std::move()不一定保证移动操作发生。例如，当将上述测试代码中的 A a 声明为 const A a 时，测试结果会怎样呢？下面是测试结果：

```
A constructor
copy constructor
copy constructor
```

这是因为 std::move()的参数是万能引用，当传入一个 const 对象的左值时，const 属性依然会成为其参数的一部分，移动构造函数无法成为候选者，只有复制构造函数才会成为候选者，此时只会调用复制构造函数。

第 6 章将深入讲解 C++中异常的实现和正确实践。

第6章 异常处理

异常（exception）是现代 C++中的一个特性，使用该特性可以将程序的异常处理与正常逻辑解耦。

一个异常就是一个错误事件，是对程序运行时出现的异常情况（如尝试除以 0）的响应。异常提供了一种将控制权从程序的一个部分转移到另一个部分的方法。

C++异常可由 **throw**、**dynamic_cast**、**typeid**、**new** 等表达式，**allocation** 函数，以及任何被指定为抛出异常以指示某些错误情况的标准库函数（如 **std::vector::at**、**std::string::substr** 等）抛出。

针对 **C++**异常，**C++**标准提供一种处理程序异常的机制——异常处理程序（**exception handler**），即保存程序执行中某个执行语句的控制信息，并将此控制信息传递到该执行语句之前与之相关联的处理程序处。换句话说，异常处理将控制信息向上传输到调用堆栈。

C++异常处理主要由以下 3 个部分构成。

- 一个 **throw** 语句，它在程序的某个位置抛出一个异常。被抛出的异常既可以是内建类型，也可以是用户自定义类型。
- 一个或多个 **catch** 语句，每一个 **catch** 语句是一个异常处理程序。该语句用来处理某种类型的异常。
- 一个 **try** 语句段。

本章内容主要包括以下方面。

- C++异常的基本概念。
- GCC 对于异常的实现。

- **现代 C++中异常的常用 API。**
- **C++异常的处理。**

本章由一段代码说起，假设有一个异常类 ObjectModelException，其定义如下：

```
class ObjectModelException : public std::exception {
public:
  const char* what() const noexcept override {
    std::cout << "ObjectModelException\n";
    return nullptr;
  }
  ObjectModelException(int a) :a_{a} {
    std::cout << "ObjectModelException constructor a: " << a_ << "\n";
  }
  ObjectModelException(const ObjectModelException&) {
    std::cout << "ObjectModelException copy constructor\n";
  }
  ObjectModelException(ObjectModelException&&) {
    std::cout << "ObjectModelException move constructor\n";
  }
  ObjectModelException& operator=(const ObjectModelException&) = delete;
  ObjectModelException& operator=(ObjectModelException&&) = delete;

private:
  int a_{};
};
```

该异常类在 main 函数中有如下两种使用方式：

```
// 方式一:
try {
    throw ObjectModelException(10);
} catch(std::exception& e) {
    e.what();
}

// 方式二:
try {
    throw ObjectModelException(1);
} catch(ObjectModelException e) {
    e.what();
}
```

上述代码的输出结果如图 6-1 所示。

```
qls@qls:~$ ./main
ObjectModelException constructor a: 10
ObjectModelException
ObjectModelException constructor a: 1
ObjectModelException copy constructor
ObjectModelException
```

图 6-1

测试程序为什么会生成上述结果呢？C++异常处理在编译器中是如何实现的呢？本章将回答这些问题。

6.1 C++异常的约定

不同的编译器对 C++异常的实现有不同的约定，但 GCC 和 Clang 编译器对 C++异常的实现是相同的，都基于 Itanium C++ ABI。在详细讲解 GCC 中 C++异常的实现前，有必要了解与 C++异常处理相关的一些概念和 API。

着陆点（landing pad）指的是与异常处理相关的代码片段，既可以指捕获异常的代码片段，也可以指与处理异常逻辑相关的代码片段。它通过__personality_routine（一种函数或处理程序）在异常运行时获得控制权，在进行适当的处理后，要么返回正常的用户代码逻辑，要么通过恢复或引发新的异常返回 C++运行时。

在 Linux 平台上，GCC 所产生的着陆点指的是 ELF 目标文件的.text 段中与异常相关的代码，它可能有以下 3 种语句。

- cleanup 语句：该部分代码会先调用对象的析构函数或声明了__attribute__((cleanup))属性的函数，然后调用_Unwind_Resume 函数将异常处理过程回退到清理（cleanup）阶段。
- catch 语句：该部分代码用于捕获异常。首先调用对象的析构函数，然后调用__cxa_begin_catch 函数执行相应的 catch 语句代码，最后调用__cxa_end_catch 函数结束相应的异常处理逻辑。
- rethrow 表达式：该部分代码先调用 catch 语句块中对象的析构函数，然后调用__cxa_end_catch 函数，最后调用_Unwind_Resume 函数回退到清理阶段。

上述描述中出现的_Unwind_Resume 及__cxa_×××系列函数，将在本章后续内容中基于汇编实现进行讲解。

6.1.1 栈展开

若函数执行过程中抛出一个异常，那么 C++运行时库（runtime library）会接管抛出异常的函数对程序的控制权，并负责寻找一个匹配的 catch 子句。若没有查询到相应的 catch 子句，C++运行时库会调用 terminate 函数终止程序。

当函数因抛出异常而放弃其对程序的控制权时，C++运行时库会负责弹出堆栈中的每一个函数。这个弹出过程便是栈展开（stack unwinding）。在每一个函数被弹出堆栈之前，函数的局部类对象的析构函数会被调用。

栈展开有如下两种触发方式。

- 异步触发：通过信号（signal）等触发。
- 同步触发：通过调用 longjmp 函数或通过 throw 语句抛出异常等触发，这是一种强制触发。

在栈展开过程中，C++运行时库会执行如下操作。

- 获取函数堆栈信息。
- 收集__personality_routine 和语言特定数据域（Language Specific Data Area，LSDA）的信息来辅助处理 C++异常。

Itanium C++ ABI 规定栈展开的过程分为查找阶段（search phase）和清理阶段（cleanup phase）。

- 查找阶段：从抛出异常的函数开始，对调用链上的函数逐个往前查找着陆点。
- 清理阶段：如果没有找到着陆点，则整个应用会被终止；如果找到着陆点，则记录相应着陆点的位置，然后返回抛出异常的函数处，开始一帧一帧地清理调用链上各个函数内部的局部变量，直到清理到着陆点所在的函数为止。

简言之，正常情况下，GCC 场景下栈展开的过程如下。

- 查找阶段：从抛出异常的函数开始，沿着调用链向上查找 catch 语句所在的函数。
- 清理阶段：返回抛出异常处，从该处开始清理调用链上各个堆栈帧内已经创建的局部变量。

在查找阶段，Unwind 库会重复调用__personality_routine，并设置其行为（action）参数为_UA_SEARCH_PHASE，每次根据当前指令计数器（program counter，pc）和寄存器状态，展开堆栈帧到一个新的指令计数器，直到__personality_routine 要么成功，即针对该堆栈帧有匹配的处理函数（handler），要么失败，即所有的堆栈帧均没有匹配的处理函数（handler）。查找阶段不会真正地恢复 unwind 状态，并且__personality_routine 必须通过 Itanium C++ ABI 库规定的 API 来获得相应的堆栈状态。如果查找阶段没有匹配的处理程序，那么调用 terminate 函数终止程序。

清理阶段发生在查找阶段成功之后，该阶段会返回抛出异常的函数处，再一次调用__personality_routine，并设置其行为参数为_UA_CLEANUP_PHASE，然后不断展开堆栈，直到找到含有匹配的处理函数（handler）的堆栈为止。随后，__personality_routine 会恢复寄存器状态并将控制权转移到用户提供的着陆点，执行相应的由用户定义的异常处理逻辑。

这两个阶段都使用 Unwind 库和__personality_routine。这是因为判断处理程序的有效性以及将控制权传递给它的机制取决于语言，但定位和恢复先前堆栈帧的方法与语言无关。

两阶段异常处理模型并不是实现 C++语言语义所必需的，但它确实提供了一些好处。例如，查找阶段允许异常处理程序在栈展开之前消除异常，即允许恢复异常处理（纠正异常条件并在引发异常的点恢复执行）。虽然 C++不支持恢复异常处理，但其他语言支持，并且两阶段异常处理模型允许 C++与堆栈中的这些语言共存。

6.1.2 异常处理程序

在 GCC 中，一个函数可以看作由以下 3 部分构成。

- 不包含局部变量的 try 语句块以外的区域。
- 含有局部变量的 try 语句块以外的区域。
- try 语句块所构成的区域（包含 catch 语句）。

当一个异常发生时，GCC 需要完成以下工作。

- 检查调用 throw 表达式的函数。
- 判断 throw 表达式是否发生在 try 语句块中。
- 如果 throw 表达式发生在 try 语句块中，编译器需要将异常类型同每一个 catch 语句中捕获的异常进行匹配。
- 如果两者匹配，那么需要将程序的控制权转移到该 catch 语句。
- 如果 throw 表达式没有发生在 try 语句块中，或者没有任何一个 catch 语句与之匹配，那么系统必须销毁所有的局部对象，并实施栈展开。

不同编译器对于判断 throw 表达式是否发生在 try 语句块中有不同的实现方式，可以采用程序计数器区间（program-counter-range）表格的策略，该策略将各个区域的程序计数器的起始值和结束值存储在表格中。当执行 throw 表达式时，将当前的程序计数器的值与 program-counter-range 表格中的各个记录进行比较，以确定当前 throw 表达式是否在一个 try 语句块中。

在目前的 GCC 中，采用的策略同样基于表格（table），但实现方式比 program-counter-range 表格的策略要复杂很多。简言之，GCC 会将与异常处理相关的信息存储在 LSDA 中，利用 LSDA 来判断 throw 表达式是否在一个 try 语句块中。

GCC 的异常实现标准为 Itanium C++ ABI，其中规定异常处理程序的实现由如下 3 个层次构成。

- 基本 ABI，即所有语言和实现都共有的接口。
- C++ ABI，即 C++实现互操作性所需的接口。
- 特定运行时实现所需要遵循的规范。

接下来讲解前两个较为核心的层次。

6.1.3 基本 ABI

基本 ABI 是 Itanium C++ ABI 的第一级规范，定义了 Unwind 库接口，该接口预计由任何符合 Itanium psABI 标准的系统提供。基本 ABI 是 Itanium C++ ABI 异常处理系统得以实现的根基。

一个实现异常处理的 Unwind 库至少需要提供如下接口。

- _Unwind_RaiseException。
- _Unwind_Resume。
- _Unwind_DeleteException。
- _Unwind_GetGR。
- _Unwind_SetGR。
- _Unwind_GetIP。
- _Unwind_SetIP。
- _Unwind_GetRegionStart。
- _Unwind_GetLanguageSpecificData。
- _Unwind_ForcedUnwind。

此外，编译器还需要提供两种数据类型（_Unwind_Context 和_Unwind_Exception）来连接 C++运行时和上述接口。所有接口的行为就像在 extern "C"中定义的一样。定义的接口的名称都需要有一个“_Unwind_”前缀。

编译器生产商需要定制如下接口：

```
_Unwind_Reason_Code (*__personality_routine)
    (int version,
     _Unwind_Action actions,
     uint64 exceptionClass,
     struct _Unwind_Exception *exceptionObject,
     struct _Unwind_Context *context);
```

上述函数接口的返回值_Unwind_Reason_Code 类表示__personality_routine 函数运行失败的原因。其在 Unwind 库中的定义如下：

```
typedef enum {
    _URC_NO_REASON = 0,
    _URC_FOREIGN_EXCEPTION_CAUGHT = 1,
    _URC_FATAL_PHASE2_ERROR = 2,
    _URC_FATAL_PHASE1_ERROR = 3,
    _URC_NORMAL_STOP = 4,
    _URC_END_OF_STACK = 5,
```

```
    _URC_HANDLER_FOUND = 6,
    _URC_INSTALL_CONTEXT = 7,
    _URC_CONTINUE_UNWIND = 8
} _Unwind_Reason_Code;
```

在函数抛出异常的情况下，Unwind 库在异常传播时会展开堆栈，__personality_routine 函数会判断每个堆栈帧是要捕获异常还是传递异常。因此，Unwind 库选择将一部分工作委托给__personality_routine 函数，期望它能正确地处理任何类型的异常，无论是“本地”异常还是“外部”异常。

此外，在强制触发异常的场景下，堆栈的展开由一些外部代理负责。例如 C 语言中的 longjmp 或 setjmp 函数。longjmp 函数与__personality_routine 函数不同，longjmp 并不知道应该何时停止展开。将__personality_routine 函数的 action 参数设置为_UA_FORCE_UNWIND 可以实现与 longjmp 函数类似的结果。

为了使编译器具备处理异步和同步两种异常触发方式的能力，Unwind 库提供了_Unwind_RaiseException 和_Unwind_ForcedUnwind 两个接口。其中_Unwind_RaiseException 是在__personality_routine 函数中调用的，主要负责 C++通过同步方式抛出异常时的栈展开；_Unwind_ForcedUnwind 也会进行栈展开，但为外部代理提供了拦截__personality_routine 函数调用的机会。这是通过 proxy_personality_routine 函数实现的，该函数拦截对__personality_routine 函数的调用，并利用外部代理覆盖堆栈框架__personality_routine 函数的默认值。

在基本 API 中，__personality_routine 函数是最核心的接口。例如在 C++中，GCC 通过该函数接口找到相应的 try/catch 语句块，并将控制权转移到相应的 catch 子句中。

__personality_routine 是 C++（或其他语言）运行时库中的函数，充当系统 Unwind 库和特定语言异常处理语义之间的接口。

__personality_routine 主要完成如下两部分工作。

- 检查当前函数是否含有可以处理抛出的异常的 catch 子句。
- 清理调用栈上的局部变量。

__personality_routine 接口中的 actions 参数和 context 参数需要特别说明。

（1）参数 actions 用于指导__personality_routine 接口执行的行为，包含如下类别：

```
typedef int _Unwind_Action;
static const _Unwind_Action _UA_SEARCH_PHASE = 1;
static const _Unwind_Action _UA_CLEANUP_PHASE = 2;
static const _Unwind_Action _UA_HANDLER_FRAME = 4;
static const _Unwind_Action _UA_FORCE_UNWIND = 8;
```

上述类别的详细解释如下。

- typedef int _Unwind_Action：指示__personality_routine 应检查当前帧是否包含处理程序，

如果包含，则返回_URC_HANDLER_FOUND，否则返回_URC_CONTINUE_UNWIND。_UA_SEARCH_PHASE 不能与_UA_CLEANUP_PHASE 同时设置。

- static const _Unwind _Action_UA_SEARCH_PHASE = 1：指示__personality_routine 要检查当前堆栈帧是否包含异常处理程序（handler），如果包含则__personality_routine 返回_URC_HANDLER_FOUND，否则返回_URC_CONTINUE_UNWIND。_UA_SEARCH_PHASE 不能与_UA_CLEANUP_PHASE 同时设置。
- static const _Unwind_Action _UA_CLEANUP_PHASE = 2：指示__personality_routine 应当执行对当前堆栈帧的清理。__personality_routine 可以通过调用嵌套过程自行执行此清理，并返回_URC_CONTINUE_UNWIND；或者，它可以设置寄存器（包括 IP）以将控制权转移到着陆点，并返回_URC_INSTALL_CONTEXT。
- static const _Unwind_Action _UA_HANDLER_FRAME = 4：在清理阶段，向__personality_routine 指示当前帧是在查找阶段被标记为处理程序帧的帧。在查找阶段和清理阶段之间，__personality_routine 的处理栈帧的逻辑不允许改变，即必须在清理阶段处理当前堆栈帧中的异常。
- static const _Unwind_Action _UA_FORCE_UNWIND = 8：表示在清理阶段不允许任何语言捕获异常。此标志是在为 longjmp 展开堆栈时或在线程取消期间设置的。catch 子句中的用户定义代码仍然可以执行，但 catch 子句必须在完成后通过调用_Unwind_Resume 恢复展开。

（2）参数 context 表示__personality_routine 使用的栈展开状态信息。它是__personality_routine 使用的不透明句柄，特别是用于访问堆栈帧中的寄存器。在 GCC 实现中，该结构包含 LSDA 的相关内容。

_Unwind_RaiseException 的具体工作流程可由如下伪代码表示：

```
_Unwind_RaiseException(exception) {
    bool find{false};
    while (true) {
         // 建立上个函数的上下文
         context = build_context();
         if (context == nullptr)  break;
         find = __personality_routine(exception, context, SEARCH);
         if (find or 搜索结束) break;
     }

    while (find)
    {
        context = build_context();
        if (context == nullptr) break;
        __personality_routine(exception, context, UNWIND);
```

```
        if (找到匹配的 catch 语句) break;
    }
}
```

Unwind 库针对栈展开过程中的清理阶段规定编译器需要实现以下接口：

```
typedef void (*_Unwind_Exception_Cleanup_Fn)
         (_Unwind_Reason_Code reason,
           struct _Unwind_Exception *exc);
```

其中，参数_Unwind_Exception 类的定义如下：

```
struct _Unwind_Exception {
    uint64      exception_class;
    _Unwind_Exception_Cleanup_Fn exception_cleanup;
    uint64      private_1;
    uint64      private_2;
};
```

_Unwind_Exception 对象有字节对齐要求，必须为双字对齐。前两个字段由用户代码在引发异常之前设置，后两个字段必须由运行时设置。其各个数据成员解释如下。

- exception_class：表示异常的类型。它可以帮助__personality_routine 区分异常是外部产生的还是内部触发的。其高 4 字节用于指示生产商，例如 GNU\0；低 4 字节用于指示编程语言，例如 C++\0。
- exception_cleanup：每当异常对象需要由与创建异常对象的运行时不同的运行时销毁时，都会调用例程，例如，Java 异常被 C++捕获处理程序捕获。同时，该函数也负责销毁异常对象。在异常对象被销毁时，为了判断其被销毁的原因，可查看如下标志。
  - _URC_FOREIGN_EXCEPTION_CAUGHT = 1，表示其他运行时捕获了此异常。嵌套的外部异常或重新引发外部异常会导致未定义的行为。
  - _URC_FATAL_PHASE1_ERROR = 3，__personality_routine 函数在查找阶段遇到错误。
  - _URC_FATAL_PHASE2_ERROR = 2，__personality_routine 函数在清理阶段遇到错误。
- private_1 和 private_2：数据成员是基本 ABI 私有的，不应被__personality_routine 函数使用。

对于异常的处理，Unwind 库规定编译器需要提供一个_Unwind_Context 结构体。该结构体的声明如下：

```
struct _Unwind_Context
```

```
{
  void *reg[DWARF_FRAME_REGISTERS+1];
  void *cfa;
  void *ra;
  void *lsda; // .gcc_except_table 中的相关内容
  struct dwarf_eh_bases bases;
  _Unwind_Word args_size;
};
```

C++语言用户通过 throw 表达式抛出异常，Unwind 库规定编译器需要提供如下接口来转换相应的 throw 表达式：

```
_Unwind_Reason_Code _Unwind_RaiseException
      ( struct _Unwind_Exception *exception_object );
void _Unwind_Resume (struct _Unwind_Exception *exception_object);
```

throw 表达式最终会调用_Unwind_RaiseException 函数来抛出异常，其具体过程将在 6.2 节中讲解。

_Unwind_RaiseException 会抛出一个异常对象，该异常对象的 exception_class 和 exception_cleanup 部分必须被设置。除非发生了错误（没有找到匹配的处理程序、堆栈格式错误等），否则该接口不会返回值。

_Unwind_Reason_Code 有以下 3 种可能的值。

- _URC_END_OF_STACK：若 unwinder 在查找阶段遍历所有堆栈也未发现相应的处理程序，该接口会返回该错误码，C++运行时会调用 uncaught_exception()。
- _URC_FATAL_PHASE1_ERROR：若 unwinder 在查找阶段遍历所有堆栈时遇到堆栈冲突等错误，该接口会返回该错误码，并且 C++运行时会调用 terminate 函数。
- _URC_FATAL_PHASE2_ERROR：若 unwinder 在清理阶段遇到堆栈冲突等错误，该接口会返回该错误码，并且 C++运行时会调用__cxa_throw，而这个接口最终会调用 terminate 函数。

_Unwind_Resume 会恢复现有异常的传播，例如，在部分展开的堆栈中执行代码清理操作后，在执行清理但未恢复正常执行的着陆点末尾插入对__personality_routine 的调用。它导致栈展开进一步进行。

若要销毁异常对象，编译器最终会调用 Unwind 库的如下接口：

```
void _Unwind_DeleteException
      (struct _Unwind_Exception *exception_object);
```

上述所讲的接口是针对同步触发的异常处理而言的。对于异步触发的异常处理，编译器所实现的 Unwind 库需要提供如下接口：

```
typedef _Unwind_Reason_Code (*_Unwind_Stop_Fn)
```

```
                    ( int version,
                      _Unwind_Action actions,
                      uint64 exceptionClass,
                      struct _Unwind_Exception *exceptionObject,
                      struct _Unwind_Context *context,
                      void *stop_parameter );

_Unwind_Reason_Code _Unwind_ForcedUnwind
                    ( struct _Unwind_Exception *exception_object,
                      _Unwind_Stop_Fn stop,
                      void *stop_parameter );
```

强制展开（forced unwinding）处理函数_Unwind_ForcedUnwind抛出一个由exception_object表示的异常对象，该对象的exception_class和exception_cleanup字段由_Unwind_ForcedUnwind函数设置。异常对象由特定语言的运行时分配，并且具有特定语言所规定的格式，但它必须包含_Unwind_Exception结构体。

强制展开是一个单阶段过程（即清理阶段）。stop函数和stop_parameter参数控制栈展开过程何时终止。stop函数会在每个展开的堆栈帧中被调用。

当stop函数识别出目标帧时，它会将控制权适当地转移到用户代码，而不会返回，这通常发生在调用_Unwind_DeleteException之后。如果没有识别出相应的目标帧，它会返回一个_Unwind_Reason_Code，其值只能为如下三个值之一。

- _URC_NO_REASON。
- _URC_END_OF_STACK。
- _URC_FATAL_PHASE2_ERROR。

上述值的含义解释如下。

- _URC_NO_REASON：表示当前堆栈帧不是目标帧。Unwind运行时库将调用__personality_routine函数，并将传入__personality_routine函数的actions参数的标志（flag）设置为_UA_FORCE_UNWIND和_UA_CLEANUP_PHASE，然后展开到下一个堆栈帧并再次调用stop函数。
- _URC_END_OF_STACK：为了允许_Unwind_ForcedUnwind在到达堆栈末尾时执行特殊处理，Unwind运行时库将在最后一帧被拒绝后调用它，并在context参数中将堆栈指针设置为NULL。此时stop函数必须能够识别context参数中的堆栈指针NULL。若_Unwind_ForcedUnwind函数直到堆栈结束（end-of-stack）仍未能执行成功，则stop函数需要返回_URC_END_OF_STACK。
- _URC_FATAL_PHASE2_ERROR：stop函数可能会在其他致命情况下返回此代码，例如堆栈损坏。

6.1.4　C++ ABI

C++ ABI 是 Itanium C++ ABI 的第二级规范，是为了实现基本 ABI 描述的互操作性所必需的最小要求。C++ ABI 要求达成以下方面的协议。

- 标准运行时初始化，例如为“内存不足”异常预分配空间。
- 由 throw 创建并由 catch 语句处理的异常对象的布局。
- 异常对象的分配和销毁的时机和方式。
- 个性化例程（__personality_routine）的 API，即传递给它的参数、它执行的逻辑操作，以及它返回的任何结果（无论是表示成功、失败或继续的函数结果，还是全局或异常对象状态的变化），包括查找阶段和清理阶段。
- 如何最终将控制权转移回用户程序的 catch 语句或其他恢复点。也就是说，最后一个个性化例程是直接将控制权转交给用户代码的恢复点，还是将信息返回给运行时，允许运行时做出此操作。
- 多线程行为。

在 GCC 中，每当 throw 表达式抛出一个异常对象后，编译器便会生成图 6-2 所示的异常对象结构，其包含两部分：异常标头（__cxa_exception）和 throw 表达式抛出的异常对象。

__cxa_exception 的定义如下：

```
struct __cxa_exception {
    std::type_info *    exceptionType;
    void (*exceptionDestructor) (void *);
    unexpected_handler unexpectedHandler;
    terminate_handler   terminateHandler;
    __cxa_exception *   nextException;
    int                 handlerCount;
    int                 handlerSwitchValue;
    const char *        actionRecord;
    const char *        languageSpecificData;
    void *              catchTemp;
    void *              adjustedPtr;
    _Unwind_Exception   unwindHeader;
};
```

__cxa_exception（异常标头）
异常对象

编译器生成的异常对象结构

图 6-2

上述部分字段的解释如下。

- exceptionType：编码被抛出的异常对象的类型。
- exceptionDestructor：指向被抛出的异常对象类型的析构函数。
- unexpectedHandler：指向 std::unexpected()函数。
- terminateHandler：指向 std::terminate()函数。

- nextException：用来创建异常的链表（线程堆栈）。
- handlerCount：用来表示有多少处理程序已经捕获了异常对象。

handlerSwitchValue、actionRecord、languageSpecificData、catchTemp 和 adjustedPtr 字段存储的是缓存信息，这些信息在栈展开的查找阶段可以得到。通过将这些信息存储在异常对象中，清理阶段可以避免重新检查操作记录（action record）。这些字段是为包含要调用的处理程序的堆栈帧的__personality_routine 函数保留的。

编译器内部会通过如下接口创建异常对象及分配相应的内存等：

```
void *__cxa_allocate_exception(size_t thrown_size);
```

相应的，以下伙伴接口可以释放异常对象的内存：

```
void __cxa_free_exception(void *thrown_exception);
```

当用户写下 throw A 表达式，然后抛出一个异常对象 A 时，Itanium C++ ABI 规定其具体过程如下。

- 调用__cxa_allocate_cxception 来分配异常对象的内存（即创建异常对象）。
- 对 throw 表达式求值，将异常对象复制到__cxa_allocate_exception 分配的内存中（通过复制构造）。如果在 throw 表达式的求值过程中出现异常，则抛出该异常；如果在复制构造阶段抛出异常，则 terminate 函数会被调用。清理代码必须确保__cxa_free_exception 被调用。
- 调用__cxa_throw 将异常传递到运行时库。

用于实现上述过程的伪代码如下所示：

```
// 分配异常对象的内存
    temp1 = __cxa_allocate_exception(sizeof(X));

    // 构造异常对象
    #if COPY_ELISION
      [evaluate X into temp1]
    #else
      [evaluate X into temp2]
      copy-constructor(temp1, temp2)
      // 如果抛出异常，那么这里便产生一个着陆点 L1
    #endif

    // 传递异常对象至 Unwind 库
    __cxa_throw(temp1, type_info<X>, destructor<X>); // 这个函数不会返回

    // 复制构造函数的异常着陆点
    L1: __cxa_free_exception(temp1) // 这个函数不会抛出异常
```

异常对象一般是在堆上分配的。

运行时库最终会调用__cxa_throw 接口抛出异常，__cxa_throw 接口的声明如下：

```
void __cxa_throw (void *thrown_exception, std::type_info *tinfo,
                  void (*dest) (void *) );
```

其参数解释如下。

- thrown_exception：被抛出对象的地址（该地址由__cxa_allocate_exception 分配）。
- tinfo：一个 std::type_info 指针，将 throw 参数的静态类型作为 std::type_info 指针，以便将潜在的 catch 子句位置与抛出的异常进行匹配。
- dest：析构对象的指针，用来销毁异常对象。

__cxa_throw 将进行如下操作。

- 通过异常对象的地址获取__cxa_exception，其计算方式如下：

```
__cxa_exception *header = ((__cxa_exception *) thrown_exception - 1);
```

- 将 unexpected_handler 和 terminate_handler 保存在__cxa_exception 中。
- 将 tinfo 和 dest 保存在__cxa_exception 中。
- 设置展开头（unwinder header）的 exception_class，例如在 GCC 中，将该字段的高 4 字节设置为 GNU\0，将低 4 字节设置为 C++\0。
- 增加 uncaught_exceptionflag 数。
- 调用系统 Unwind 库中的_Unwind_RaiseException，以_cxa_throw 中的 thrown_exception 参数作为其参数。
- _Unwind_RaiseException 会进行栈展开，并最终调用__personality_routine 进行相应的异常处理。

在 C++ ABI 中，__personality_routine 函数负责捕获异常并最终将控制权转交给异常处理或栈展开。__personality_routine 主要通过如下过程将控制权转交给着陆点。

- 调用_Unwind_SetIP 接口设置程序计数器为当前堆栈帧（该堆栈帧为着陆点的地址）。
- 调用_Unwind_SetGR 设置着陆点的相应参数，这些参数存放在堆栈帧的通用寄存器中。
- 工作完成后，该接口会返回 Unwind 库，Unwind 库会执行一些清理动作，并最终将控制权转交给着陆点。

异常处理程序可归纳为如下 3 种。

- 正常的 C++处理程序，例如 catch 语句。
- unexpected 函数调用，一般是因为违反了异常规范。
- terminate 函数调用。

上述接口必须先调用如下接口：

```
void *__cxa_get_exception_ptr(void *exceptionObject);
```

该接口返回调整后的异常对象的指针，调整后的指针通常由__personality_routine 在查找阶段计算并保存在异常对象中。

在初始化 catch 参数之后，处理程序必须调用如下接口：

```
void *__cxa_begin_catch(void *exceptionObject);
```

当因为某些原因需要退出处理程序时，处理程序必须调用如下接口：

```
void __cxa_end_catch ();
```

当一个相应的 catch 子句退出或 unexpected 函数退出时，异常被认为已经处理完成。随后由__cxa_end_catch 销毁该异常对象。

一个异常对象的生命周期由__cxa_begin_catch 和__cxa_end_catch 管理。

6.2 GCC 中 C++异常的实现

如果编译器要支持异常处理，那么其主要工作便是找出 catch 语句，以处理 throw 表达式产生的异常。所以编译器需要追踪程序堆栈中每一个函数的当前作用域（例如记录局部变量的状态等）。此外，编译器需要提供一种查询异常对象的方式，以帮助判断异常对象的实际类型（这便是运行时类型识别，即 RTTI）。最后，编译器还需要提供一种机制来管理异常对象，包括它的产生、存储、存取、析构和内存清理等。通常，异常处理机制与编译器所产生的数据结构和运行时的 Unwind 库紧密合作。编译器会在程序大小（包含程序本身所占用的内存和程序产生的二进制文件的大小）和执行速度之间进行一定程度的权衡，具体如下。

- 若要保证程序的执行速度，编译器可以在编译时建立相关的数据结构，但这会导致程序所占用的内存变大。
- 若要保证程序的大小，编译器可以在运行时建立相关的数据结构，但这会影响程序的执行速度。这意味着编译器只有在必要的时候才可以建立相应的数据结构。

在 GCC 中，实现 C++异常的机制有以下两种。

- SjLj（setjump-longjump）。
- 零开销（zero-cost），这是一种基于表格的实现方案。

SjLj 容易实现，但会造成运行时性能损耗，目前 GCC 中已经很少使用该方案。但了解该方案的部分实现有利于了解目前 GCC 中零开销的实现方案。

使用异常处理的每个函数堆栈都会构造如下结构体：

```
struct SjLj_Function_Context {
```

```
    struct SjLj_Function_Context *prev;
    int call_site;
    _Unwind_Word data[4];
    _Unwind_Personality_Fn personality;
    void *lsda;
    int jbuf[];
  };
```

上述代码中的参数说明如下。

- call_site：由编译器在每次变化时更新，这些更新可能需要执行相应的展开动作。
- personality：表示一个 personality 函数，该函数在异常处理过程中会被 Unwind 库中的相应函数调用。
- lsda：表示语言特定数据域，包含一些特定信息，该信息会被 personality 函数使用。
- jbuf：包含特定体系结构的信息，如果 personality 函数发出已找到处理程序的信号，则 unwinder 将使用这些信息来恢复异常执行。通常 jbuf[2]包含函数着陆点的地址。

SjLj 策略会在代码中保存各种寄存器状态，且无论程序是否抛出异常，均会调用相应的 set-up/tear-down 代码。

为了减少 SjLj 策略带来的性能损耗，目前 GCC 采用了零开销的异常实现。在 GCC 中，其策略主要由 Unwind 库（libsupc++）实施。而各种表结构具体如下。

- unwind 表，用于记录与函数相关的信息，其中包含函数的起始地址、函数的结束地址及指向 info 语句块的指针。
- unwind 描述符表（unwind descriptor table），用于描述函数中需要的 unwind 区域的相关信息。
- LSDA，用于 C++语言的处理。

在 GCC 中，与 unwind 相关的数据结构存放在 ELF 文件的.eh_frame、.eh_frame_hdr 及.gcc_except_table（即 LSDA）中。

为了便于读者更好地理解相应的概念，接下来以如下测试代码为例展开讲解：

```
#include <exception>

int main() {
  try {
    throw 2;
  } catch (...) {

  }
  return 0;
}
```

6.2.1 eh_frame

在使用支持异常的语言（如 C++）时，必须向运行时环境提供附加信息，这些信息描述了在处理异常期间要展开的调用帧。在 GCC 场景下，此信息包含在特殊部分.eh_frame 和.eh_frame_hdr 中。

.eh_frame 应该包含一个或多个调用栈信息（Call Frame Information，CFI）记录块。每个 CFI 记录块包含一个公共信息条目（Common Information Entry，CIE）记录，后跟一个或多个帧描述条目（Frame Description Entry，FDE）记录。通常一个 CFI 代表一个目标文件，而一个 FDE 代表一个函数。CIE 和 FDE 都应与寻址单元大小的边界对齐，如图 6-3 所示。

CFI

CIE记录
FDE记录

图 6-3

CIE 的结构如图 6-4 所示。

CIE

Length	必需的
Extended Length	可选的
CIE_id	必需的
Version	必需的
Augmentation String	必需的
EH Data	可选的
Code Alignment Factor	必需的
Data Alignment Factor	必需的
Return Address Register	必需的
Augmentation Data Length	可选的
Augmentation Data	可选的
Initial Instructions	必需的
Padding	

图 6-4

CIE 中部分字段的解释如下。

（1）Length：4 字节无符号整数，表示 CIE 结构的长度（该长度不包括 Length 字段）。Length 为 0 表示该 CIE 为最后一个 CIE。

（2）Extended Length：8 字节无符号整数，表示 CIE 结构的长度（该长度不包括 Length 和 Extended Length 字段）。

（3）CIE_id：4 字节无符号整数，用来区分 CIE 和 FDE。对于 CIE，该值一直为 0。

（4）Version：分配给调用帧信息结构的版本，该值应为 1。

（5）Augmentation String：此值是一个以 NUL 结尾的字符串，用于标识对 CIE 或与此 CIE 关联的 FDE 的扩充。长度为 0 的 Augmentation String 表示不存在 Augmentation Data。Augmentation String 区分大小写，应按如下所述进行解释。

- 若字符串为"eh"，则应存在 EH Data。
- 若字符串的第一个字符为'z'，则应存在 Augmentation Data。Augmentation Data 的内容应根据 Augmentation String 中的其他字符进行解释。
  - 若字符串中包含'P'，则 Augmentation Data 中包含指向__personality_routine 的指针。
  - 若字符串中包含'R'，则 Augmentation Data 中包含一个 1 字节的参数，该参数表示 FDE 中地址指针的指针编码方式。
  - 若字符串中包含'L'，则 Augmentation Data 中包含一个 1 字节的参数，该参数表示 FDE 的 Augmentation Data 中 LSDA 地址的指针编码方式。LSDA 地址的大小由所使用的指针编码指定。

（6）EH Data：在 32 位架构上，这是一个 4 字节的值，在 64 位架构上，这是一个 8 字节的值，该字段仅在 Augmentation String 包含字符串'eh'时才出现。

（7）Code Alignment Factor：一种无符号 LEB128 编码值，通常为 1。

（8）Data Alignment Factor：通常为−8。

（9）Return Address Register：存储返回地址的寄存器编号。

（10）Augmentation Data Length：指示 Augmentation Data 的字节数。

（11）Augmentation Data：一个数据块，其内容由 Augmentation String 的内容定义。当且仅当 Augmentation String 包含字符'z'时，此字段才存在。

（12）Initial Instructions：初始调用帧指令集。

FDE 的结构如图 6-5 所示，其中部分字段的解释如下。

FDE

Length	必需的
Extended Length	可选的
CIE Pointer	必需的
PC Begin	必需的
PC Range	必需的
Augmentation Data Length	可选的
Augmentation Data	可选的
Call Frame Instructions	必需的
Padding	

图 6-5

（1）CIE Pointer：一个 4 字节的无符号值，从当前 FDE 的偏移量中减去该值，将得到相应 CIE 的起始偏移量。该值不得为 0。

（2）PC Begin：一个编码常量，指示与此 FDE 关联的初始位置的地址。

（3）PC Range：一个编码常量，指示与此 FDE 关联的指令字节数。

（4）Augmentation Data：一个数据块，其内容由相关 CIE 中 Augmentation String 的内容定义。如前所述，当且仅当相关 CIE 中的 Augmentation String 包含字符'z'时，此字段才存在。

（5）Call Frame Instructions：一组调用帧指令。

CIE 引用.text 段中的 personality。FDE 引用.gcc_except_table 中的 LSDA。personality 和 lsda 用于 Itanium C++ ABI 的 C++ ABI。

对于本节的测试代码，通过 readelf -Wwf ×××命令获取文件的 CIE 及 FDE，内容如下：

```
Contents of the .eh_frame section:

00000000 0000000000000010 00000000 CIE
  Version:               1
  Augmentation:          "zR"
  Code alignment factor: 4
  Data alignment factor: -8
  Return address column: 30
  Augmentation data:     1b
  DW_CFA_def_cfa: r31 (sp) ofs 0

00000014 0000000000000010 00000018 FDE cie=00000000 pc=
0000000000000840..0000000000000874
  DW_CFA_advance_loc: 4 to 0000000000000844
  DW_CFA_undefined: r30 (x30)

00000028 0000000000000010 0000002c FDE cie=00000000 pc=
0000000000000890..00000000000008c0
  DW_CFA_nop
  DW_CFA_nop
  DW_CFA_nop

0000003c 0000000000000010 00000040 FDE cie=00000000 pc=
00000000000008c0..00000000000008fc
  DW_CFA_nop
  DW_CFA_nop
  DW_CFA_nop

00000050 0000000000000020 00000054 FDE cie=00000000 pc=
0000000000000900..0000000000000948
  DW_CFA_advance_loc: 4 to 0000000000000904
  DW_CFA_def_cfa_offset: 32
```

```
  DW_CFA_offset: r29 (x29) at cfa-32
  DW_CFA_offset: r30 (x30) at cfa-24
  DW_CFA_advance_loc: 8 to 000000000000090c
  DW_CFA_offset: r19 (x19) at cfa-16
  DW_CFA_advance_loc: 56 to 0000000000000944
  DW_CFA_restore: r30 (x30)
  DW_CFA_restore: r29 (x29)
  DW_CFA_restore: r19 (x19)
  DW_CFA_def_cfa_offset: 0
  DW_CFA_nop
  DW_CFA_nop
  DW_CFA_nop

00000074 0000000000000010 00000078 FDE cie=00000000 pc=
0000000000000950..0000000000000954
  DW_CFA_nop
  DW_CFA_nop
  DW_CFA_nop

00000088 0000000000000018 00000000 CIE
  Version:               1
  Augmentation:          "zPLR"
  Code alignment factor: 4
  Data alignment factor: -8
  Return address column: 30
  Augmentation data:     9b 8d 05 01 00 1b 1b
  DW_CFA_def_cfa: r31 (sp) ofs 0

000000a4 0000000000000020 00000020 FDE cie=00000088 pc=
0000000000000954..0000000000000990
  Augmentation data:     17 00 00 00
  DW_CFA_advance_loc: 4 to 0000000000000958
  DW_CFA_def_cfa_offset: 16
  DW_CFA_offset: r29 (x29) at cfa-16
  DW_CFA_offset: r30 (x30) at cfa-8
  DW_CFA_advance_loc: 52 to 000000000000098c
  DW_CFA_restore: r30 (x30)
  DW_CFA_restore: r29 (x29)
  DW_CFA_def_cfa_offset: 0
  DW_CFA_nop
  DW_CFA_nop
  DW_CFA_nop
```

上述内容中出现了两个 CIE 及相应的多个 FDE，其结构如图 6-6 所示。

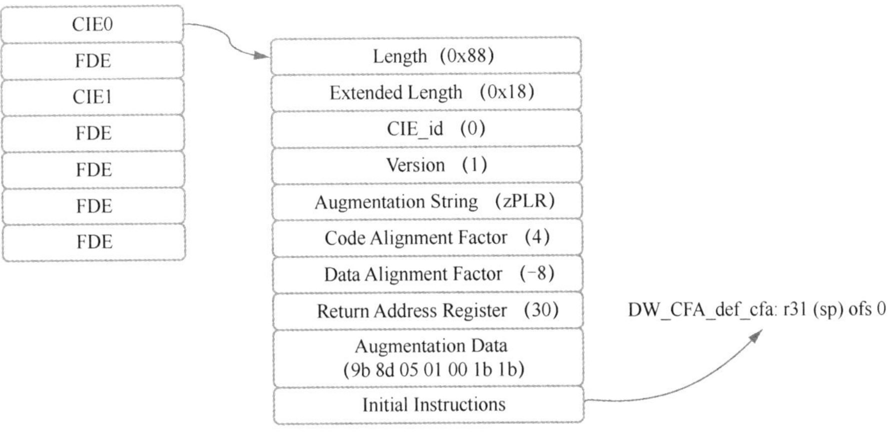

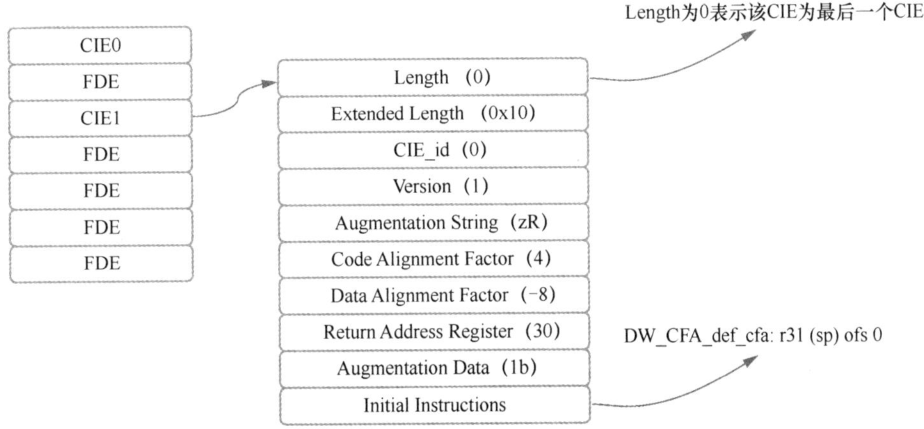

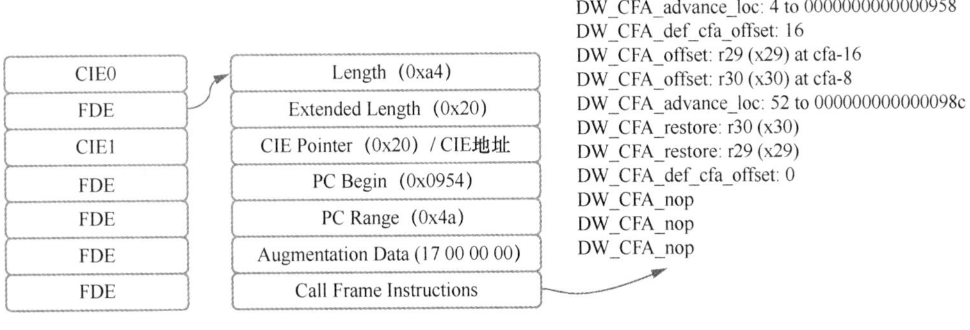

图 6-6

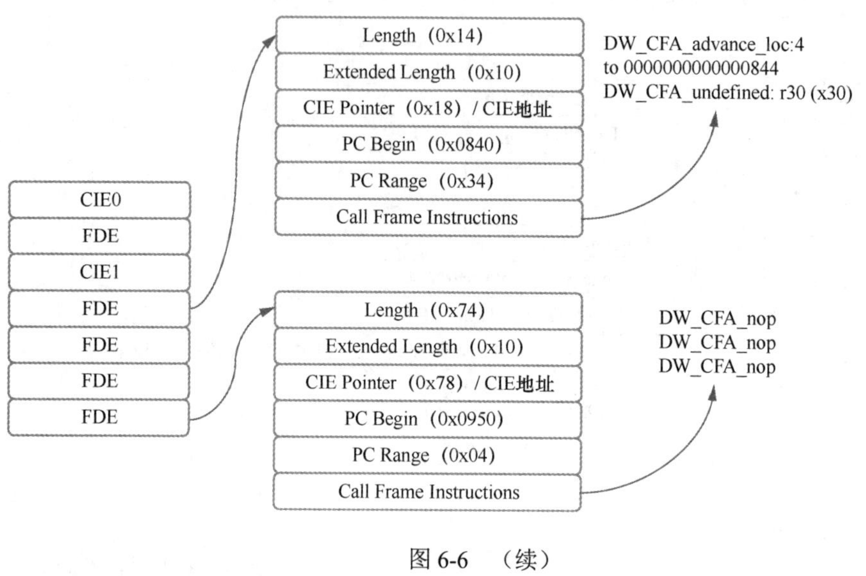

图 6-6　（续）

6.2.2　eh_frame_hdr

.eh_frame_hdr 包含其相关.eh_frame 部分的附加信息。它拥有一个指向.eh_frame 头部的指针，以及可选的指向.eh_frame 中各条记录的指针的二分查找表。

.eh_frame_hdr 的作用是定位一个 pc 所在的 FDE。这需要从头扫描.eh_frame，找到合适的 FDE，该查询所消耗的时间与扫描的 CIE 和 FDE 记录数相关。

简言之，引入.eh_frame_hdr 字段可以提升程序运行时的效率。

.eh_frame_hdr 字段的布局如图 6-7 所示。

.eh_frame_hdr

字段	编码方式
version	unsigned byte
eh_frame_ptr_enc	unsigned byte
fde_count_enc	unsigned byte
table_enc	unsigned byte
eh_frame_ptr	encoded
fde_count	encoded
binary search table	

图 6-7

图 6-7 中部分字段解释如下。

- version：.eh_frame_hd 的版本号，通常为 1。
- eh_frame_ptr_enc：eh_frame_ptr 字段的编码格式。
- fde_count_enc：fde_count 字段的编码格式，若值为 DW_EH_PE_omit 则表示二分查找表不存在。
- table_enc：二分查找表中条目的编码格式，若值为 DW_EH_PE_omit 则表示二分查找表不存在。
- eh_frame_ptr：指向.eh_frame 头部的指针的编码值。
- fde_count：二分查找表中条目计数的编码值。
- binary search table：包含 fde_count 条目的二分查找表。表的每个条目由两个编码值、初始位置和地址组成。条目按初始位置值升序排序。

6.2.3 gcc_except_table

.gcc_except_table（即 LSDA）是 ELF 文件中的一个段。.gcc_except_table 部分与 try-catch-finally 控制流块中的异常有关。.gcc_except_table 中的部分信息用于处理异常，其余信息用于清理代码（即当栈展开时调用对象析构函数）。

若想查看 .gcc_except_table 的内容，可通过如下命令生成相应的汇编代码：

```
g++ -S -o main_asm -c main.cc -g -std=c++17
```

例如针对本节开始的示例代码，GCC 生成如下汇编代码：

```
.LFE70:
        .globl   __gxx_personality_v0
        .section .gcc_except_table,"a",@progbits
        .align   4
.LLSDA70:
        .byte    0xff
        .byte    0x9b
        .uleb128 .LLSDATT70-.LLSDATTD70
.LLSDATTD70:
        .byte    0x1
        .uleb128 .LLSDACSE70-.LLSDACSB70
.LLSDACSB70:
        .uleb128 .LEHB0-.LFB70
        .uleb128 .LEHE0-.LEHB0
        .uleb128 .L4-.LFB70
        .uleb128 0x1
```

```
        .uleb128 .LEHB1-.LFB70
        .uleb128 .LEHE1-.LEHB1
        .uleb128 0
        .uleb128 0
.LLSDACSE70:
        .byte    0x1
        .byte    0
        .align   4
        .long    0

.LLSDATT70:
        .text
        .size    main, .-main
```

在 GCC 中，LSDA 的布局如图 6-8 所示。

LSDA 主要由 Header（头）、Call Site 表、Action 表及 Type 表构成。

其中 LSDA Header 的布局如图 6-9 所示。

图 6-8　　　　图 6-9

LSDA Header 主要用来记录后续 3 张表的相关信息，由 4 个字段构成，具体如下。

- lpstart_encoding：用于指定着陆点起始地址的编码方式，长度为 1 字节。
- LPStart：当 lpstart_encoding != DW_EH_PE_omit 时，LPStart 会在 LSDA Header 中设置，否则被设置为默认值。DW_EH_PE_omit 是异常实现中指针的一种编码方式，其值为 0xFF。
- ttype_encoding：用于指定 Type 表中地址的编码方式，长度为 1 字节。
- TType：当 ttype_encoding != DW_EH_PE_omit 时，TType 被设置，表示 Type 表相对于 LSDA Header 的偏移。

LSDA 的 Call Site 表的布局如图 6-10 所示。

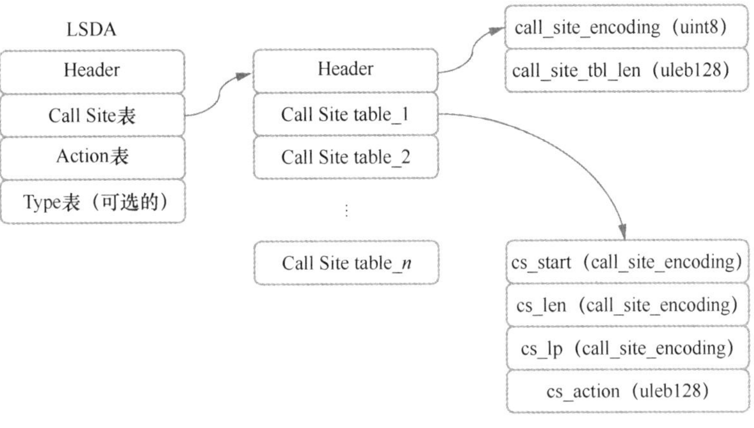

图 6-10

由上可知，Call Site 表部分由一个 Header（头）和多个 Call Site 表构成。

其中 Call Site 表的 Header 由两个字段构成：call_site_encoding 和 call_site_tbl_len。

- call_site_encoding 是 Call Site 表中元素的编码方式，长度为 1 字节。
- call_site_tbl_len 是 Call Site 表的长度。

每个真正的 Call Site 表由 4 个字段构成，分别为 cs_start、cs_len、cs_lp 及 cs_action，其相应的解释如下。

- cs_start：可能会抛出异常的指令的起始地址，该地址由着陆点的起始地址和异常指令的偏移决定，该偏移为可能会抛出异常的指令与着陆点的起始地址的偏移，由编译器确定。
- cs_len：可能会抛出异常的指令的区间长度，与 cs_start 共同决定可能抛出异常的区间。
- cs_lp：着陆点的地址。
- cs_action：若该值为 0，表示没有相应的 Action 表；若该值不为 0，表示需要使用 Action 表的偏移量+1，用于定位相应的 Action 表。

LSDA 的 Action 表的布局如图 6-11 所示。

一个 Action 表由两个字段构成，分别为 ar_filter 和 ar_disp，相应的解释如下。

- ar_filter：Type filter 的值，通过该值可以定位相应的 Type 表，值为 0 表示 cleanup。
- ar_disp：下一个 Action 表的偏移，通过该偏移可以计算出下一个 Action 表的地址，值为 0 表示当前 Action 表为最后一个表。

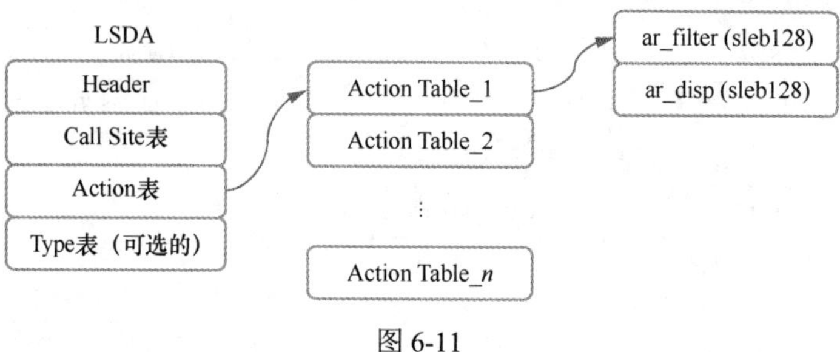

图 6-11

LSDA 的 Type 表的布局如图 6-12 所示。

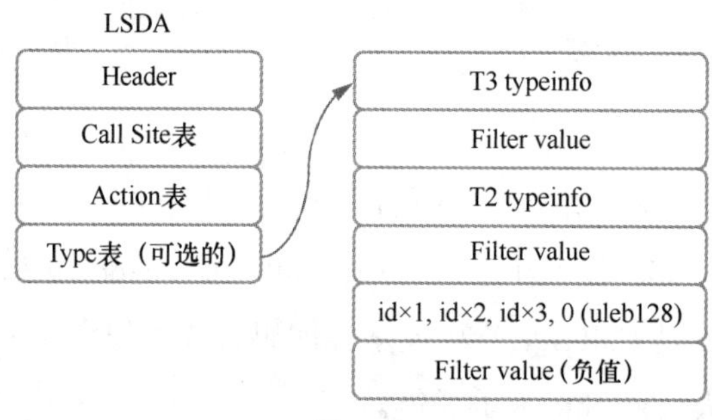

图 6-12

一个.gcc_exception_table 由多个 LSDA 构成。

下面就来看看本节给出的示例代码的.gcc_exception_table 的具体构成。

.LLSDA70 为 LSDA 的起始地址，其后为 LSDA Header 和相应的 Call Site 表、Action 表及 Type 表。对于本小节的示例而言，LSDA Header 的内容如图 6-13 所示。

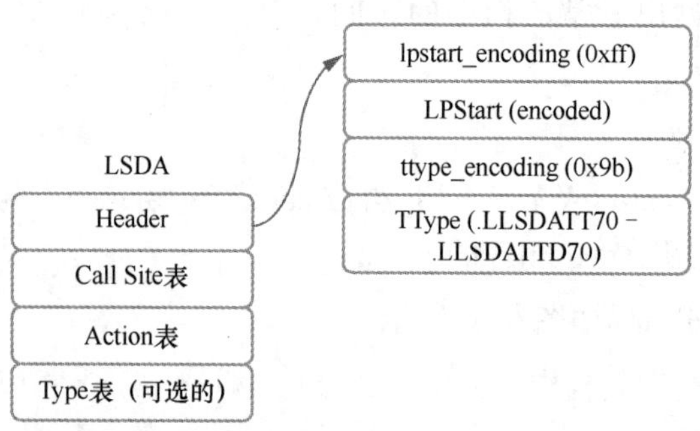

图 6-13

本示例中 LSDA Header 的 lpstart_encoding 的值为 0xff，与 DW_EH_PE_omit 相等，故 LPStart 项使用默认值，不会编码到 Header 中，节省了相应的内存；ttype_encoding 的值为 0x9b，不等于 DW_EH_PE_omit，因此存在 TType 项，该项的值为.LLSDATT70 − .LLSDATTD70，

即 Type 表的起始地址相对于 LSDA Header 末尾地址的偏移。

接下来讲解 Call Site 表的 Header 和相应的 Call Site 表，即示例代码中的.LLSDACSB70，其布局如图 6-14 所示。

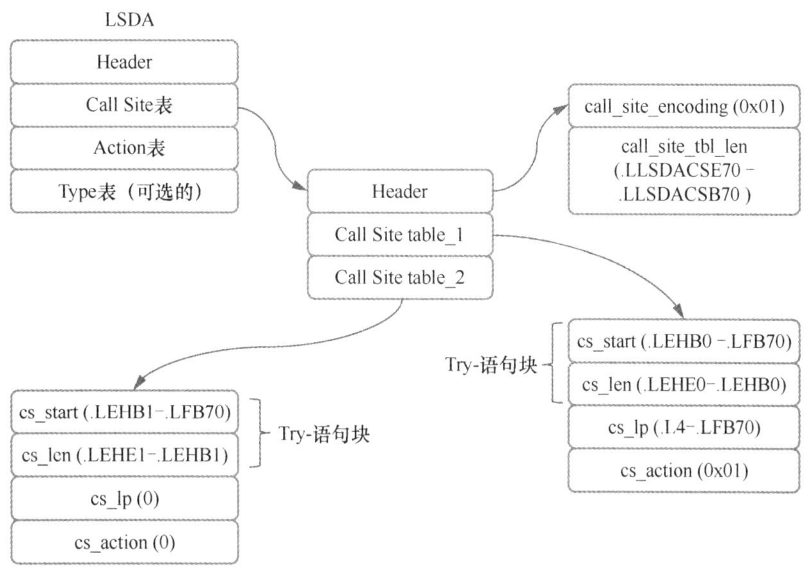

图 6-14

图中 Call Site 表的 Header 中第一个字段值为 0x01，即 DW_EH_PE_uleb128；第二个字段为 call_site_tbl_len，表示 Call Site 表的长度，值为.LLSDACSE70 − .LLSDACSB70。其.LLSDACSE70 为 Action 表的起始地址。本示例代码中有些 Call Site 表中有两个记录，即两个 try 语句块，一个语句块的 cs_lp 有相应的着陆点的地址，另一个 try 语句块的着陆点的地址为 0，cs_action 为 0。

.LLSDACSE70 是 LSDA 的 Action 表的起始地址，其布局如图 6-15 所示。

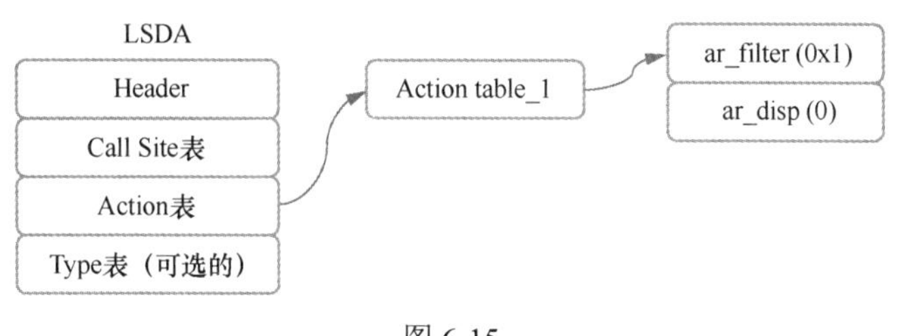

图 6-15

GCC 中利用 LSDA 的处理过程如下。

- Call Site 表中的记录按指令起始地址由低到高存放。栈展开可以利用二分查找提升对该表的查询效率。在展开过程中，如果当前 pc 的值不在 Call Site 表规定的范围内，查找就会返回，然后调用 std::terminate()结束程序。

- 如果 Call Site 表中有对应的异常处理程序，但着陆点的偏移为 0，栈展开过程继续执行。如果着陆点的偏移为 0，则表明不存在 catch 语句和需要清理的局部对象。如果着陆点的偏移不为 0，则表明该函数中有 catch 语句，但是这些 catch 语句能否处理抛出的异常则需结合 action 字段，到 Type 表中进一步判断：
  - 如果 action 为 0，则表明当前函数中没有 catch 语句，但有局部对象需要清理。
  - 如果 action 不为 0，则表明当前函数中存在 catch 语句，需要查找 Action 表以确定由哪个 catch 语句来处理相应的异常。
- Action 表：表示一个 catch 语句所对应的异常，或者当前函数所允许抛出的异常（exception specification），该表的每一个槽中包含两个字段，分别为 filter 类型和下一个 Action 表的偏移；filter 类型用于定位 Type 表中的记录，下一个 Action 表的偏移用于定位 Action 表中的下一个槽。
- Type 表：用于存放异常对象的指针，其类型为 std::type_info。该表由 catch 语句中所描述的异常对象的类型和函数所允许抛出的异常对象的类型构成。该表中的槽可通过 Action 表中槽的 filter 类型字段定位。

__personality_routine 函数根据当前的 pc 值及当前的异常对象类型，利用 LSDA 在上述表中查找，最后若发现当前函数拥有着陆点，则返回_URC_INSTALL_CONTEXT。

6.2.3 小节开头的汇编代码中的__gxx_personality_v0 符号便是__personality_routine 函数，其被查找阶段和清理阶段调用，用于提供语言相关处理。不同的语言、实现或架构可能使用不同的__personality_routine 函数。

C++在 ELF 系统上的实现最常用的是__gxx_personality_v0，具体实现可参考如下 GitHub 库。

- GCC：libstdc++-v3/libsupc++/eh_personality.cc。
- libc++abi：src/cxa_personality.cpp。

__gxx_personality_v0 的代码实现如下：

```
_Unwind_Reason_Code __gxx_personality_v0(int version, _Unwind_Action actions,
                                         uint64_t exceptionClass,
                                         _Unwind_Exception *exc,
                                         _Unwind_Context *ctx) {
  if (actions == (_UA_CLEANUP_PHASE | _UA_HANDLER_FRAME) && is_native) {
    auto *hdr = (__cxa_exception *)(exc + 1) - 1;
    // 获取查找阶段的信息
    results.switchValue = hdr->handlerSwitchValue;
    results.actionRecord = hdr->actionRecord;
    results.languageSpecificData = hdr->languageSpecificData;
    results.landingPad = reinterpret_cast<uintptr_t>(hdr->catchTemp);
```

```
    results.adjustedPtr = hdr->adjustedPtr;

    _Unwind_SetGR(...);
    _Unwind_SetGR(...);
    _Unwind_SetIP(ctx, res.landingPad);
    return _URC_INSTALL_CONTEXT;
  }
  scan_eh_tab(results, actions, native_exception, _Unwind_exception, context);
  if (results.reason == _URC_CONTINUE_UNWIND ||
      results.reason == _URC_FATAL_PHASE1_ERROR)
    return results.reason;
  if (actions & _UA_SEARCH_PHASE) {
    auto *hdr = (__cxa_exception *)(exc + 1) - 1;
    // 在 hdr 中保存 LSDA 的结果
    hdr->handlerSwitchValue = results.switchValue;
    hdr->actionRecord = results.actionRecord;
    hdr->languageSpecificData = results.languageSpecificData;
    hdr->catchTemp = reinterpret_cast<void *>(results.landingPad);
    hdr->adjustedPtr = results.adjustedPtr;
    return _URC_HANDLER_FOUND;
  }
  // _UA_CLEANUP_PHASE
  _Unwind_SetGR(...);
  _Unwind_SetGR(...);
  _Unwind_SetIP(ctx, res.landingPad);
  return _URC_INSTALL_CONTEXT;
}
```

6.2.4 C++异常执行过程

本章开头给出了一段代码，本节将深入汇编层面，帮助读者理解异常的执行过程。

通过 Compiler Explorer 可知，相应的示例代码 throw ObjectModelException(10)有如下汇编实现：

```
// throw ObjectModelException(10)的汇编实现如下
        movl    $16, %edi // ①
        call    __cxa_allocate_exception // ②
        movq    %rax, %rbx // ③
        movl    $10, %esi // ④
        movq    %rbx, %rdi // ⑤
        call    ObjectModelException::ObjectModelException(int)
                [complete object constructor] // ⑥
        movl    $ObjectModelException::~ObjectModelException()
                [complete object destructor], %edx // ⑦
```

```
        movl    $typeinfo for ObjectModelException, %esi // ⑧
        movq    %rbx, %rdi // ⑨
        call    __cxa_throw // ⑩
        // ……
movq    %rbx, %rdi // ⑪
        call    __cxa_free_exception // ⑫
        // ……
        movq    %rax, %rdi // ⑬
        call    _Unwind_Resume // ⑭
```

为了便于读者进一步理解 6.1.4 小节中讲解的 throw A 的过程，此处对上述汇编代码作进一步分析。

① 将异常对象 ObjectModelException 所需要的内存的值 16（字节）赋给 edi 寄存器。

② 调用__cxa_allocate_exception 函数分配异常对象所需要的内存。

③ 将返回的内存的首地址（即 ObjectModelException 对象的 this 指针）赋给 rbx 寄存器。

④ 将构造函数的入参 10 赋给 esi 寄存器。

⑤ 将 this 指针赋给 rdi 寄存器。

⑥ 调用 ObjectModelException 对象的构造函数初始化异常对象。

⑦ 将异常对象的析构函数的地址赋给 edx 寄存器。

⑧ 将与异常对象的 RTTI 相关的 typeinfo 的地址赋给 esi 寄存器。

⑨ 将异常对象的 this 指针赋给 rdi 寄存器。

⑩ 调用__cxa_throw 抛出相应的对象。

⑪ 将异常对象所占用内存的首地址赋给 rdi 寄存器。

⑫ 调用__cxa_free_exception 函数释放相应的内存。

⑬⑭ 调用_Unwind_Resume 函数使异常处理进入清理阶段。

下方为本章开头给出的异常类在 main 函数中的使用方式一中的部分代码：

```
catch(std::exception& e) {
        e.what();
}
```

通过 Compiler Explorer 可知，上述代码的汇编实现如下：

```
        movq    %rax, %rdi
        call    __cxa_begin_catch
        movq    %rax, -40(%rbp)
        movq    -40(%rbp), %rax
        movq    (%rax), %rax
        addq    $16, %rax
```

```
        movq    (%rax), %rdx
        movq    -40(%rbp), %rax
        movq    %rax, %rdi
        call    *%rdx
        call    __cxa_end_catch
```

通过上述汇编代码可知，catch 语句主要由__cxa_begin_catch 和__cxa_end_catch 界定。两者之间的指令主要根据异常对象的虚表调用相应的虚函数。

下方为本章开头给出的异常类在 main 函数中的使用方式二中的部分代码：

```
catch(ObjectModelException e) {
        e.what();
}
```

通过 Compiler Explorer 可知，上述代码的汇编实现如下：

```
        movq    %rbx, %rax
        movq    %rax, %rdi
        call    __cxa_get_exception_ptr // ①
        movq    %rax, %rdx
        leaq    -64(%rbp), %rax // ②
        movq    %rdx, %rsi // ③
        movq    %rax, %rdi // ④
        call    ObjectModelException::ObjectModelException
                (ObjectModelException const&) [complete object
                constructor] // ⑤
        movq    %rbx, %rax
        movq    %rax, %rdi
        call    __cxa_begin_catch  // ⑥
        leaq    -64(%rbp), %rax
        movq    %rax, %rdi
        call    ObjectModelException::what() const // ⑦
        leaq    -64(%rbp), %rax
        movq    %rax, %rdi
        call    ObjectModelException::~ObjectModelException()
                [complete object destructor] // ⑧
        call    __cxa_end_catch // ⑨
```

上述关键语句的解释如下。

① 当 catch 语句中的异常对象不是通过引用或指针进行捕获时，异常对象会在堆栈中分配，并通过__cxa_get_exception_ptr 函数获取 throw 表达式中异常对象的地址。

② 将对象 e 的 this 指针赋给 rax 寄存器。

③ 将 throw 表达式中异常对象的 this 指针赋给 rsi 寄存器。

④ 将对象 e 的 this 指针赋给 rdi 寄存器。

⑤ 调用 ObjectModelException 复制构造函数，复制 throw 表达式中所产生的异常对象。

⑥ 进入 catch 语句块，由__cxa_begin_catch 函数开始。

⑦ 调用对象 e 的 what 接口，即 ObjectModelException::what() const。

⑧ 析构临时对象 e。

⑨ 调用__cxa_end_catch 函数结束 catch 语句块。

综上所述，可归纳出如下结论。

- 当 catch 语句中捕获异常对象的方式为非引用或非指针时，会先调用__cxa_get_exception_ptr 函数获取相应异常对象的指针，然后将该异常对象复制到 catch 语句捕获的异常对象中。
- 一个 catch 子句由__cxa_begin_catch 和__cxa_end_catch 界定。
- 真正抛出异常的操作由__cxa_throw 函数实现。

GCC 中的__cxa_throw 函数的实现如下：

```
extern "C" void
__cxxabiv1::__cxa_throw (void *obj, std::type_info *tinfo,
                         void (_GLIBCXX_CDTOR_CALLABI *dest) (void *))
{
  PROBE2 (throw, obj, tinfo);

  __cxa_eh_globals *globals = __cxa_get_globals ();
  globals->uncaughtExceptions += 1;
  // Definitely a primary.
  __cxa_refcounted_exception *header =
    __cxa_init_primary_exception(obj, tinfo, dest);
  header->referenceCount = 1;

  #ifdef __USING_SJLJ_EXCEPTIONS__
    _Unwind_SjLj_RaiseException (&header->exc.unwindHeader);
  #else
    _Unwind_RaiseException (&header->exc.unwindHeader);
  #endif
  // Some sort of unwinding error.  Note that terminate is a handler.
    __cxa_begin_catch (&header->exc.unwindHeader);
    std::terminate ();
}
```

__cxa_throw 最终调用了_Unwind_RaiseException 函数，栈展开就此开始，如前所述，展开分为两个阶段——查找 catch 语句及清理调用栈，相应的代码如下：

```
/* 抛出一个异常，并将该异常对象传递出去。   */

_Unwind_Reason_Code
_Unwind_RaiseException(struct _Unwind_Exception *exc)
{
  struct _Unwind_Context this_context, cur_context;
  _Unwind_Reason_Code code;

  uw_init_context (&this_context);
  cur_context = this_context;

  /* 查找阶段：查找 catch 语句。展开栈，调用__personality_routine
    并设置 action flag 为_UA_SEARCH_PHASE，该标志不会更改栈状态。   */
  while (1)
  {
    _Unwind_FrameState fs;

    code = uw_frame_state_for (&cur_context, &fs);

    if (code == _URC_END_OF_STACK)
      /* 没有发现 handler，直接返回。   */
      return _URC_END_OF_STACK;

    if (code != _URC_NO_REASON)
      /* 遭遇一些错误。unwinder 无法诊断。   */
      return _URC_FATAL_PHASE1_ERROR;

    /* 展开成功。执行__personality_routine。   */
    if (fs.personality) {
      code = (*fs.personality) (1, _UA_SEARCH_PHASE, exc->exception_class,
                                exc, &cur_context);
      if (code == _URC_HANDLER_FOUND)
        break;
      else if (code != _URC_CONTINUE_UNWIND)
        return _URC_FATAL_PHASE1_ERROR;
    }

    uw_update_context (&cur_context, &fs);
  }

/* 向_Unwind_Resume 和关联的子例程指示这不是强制展开。此外，请注意已经查找到处理程序。*/
  exc->private_1 = 0;
  exc->private_2 = uw_identify_context (&cur_context);

  cur_context = this_context;
```

```
    code = _Unwind_RaiseException_Phase2 (exc, &cur_context);
    if (code != _URC_INSTALL_CONTEXT)
      return code;

    uw_install_context (&this_context, &cur_context);
  }
```

在上述代码中，_Unwind_RaiseException_Phase2 函数属于清理阶段，执行真正的异常处理的代码实现如下：

```
static _Unwind_Reason_Code
_Unwind_RaiseException_Phase2(struct _Unwind_Exception *exc,
                              struct _Unwind_Context *context)
{
  _Unwind_Reason_Code code;

  while (1) {
    _Unwind_FrameState fs;
    int match_handler;

    code = uw_frame_state_for (context, &fs);

    /* 确定我们何时到达指定的处理程序上下文。*/
    match_handler = (uw_identify_context (context) == exc->private_2 ?
                     _UA_HANDLER_FRAME : 0);

    if (code != _URC_NO_REASON)
      /* 一些错误。unwinder 无法处理，直接出错返回。  */
      return _URC_FATAL_PHASE2_ERROR;

    /* 展开成功。执行__personality_routine。  */
    if (fs.personality) {
      code = (*fs.personality) (1, _UA_CLEANUP_PHASE | match_handler,
                                exc->exception_class, exc, context);
      if (code == _URC_INSTALL_CONTEXT)
        break;
      if (code != _URC_CONTINUE_UNWIND)
        return _URC_FATAL_PHASE2_ERROR;
    }

    /* 不跳过处理程序上下文。*/
    if (match_handler)
      abort ();
```

```
        uw_update_context (context, &fs);
    }

    return code;
}
```

上述实现中 uw_init_context()、uw_frame_state_for()、uw_update_context()等接口的主要作用是查找 FDE，寻找相应的__gxx_personality_v0 调用，然后调用相关的 catch 子句进行相应的异常处理。

异常处理完成后，程序会调用__cxa_end_catch 进行善后工作，如销毁异常对象。

接下来将在应用层方面继续讲解 C++异常。

6.3　现代 C++中的异常介绍

C++提供了一系列的异常，它们均在<exception>中定义。它们排列在图 6-16 所示的父子类层次结构中。

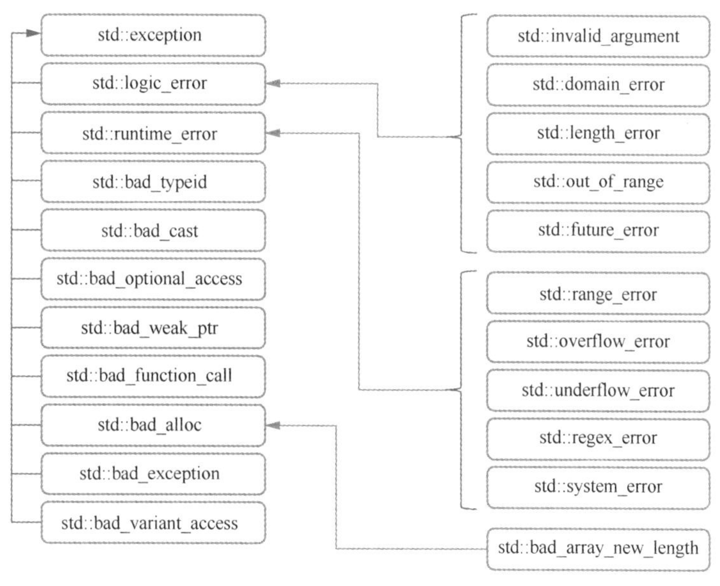

图 6-16

在 C++中，用户抛出的异常主要由 try-catch 语句块及 throw 表达式构成，例如：

```
try {
    throw Exception;// 抛出异常
}
```

```
catch (const Exception&) {

}
```

throw 表达式会生成一个异常对象，该对象的初始化过程如下所述。

- 如果异常对象是一个左值表达式，那么默认情况下将使用复制构造函数来初始化异常对象。这意味着异常对象会被复制到异常处理机制内部用于传递的存储空间中。
- 如果异常对象是一个右值表达式，那么将使用移动构造函数来初始化异常对象。这可以避免不必要的复制，提高效率。
- 在某些情况下，即使异常对象是一个左值，但如果异常对象是一个局部变量或者 catch 子句的参数，并且它的生命周期不超过最内层的封闭 try 语句块，那么编译器可能会选择调用移动构造函数而不是复制构造函数。这通常发生在与 return 语句相同的重载决议过程中，编译器会考虑移动语义以优化资源的使用。
- C++17 标准引入了复制省略优化，允许编译器在某些情况下省略对象的复制和移动操作。这意味着在 throw 表达式中，如果异常对象是直接构造在异常处理机制内部存储空间中的，那么复制或移动操作可以被省略，从而进一步提高性能。

当异常对象初始化完成后，throw 表达式会重新抛出当前异常，并且不会有新的异常对象生成。

使用配套资源中的 6/6.3/test1.cpp 作为测试代码，若在构建时没有禁止复制省略，程序会输出 ctor，即异常对象通过复制省略直接在相应空间构造异常对象。

若在构建程序时加上-fno-elide-constructors 标志，即禁止复制省略，则程序的输出结果如下：

```
ctor
move ctor
```

这是因为 throw 表达式会先生成一个临时对象，然后利用该临时对象通过移动构造最终的异常对象。

try 语句块是一个语句，因此可以出现在语句可以出现的任何地方（即可以作为复合语句中的一个语句，包括函数体复合语句）。

catch 子句的形式参数（type-specifier-seq 和 declarator，或者 type-specifier-seq 和 abstract-declarator）决定了哪些类型的异常导致该 catch 子句被触发。

注意，catch 子句的形参不能是右值引用、抽象类、不完整类型、指向不完整类型的指针（指向 void 的指针除外）。

catch 子句按其声明顺序进行相应的异常捕获，且 catch(...)能捕获任何异常！若一个 try 语句块没有与之匹配的 catch 子句，则会调用 std::terminate()函数终止程序。

现代 C++针对 C++异常提供了一套 API，即 C++异常 API。

C++异常 API 介绍如表 6-1 所示。

表 6-1 C++异常 API 介绍

API 声明	功能
std::exception_ptr current_exception() noexcept;	捕获指向当前异常的智能指针
[[noreturn]] void rethrow_exception (std::exception_ptr p);	重新抛出相应的异常
template< class E > std::exception_ptr make_exception_ptr (E e) noexcept;	捕获当前堆栈的异常并生成相应的异常对象的指针
bool uncaught_exception() noexcept;	判断是否有未被捕获的异常对象存在（从 C++11 中开始使用，在 C++17 中被弃用，在 C++20 中被移除）
int uncaught_exceptions() noexcept;	返回未被捕获的异常对象的个数（从 C++17 中开始使用）
std::unexpected_handler set_unexpected (std::unexpected_handler f) noexcept;	设置相应的异常处理 handler（在 C++11 中被弃用，在 C++17 中被移除）
typedef void (*unexpected_handler)();	unexpected_handler 声明（在 C++11 中被弃用，在 C++17 中被移除）
std::unexpected_handler get_unexpected() noexcept;	返回当前系统中注册的 std::unexpected_handler（在 C++11 中被弃用，在 C++17 中被移除）
std::terminate_handler set_terminate (std::terminate_handler f) noexcept;	设置异常终止 handler（在 C++11 中被弃用，在 C++17 中被移除）
typedef void (*terminate_handler)();	异常终止处理函数声明
std::terminate_handler get_terminate() noexcept;	获得异常终止处理函数的指针

本书不对标识为 removed in C++17 的接口进行讲解。

std::exception_ptr 是一个非空的类指针类型的对象，主要负责管理被抛出的异常对象或者由 std::current_exception 捕获的异常对象。std::exception_ptr 可以传递到另一个函数或线程中。

std::exception_ptr 同时也是一个共享语义的智能指针（类似 shared_ptr）。

表 6-1 中的 rethrow_exception(std::exception_ptr p)接口会调用 std::exception_ptr 接口，该

接口会重新抛出由 std::exception_ptr 抛出的异常对象。若 p 为 null，则调用该接口属于未定义行为。

表 6-1 中的 current_exception 接口的返回值为 std::exception_ptr，如果在异常处理期间调用 current_exception 函数（通常在 catch 子句中），则程序捕获当前异常对象并创建一个 std::exception_ptr 来保存对该异常对象的副本或引用（取决于具体实现）。至少只要存在引用它的 exception_ptr 对象，引用的对象就保持有效。

假设有如下代码：

```
void handle(std::exception_ptr eptr)  {
    try {
        if (eptr) {
            std::rethrow_exception(eptr);
        }
    } catch(const std::exception& e) {
        std::cout << "Caught exception \"" << e.what() << "\"\n";
    }
}
```

在 catch 语句块中可以利用如下语句捕获当前的异常：

```
eptr = std::current_exception();
```

然后就可以调用 handle(eptr)进行相应的异常处理了。

完整的测试代码见配套资源中的 6/6.3/test2.cpp。

调用如下接口可以创建一个包含对异常对象 e 副本的引用的 std::exception_ptr：

```
template< class E >
std::exception_ptr make_exception_ptr( E e ) noexcept;
```

此外，还可以通过如下接口检测当前线程中有多少异常已被抛出或被重新抛出，但尚未进入其匹配的 catch 子句。

```
int uncaught_exceptions() noexcept;
```

针对该接口，读者可参考如下测试用例进行理解。

```
struct FooE {
    int count_{std::uncaught_exceptions()};
    ~FooE() {
        std::cout << (count_ == std::uncaught_exceptions()
                      ? "~FooE() 正常调用\n"
                      : "~FooE() 正在进行 stack unwinding\n");
    }
};
```

完整的测试代码见配套资源中的 6/6.3/test3.cpp，该测试程序的输出结果如图 6-17 所示。

图 6-17

对于异常处理，C++也提供了与用户自定义终止函数（terminate handler）相关的接口，相应的声明如下：

```
std::terminate_handler set_terminate( std::terminate_handler f ) noexcept;
typedef void (*terminate_handler)();
std::terminate_handler get_terminate() noexcept;
```

其中，set_terminate 接口创建新的全局 terminate_handler 函数，并返回先前安装的 std::terminate_handler；get_terminate 接口返回当前安装的 std::terminate_handler，该值可能为空。这两个接口是线程安全的。

6.4 C++异常的处理

C++异常的处理主要涉及以下 4 个方面。

- 检测错误。
- 将有关错误的信息传输给某些处理异常的程序代码。
- 保留程序的有效状态。
- 避免资源泄漏。

在现代 C++中，应该优先选择使用异常来处理程序错误。

6.4.1 异常安全类型

异常安全类型有以下 4 种。

- 不抛出保证（no-throw guarantee），也称为失败透明（failure transparency）：即使在特殊情况下，不抛出异常保证限制也能保证函数被成功调用并满足所有要求。如果发生异常，则在内部处理，客户端无法观察到。
- 强异常安全性（strong exception safety），也称为提交或回滚语义（commit or rollback semantics）：异常发生时，函数调用可能会失败，但失败的函数调用保证没有副作用，因此所有数据都保留其原始值。
- 基本异常安全性（basic exception safety），也称为无泄漏保证（no-leak guarantee）：函数中部分执行失败的操作会产生副作用，但所有的不变量都被保留，并且没有资源泄漏（包括内存泄漏）。任何存储的数据都包含有效值，即使它们与异常之前的值不同。

- 非异常安全性（no exception safety）：不需要任何保证。

使用 C++时，应该尽量避免如下错误。

- 类型转换。
- 资源泄漏。
- 边界错误。
- 生命周期错误。
- 逻辑错误。
- 接口错误。

6.4.2　C++异常处理的最佳实践

使用 C++异常处理机制时，最关键的是要了解应该做什么，以及不应该做什么。

（1）只在进行错误处理（error handling）时使用异常。

如下代码便是错误使用异常的场景示例：

```
// 不要将异常处理应用在错误处理上
int getIndex(std::vector<const std::string>& vec, const std::string& x) {
     try {
          for (auto i = 0; i < vec.size(); ++i) {
               if (vec[i] == x) throw i;  //  在 vec 中发现 x
          }
     } catch (int i) {
          return i;
     }
     return -1;  // 没有在 vec 中发现 x
}
```

（2）使用用户自定义类型的异常。

使用用户自定义类型的异常不仅更易于维护，而且更能说明使用者的意图。例如如下代码：

```
void my_code()  // 下面的实现是不太可取的
{
     // ……
     throw std::runtime_error{"moon in the 4th quarter"};
     // ……
}
void your_code()  // 下面的实现是不太可取的
{
```

```
        try {
        // ……
        my_code();
        // ……
        }
        catch(const std::runtime_error&) { }
}
```

上述代码并不能完全说明异常为什么被抛出。用户可以通过自定义类型（例如如下代码）来理解异常是在什么场景下被抛出的。

```
class InputSubsystemException: public std::runtime_error {
    const char* what() const noexcept override {
        return "Provide more details to the exception";
    }
};
```

（3）通过引用从层次结构中捕获异常。

此规则比较简单，若通过按值捕获的方式在 catch 子句中捕获异常，如下所示：

```
void subsystem() {
    // ……
    throw USBInputException();
    // …… }
void clientCode() {
    try {
        subsystem();
    }
    catch(InputSubsystemException e) {  // 按值捕获，会发生切片现象
        // ……
    }
}
```

在上述示例代码中，当 try 语句块抛出 InputSubsystemException 派生类的异常对象后，catch 子句中的异常对象 e 就会捕获 try 语句块中抛出的异常对象，并调用 InputSubsystemException 类的复制构造函数来初始化异常对象 e，从而造成 try 语句块抛出的异常对象被切割为其基类对象 InputSubsystemException。

（4）对象的所有者切勿抛出异常。

此规则主要是为了防止资源泄漏，例如：

```
void leak(int x) {          // 下面的实现可能会造成内存泄漏
    auto*  p = new int{7};
    auto* pa = new int[100]
    if (x < 0) throw Get_me_out_of_here{};  // p 和 pa 使用的内存会泄漏
    // ...
```

```
    delete p;   // 若异常在这之前被抛出，则这里的语句不会被执行
    delete[] pa;
}
```

解决上述资源泄漏的方式便是采用 RAII。

（5）要使用 throw 异常标识符。

这样做的理由很简单，throw 已经被 C++20 移除。

（6）合理组织 catch 子句的顺序。

例如如下代码：

```
try{
    // 抛出一个异常   ①
}
catch(const DivisionByZeroException& ex) { …… } // ②
catch(const std::exception& ex) { …… }          // ③
catch(...) { …… }                               // ④
```

在上述场景下，DivisionByZeroException（②）首先用于处理①中抛出的异常。如果特定处理程序不适合，则从 std::exception 派生的所有异常都将在③中被捕获。④中的最后一个异常处理程序有一个省略号（...），因此可以捕获所有其他异常。

6.5 总结

本章由一段异常代码说起，主要讲解了以下内容。

- C++异常的基本概念。
- Itanium C++ ABI 中针对异常实现所给出的规定和约束。
- GCC 中 C++异常的实现，以及 LSDA 的构成和原理。
- C++异常 API 的使用。
- C++异常处理的最佳实践。

通过本章的学习，读者可以了解 GCC 中异常的实现和使用。第 7 章将深入讲解 C++ RTTI 的实现。

第7章 运行时类型识别

在 C++中，运行时类型识别（**Run_Time::Type Identification，RTTI**）是一种在运行时暴露有关对象数据类型信息的机制，并且仅适用于至少具有一个虚函数的类。它允许用户在程序运行时确定对象的类型。

在 C++中，**RTTI** 的作用主要体现在以下 3 个方面。

- 支持 **typeid** 操作符。
- 将异常处理程序与抛出的对象相匹配。
- 实现 **dynamic_cast**。

运行时强制转换（用于检查强制转换是否有效）是使用指针或引用确定对象的运行时类型的最简单的方法。当需要将指向基类的指针转换为指向派生类型对象的指针时，这尤其有用。在类的继承场景下，对象之间的强制转换时常发生。对象之间运行时强制转换有以下两种。

- 向上转换：将派生类对象的指针转换为基类指针。
- 向下转换：将基类指针转换为派生类对象的指针。

本章内容主要包括以下 **3** 个方面。

- **RTTI** 的内存布局。
- **typeid** 操作符的工作原理。
- **dynamic_cast** 算法的基本概念和实现原理。

本章由一段代码说起：

```
class Base {
```

```
public:
    virtual ~Base() = default;

    virtual void print() {
          std::cout << "Base print()\n";
    }
};

class Derived : public Base {
public:
    virtual ~Derived() = default;
};

int main() {
    Base* base = new Derived;
    auto* derived = dynamic_cast<Derived*>(base);
    if (derived) {
        //std::cout << typeid(Derived).name() << "\n";
        typeid(Derived).name();
    }
    return 0;
}
```

上述 Derived 类所产生的 typeinfo 是怎样的呢？dynamic_cast 是如何工作的呢？typeid 操作符是如何工作的呢？

本章将以上述代码为例进行讲解。

7.1 RTTI 布局

RTTI 主要是对 std::type_info 相关对象的定义和实现，C++17 标准中定义该类原型如下：

```
class type_info {
public:
    virtual ~type_info();
    bool operator==(const type_info& rhs) const noexcept;
    bool operator!=(const type_info& rhs) const noexcept;
    bool before(const type_info& rhs) const noexcept;
    size_t hash_code() const noexcept;
    const char* name() const noexcept;
    type_info(const type_info& rhs) = delete;
    type_info& operator=(const type_info& rhs) = delete;
};
```

GCC 针对上述定义增加了一个内嵌成员及一些虚成员函数，其内嵌成员定义如下：

```
const char *__name;
```

__name 是一个指向 NTBS 的指针，表示类型的 Mangling 名称。NTBS 是 Null Terminate Byte String（空终止字节字符串）的缩写。

RTTI 布局即继承自 std::type_info 的各个派生类的内存布局。在 GCC 中，可能的派生类有如下 10 种。

- abi::__fundamental_type_info。
- abi::__array_type_info。
- abi::__function_type_info。
- abi::__enum_type_info。
- abi::__class_type_info。
- abi::__si_class_type_info。
- abi::__vmi_class_type_info。
- abi::__pbase_type_info。
- abi::__pointer_type_info。
- abi::__pointer_to_member_type_info。

通过 Compiler Explorer 可知，上述测试代码中基类 Base 的虚表及相应的 RTTI 布局如图 7-1 所示。

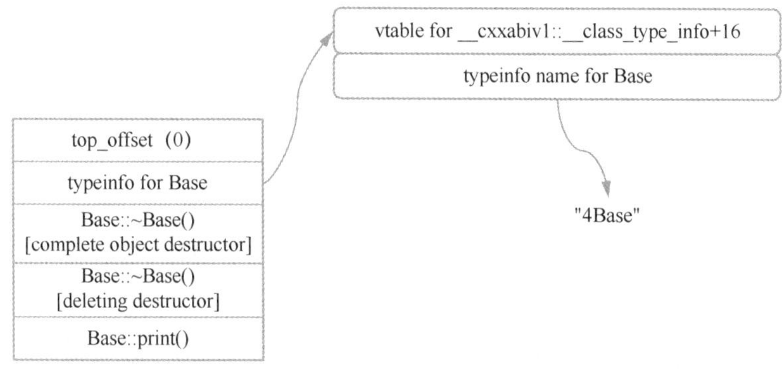

图 7-1

在类 Base 的虚表中，系统会分配一个槽（slot），该槽中会存放类 Base 的 typeinfo 信息表的地址。类 Base 的 typeinfo 表用于存放两项内容，即 std::type_info 派生类的虚表指针，以及针对类 Base 生成的 typeinfo 名称。

类 Derived 的虚表及相应的 RTTI 布局如图 7-2 所示。在类 Derived 的虚表中，系统会分配一个槽，该槽中会存放类 Derived 的 typeinfo 表的地址。类 Derived 的 typeinfo 表用于存放 3 项内容，即 std::type_info 派生类的虚表指针、针对类 Derived 生成的 typeinfo 名称，以及其基类的 typeinfo

表的地址。

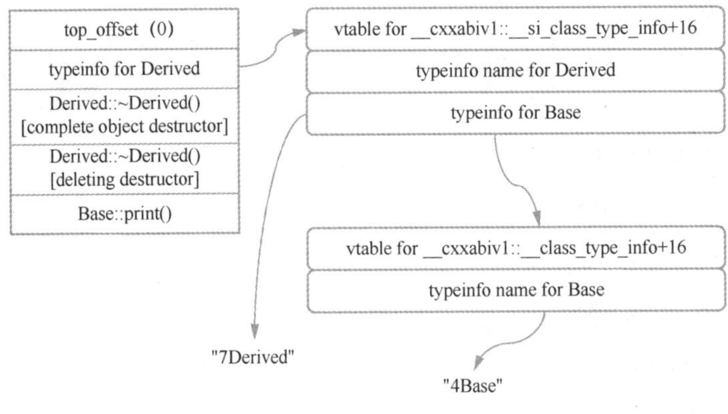

图 7-2

在图 7-1 和图 7-2 中有如下两个 std::type_info 类的派生类。

- abi::__class_type_info。
- abi::__si_class_type_info。

为了便于读者了解__class_type_info 类的虚表布局，针对本章开始给出的测试代码，本节通过 GDB 来探索__class_type_info 的虚表布局。

GDB 的初步设置如图 7-3 所示。

```
qls@qls:~$ gdb main
GNU gdb (Ubuntu 12.1-0ubuntu1~22.04) 12.1
Copyright (C) 2022 Free Software Foundation, Inc.
License GPLv3+: GNU GPL version 3 or later <http://gnu.org/licenses/gpl.html>
This is free software: you are free to change and redistribute it.
There is NO WARRANTY, to the extent permitted by law.
Type "show copying" and "show warranty" for details.
This GDB was configured as "aarch64-linux-gnu".
Type "show configuration" for configuration details.
For bug reporting instructions, please see:
<https://www.gnu.org/software/gdb/bugs/>.
Find the GDB manual and other documentation resources online at:
    <http://www.gnu.org/software/gdb/documentation/>.

For help, type "help".
Type "apropos word" to search for commands related to "word"...
Reading symbols from main...
(gdb) b main
Breakpoint 1 at [illegible]: file tt8.cpp, line 20.
(gdb) r
Starting program: /home/qls/main
[Thread debugging using libthread_db enabled]
Using host libthread_db library "/lib/aarch64-linux-gnu/libthread_db.so.1".

Breakpoint 1, main () at tt8.cpp:20
20          Base* base = new Derived;
(gdb) n
21          auto* derived = dynamic_cast<Derived*>(base);
(gdb) set print pretty on
(gdb) set print object on
(gdb) set print vtbl on
(gdb) set print asm-demangle on
(gdb) set print demangle on
(gdb)
```

图 7-3

在 GDB 工作界面中输入 p *base，得到如下内容：

```
$1 = (Derived) {
      <Base> = {
        _vptr.Base = 0xaaaaaaab1cf0 <vtable for Derived+16>
      }, <No data fields>
}
```

在 GDB 工作界面中输入 x /32gx 0xaaaaaaab1cf0-16，得到图 7-4 所示的结果。

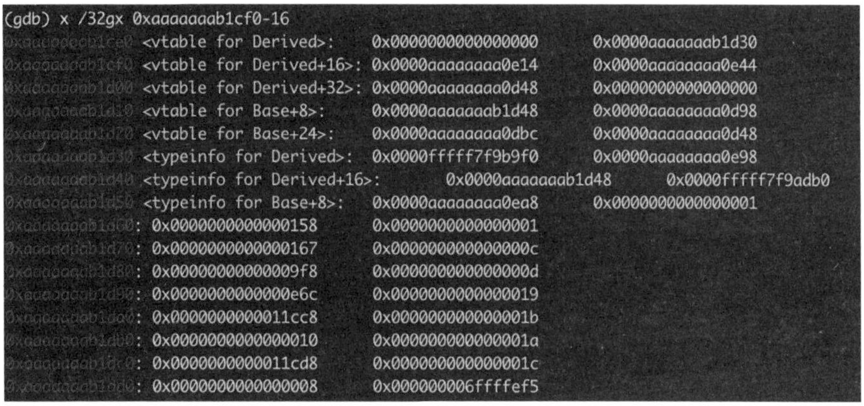

```
(gdb) x /32gx 0xaaaaaaab1cf0-16
 <vtable for Derived>:    0x0000000000000000    0x0000aaaaaaab1d30
 <vtable for Derived+16>: 0x0000aaaaaaaa0e14    0x0000aaaaaaaa0e44
 <vtable for Derived+32>: 0x0000aaaaaaaa0d48    0x0000000000000000
 <vtable for Base+8>:     0x0000aaaaaaab1d48    0x0000aaaaaaaa0d98
 <vtable for Base+24>:    0x0000aaaaaaaa0dbc    0x0000aaaaaaaa0d48
 <typeinfo for Derived>:  0x0000fffff7f9b9f0    0x0000aaaaaaaa0e98
 <typeinfo for Derived+16>:      0x0000aaaaaaab1d48    0x0000fffff7f9adb0
 <typeinfo for Base+8>:   0x0000aaaaaaaa0ea8    0x0000000000000001
: 0x0000000000000158    0x0000000000000001
: 0x0000000000000167    0x000000000000000c
: 0x00000000000009f8    0x000000000000000d
: 0x0000000000000e6c    0x0000000000000019
: 0x0000000000011cc8    0x000000000000001b
: 0x0000000000000010    0x000000000000001a
: 0x0000000000011cd8    0x000000000000001c
: 0x0000000000000008    0x000000006ffffef5
```

图 7-4

由图 7-4 和图 7-2 可知，typeinfo for Derived 表的第一个槽中存放的地址为__si_class_type_info 的虚表首地址 + 16，故类 Derived 生成的__si_class_type_info 的虚表地址为 0x0000fffff7f9b9f0 – 16。

在 GDB 工作界面中，可通过 x /32gx 0x0000fffff7f9b9f0-16 语句查看类 Derived 生成的__si_class_type_info 的虚表内容，如图 7-5 所示。

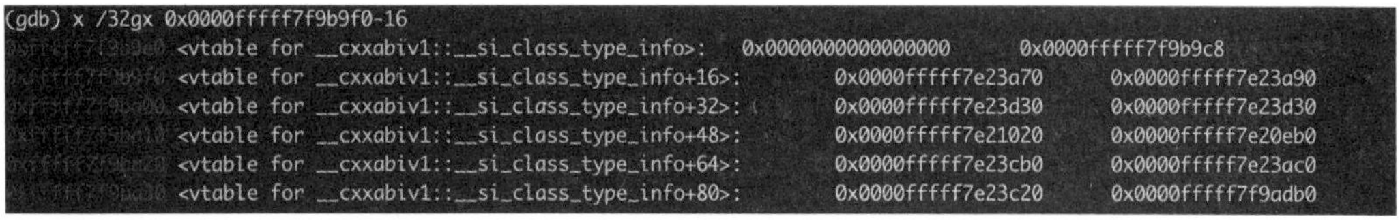

```
(gdb) x /32gx 0x0000fffff7f9b9f0-16
 <vtable for __cxxabiv1::__si_class_type_info>:    0x0000000000000000    0x0000fffff7f9b9c8
 <vtable for __cxxabiv1::__si_class_type_info+16>:    0x0000fffff7e23a70    0x0000fffff7e23a90
 <vtable for __cxxabiv1::__si_class_type_info+32>:    0x0000fffff7e23d30    0x0000fffff7e23d30
 <vtable for __cxxabiv1::__si_class_type_info+48>:    0x0000fffff7e21020    0x0000fffff7e20eb0
 <vtable for __cxxabiv1::__si_class_type_info+64>:    0x0000fffff7e23cb0    0x0000fffff7e23ac0
 <vtable for __cxxabiv1::__si_class_type_info+80>:    0x0000fffff7e23c20    0x0000fffff7f9adb0
```

图 7-5

在 GDB 工作界面中，可通过 info symbol ×××语句查看虚表中的具体内容，图 7-5 中的__si_class_type_info 虚表如图 7-6 所示。

top_offset (0)
typeinfo for __cxxabiv1::__si_class_type_info
__cxxabiv1::__si_class_type_info::~__si_class_type_info() [complete object destructor]
__cxxabiv1::__si_class_type_info::~__si_class_type_info() [deleting destructor]
std::type_info::__is_pointer_p() const
std::type_info::__is_function_p() const
__cxxabiv1::__class_type_info::__do_catch(std::type_info const*, void**, unsigned int) const
__cxxabiv1::__class_type_info::__do_upcast(__cxxabiv1::__class_type_info const*, void**) const
__cxxabiv1::__si_class_type_info::__do_upcast(__cxxabiv1::__class_type_info const*, void const*, __cxxabiv1::__class_type_info::__upcast_result&) const
__cxxabiv1::__si_class_type_info::__do_dyncast(long, __cxxabiv1::__class_type_info::__sub_kind, __cxxabiv1::__class_type_info const*, void const*, __cxxabiv1::__class_type_info const*, void const*, __cxxabiv1::__class_type_info::__dyncast_result&) const
__cxxabiv1::__si_class_type_info::__do_find_public_src(long, void const*, __cxxabiv1::__class_type_info const*, void const*) const

图 7-6

__si_class_type_info 类继承自__class_type_info 类，__class_type_info 类继承自 std::type_info 类。GCC 扩展了 C++17 标准 std::type_info 类的接口，其具体实现如下：

```
class type_info {
public:
    virtual ~type_info();
    const char* name() const;
    bool before(const type_info& __arg) const;
    bool operator!=(const type_info& __arg);
    size_t hash_code() const noexcept;
    virtual bool __is_pointer_p() const;
    virtual bool __is_function_p() const;
    virtual bool __do_catch(const type_info *__thr_type, void **__thr_obj,
                            unsigned __outer) const;
    virtual bool __do_upcast(const __cxxabiv1::__class_type_info *__target,
                             void **__obj_ptr) const;
protected:
    const char *__name;
    explicit type_info(const char *__n): __name(__n) { }
private:
    type_info& operator=(const type_info&) = delete;
    type_info(const type_info&) = delete;
};
```

在上述接口中，__do_catch 虚函数的功能为捕获一个类型。在 thr_obj 中存储一个调整后的指向捕获类型的指针。如果 thr_type 不是指针类型，则 thr_obj 指向捕获的对象；如果 thr_type 是指针类型，则 thr_obj 就是指针本身。outer 表示外部指针的数量，以及它们是否是常量限定的。

__do_upcast 虚函数用于向上转换（将派生类转换为相应的基类）。但在 GCC 中，RTTI 针对用户定义的类所产生的 typeinfo 信息的基类为__class_type_info，该接口的定义如下：

```
class __class_type_info : public std::type_info {
public:
    explicit __class_type_info (const char *__n) : type_info(__n) { }
    virtual ~__class_type_info ();

    enum __sub_kind {
        __unknown = 0,
        __not_contained,
        __contained_ambig,
        __contained_virtual_mask = __base_class_type_info::__virtual_mask,
        __contained_public_mask = __base_class_type_info::__public_mask,
        __contained_mask = 1 << __base_class_type_info::__hwm_bit,
        __contained_private = __contained_mask,
        __contained_public = __contained_mask | __contained_public_mask
    };
    struct __upcast_result;
    struct __dyncast_result;
protected:
    // Implementation defined member functions.
    virtual bool __do_upcast(const __class_type_info* __dst_type,
                            void** __obj_ptr) const;
    virtual bool __do_catch(const type_info* __thr_type, void** __thr_obj,
                          unsigned __outer) const;
public:
    virtual bool __do_upcast(const __class_type_info* __dst,
                            const void* __obj,
                          __upcast_result& __restrict __result) const;
    inline __sub_kind __find_public_src(ptrdiff_t __src2dst,
                                        const void* __obj_ptr,
                                        const __class_type_info* __src_type,
                                        const void* __src_ptr) const;
    virtual bool __do_dyncast(ptrdiff_t __src2dst, __sub_kind __access_path,
                             const __class_type_info* __dst_type,
                             const void* __obj_ptr,
                             const __class_type_info* __src_type,
                             const void* __src_ptr,
                             __dyncast _result& __result) const;
    virtual __sub_kind __do_find_public_src(ptrdiff_t __src2dst,
                                           const void* __obj_ptr,
                                           const __class_type_info* __src_type,
                                           const void* __src_ptr) const;
};
```

上述接口中的部分参数定义如下。

- __do_upcast 表示向上转换，若转换成功则返回 true，否则返回 false。
- __find_public_src 函数的返回值表示类型 src_type 的 src_ptr 是否包含在 obj_ptr 中。obj_ptr 指向类型的基类对象，它是目标类型。src2dst 指示 src 对象如何包含在此类型中。如果 src_ptr 是 src_type 基类之一，则表示其真实存在。对于非包含或私有包含，返回 not_contained。
- __do_dyncast 一般用于 dynamic_cast 算法。
- __do_find_public_src 是 find_public_subobj 的辅助函数。
- __class_type_info 用于没有基类的类，是__si_class_type_info 和__vmi_class_type_info 的基类。

若两个__class_type_info 对象的 NTBS 地址相同，则它们表示相同的对象。此外，也可以通过比较完整类 RTTI 对象的 type_info 地址来比较它们的相等性（这里的相等性指的是两个类对象是否为同一个对象）。

类 Derived 仅有一个公共非虚动态基类 Base，编译器针对该 Derived 所产生的 RTTI 类为__si_class_type_info，该类包含一个指向__class_type_info 类的成员指针变量，该指针指向基类的 type_info 结构。__si_class_type_info 类的定义如下：

```
class __si_class_type_info : public __class_type_info {
public:
     const __class_type_info *__base_type;
};
```

若一个类 Derived 继承自多个基类或者继承自非动态类，那么编译器针对该 Derived 类所产生的 RTTI 类为__vmi_class_type_info。类 Derived 及其基类定义如下：

```
class Base {
public:
    virtual ~Base() = default;
};

class Base1 {
public:
    virtual ~Base1() = default;
};

class Derived : public Base1, public Base {
public:
    virtual ~Derived() = default;
};
```

完整的测试用例见配套资源中的 7/test1.cpp。

通过 Compiler Explorer 可知，类 Derived 所生成的 RTTI 类__vmi_class_type_info 的内存

布局如图 7-7 所示。

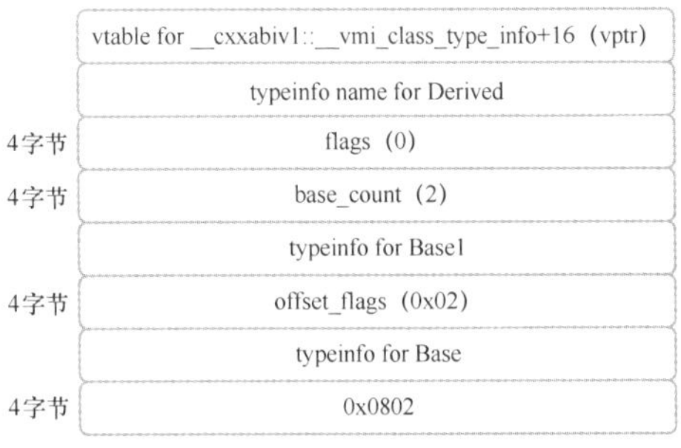

图 7-7

在图 7-7 中，未标注 4 字节的槽均为 8 字节对齐。该类的定义如下：

```
class __vmi_class_type_info : public __class_type_info {
public:
    unsigned int __flags;
    unsigned int __base_count;
    __base_class_type_info __base_info[1];

    enum __flags_masks {
      __non_diamond_repeat_mask = 0x1,
      __diamond_shaped_mask = 0x2
    };
};
```

上述代码中__base_class_type_info 的定义如下：

```
struct abi::__base_class_type_info {
public:
    const __class_type_info *__base_type;
    long __offset_flags;
    enum __offset_flags_masks {
           __virtual_mask = 0x1,
           __public_mask = 0x2,
           __offset_shift = 8
    };
};
```

综上所述，类 Derived 的 RTTI 类__vmi_class_type_info 的内存布局解释如下。

- 第一个槽为该类的 vptr。
- 第二个槽为类 Derived 生成的 NTBS 名称的地址。
- 第三个槽为__vmi_class_type_info 类的数据成员__flags，该成员占用 4 字节，表示类的继承结构，可取__flags_masks 枚举类中的值作为其值。若该值为 0x0，表示类 Derived

是普通继承，即其基类没有被重复继承；若该值为 0x1，表示类 Derived 不是菱形继承，但其某些基类被多次继承；若该值为 0x2，表示类 Derived 是菱形继承。

- 第四个槽为__vmi_class_type_info 类的数据成员__base_count，表示类 Derived 直接基类的个数。本示例中类 Derived 有两个直接基类，故该值为 2，该字段占用 4 字节。
- 第五个槽开始时为其成员__base_info，该成员是一个数组，数组元素类型为__base_class_type_info（基类描述符），每个__base_class_type_info 类有两个成员：__base_type 和__offset_flags。由于类 Derived 有两个基类，该数组元素个数为 2。__base_type 指向类 Derived 的基类的 RTTI 类；__offset_flags（右移 8 位，__offset_shift = 8）的低 8 位代表一个位移（offset）。对于一个非虚基类而言，该位移为基类子对象在 Derived 类对象中的偏移；对于虚基类而言，该位移为虚表中的 vbase_offset。此外，__offset_flags 中也编码了一些信息（基类是虚基类还是公共基类），它根据__offset_flags_masks 枚举类中的掩码来获取相应的信息，若信息值为 0x1，表示该类为虚基类；若信息值为 0x2，表示该类为公共基类。

对于基类 Base1 而言，其信息值为 0x2，偏移值为(0x02 >> 8) & 0xff = 0；对于基类 Base 而言，__offset_flags 为 0x0802，故信息值为 0x2，偏移值为(0x0802 >> 8) & 0xff = 0x08，即该类子对象在 Derived 类对象中的偏移为 8。

上述讲解了针对用户定义类型所产生的 RTTI 类（__si_class_type_info、__vmi_ class_type_info 和__class_type_info）的内存布局。

为了进一步理解 RTTI 类的布局，读者需要了解 C++中 typeid 操作符的工作原理。下面将讲解 typeid 操作符的工作原理，以及以下 RTTI 类的内存布局。

- abi::__fundamental_type_info。
- abi::__array_type_info。
- abi::__function_type_info。
- abi::__enum_type_info。
- abi::__pbase_type_info。
- abi::__pointer_type_info。
- abi::__pointer_to_member_type_info。

7.2 typeid 操作符

typeid 操作符主要用来查询类型信息，既可以用来查询动态类型的相关信息，也可以用来查询静态类型的相关信息。typeid 操作符的操作数可以是动态类、动态类对象及相应的指针引用等。该操作符会使编译器生成一个相应的操作数的 RTTI 类。typeid 操作符的返回值类型为 std::type_info。

对于配套资源中的 7/test1.cpp 中的类 Derived，此时添加如下测试代码：

```
const auto& type =typeid(&d);
type.name();
```

通过 Compiler Explorer 可知，typeid 操作符针对类 Derived 生成了一个 typeinfo for Derived*，即__pointer_type_info 类。该类的内存布局如图 7-8 所示。

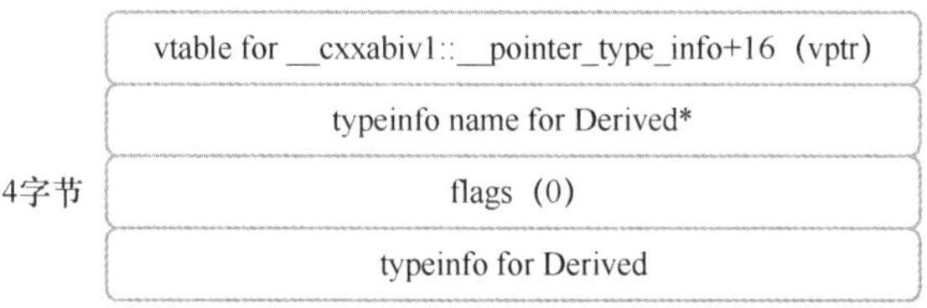

图 7-8

类__pointer_type_info 继承自类__pbase_type_info，其定义如下：

```
struct __pointer_type_info : public __pbase_type_info {};
```

类__pbase_type_info 的定义如下：

```
class __pbase_type_info : public std::type_info {
public:
  unsigned int __flags;
  const std::type_info *__pointee;
  enum __masks {
    __const_mask = 0x1,
    __volatile_mask = 0x2,
    __restrict_mask = 0x4,
    __incomplete_mask = 0x8,
    __incomplete_class_mask = 0x10,
    __transaction_safe_mask = 0x20
    __noexcept_mask = 0x40
  };
};
```

类__pbase_type_info 是__pointer_type_info 和__pointer_to_member_type_info 的基类。该类有两个数据成员：__flags 和__pointee。

其中__flags 主要描述该指针所指向的类型的 CV 限定符及其他相应的属性。对于指向函数的指针和指向成员函数类型的指针，__flags 也用于指示指向（成员）函数类型的某种“限定”。当__pointee 指向一个非限定版本的函数类型时，或者没有指定异常限定修饰符时，

__transaction_safe_mask 和__noexcept_mask 标志将被设置。

__flags 包含以下位，可以使用__masks 枚举中定义的标志进行引用。

- 0x1：__pointee 类型由 const 限定。
- 0x2：__pointee 类型由 volatile 限定。
- 0x4：__pointee 类型由 restrict 限定。
- 0x8：__pointee 类型是不完全定义的。
- 0x10：包含__pointee 类型的类是不完全定义的。
- 0x20：__pointee 类型是一个函数类型，且没有声明为事务安全。
- 0x40：__pointee 类型是一个函数类型，且没有异常限定修饰符。

当__pbase_type_info 用于表示指向不完整类（incomplete class）的直接或间接指针时，编译器会将__pbase_type_info 的数据成员__flags 设置为表示不完整目标类型。当__pbase_type_info 用于表示指向不完整类的成员的直接或间接指针时，编译器会设置不完整类。此外，如果 abi::__pointer_type_info→__pbase_type_info→__class_type_info 所构成的继承链中，std::type_info 结构指向的并不是一个不完整类，而是一个完整类（complete class），那么此时需要编译器生成一个局部静态对象。通过这种方式，std::type_info 及其相关的派生类__pbase_type_info 等表示的便是该局部静态对象所表示的类。因为函数中的局部静态对象在函数外无法访问，所以所生成的临时类 std::type_info 及其派生链中的类不会被决议为指向一个完整类的 RTTI 类。

在图 7-8 中，flags 为 0，表示 typeid 的操作数的指针类型为普通指针，即没有指定限定修饰符等。如果将对象 d 的定义改为 const Derived d，那么 typeid(&d)所产生的 RTTI 类的内存布局如图 7-9 所示。

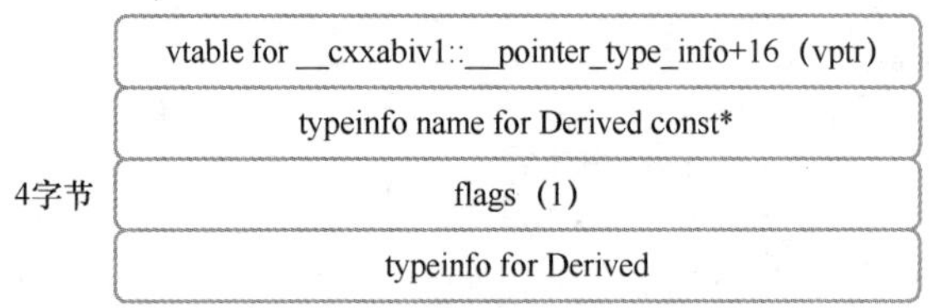

图 7-9

由图 7-9 可知，此时 flags 的值为 1，即__pointee 指向的类型由 const 限定。

假设在类 Derived 中增加一个成员函数：

```
void print() {}
```

使用如下测试代码：

```
void (Derived::*p)() = &Derived::print;
const auto& type = typeid(p);
```

通过 Compiler Explorer 可知，此时 typeid 操作符产生的 RTTI 类为 typeinfo for void (Derived::*)()，即__pointer_to_member_type_info 类，该类表示成员函数指针。

__pointer_to_member_type_info 类的定义如下：

```
class __pointer_to_member_type_info : public __pbase_type_info {

  public:

    const abi::__class_type_info *__context;

};
```

__pointer_to_member_type_info 类的内存布局如图 7-10 所示。

在图 7-10 中，第一个槽为类__pointer_to_member_type_info 的虚指针；第二个槽为 typeinfo name；第三个槽为 flags，即普通的指向成员函数的指针；第四个槽为指向继承自 std::type_info 的非限定类型的指针__pointee，它指向的 RTTI 类为__function_type_info（该类只由 typeid 操作符产生）；第五个槽为__context 指针，指向 abi::__class_type_info，abi::__class_type_info 类中存储与成员函数指针的类（Derived::* 中的 Derived 类）的类型相关的信息。

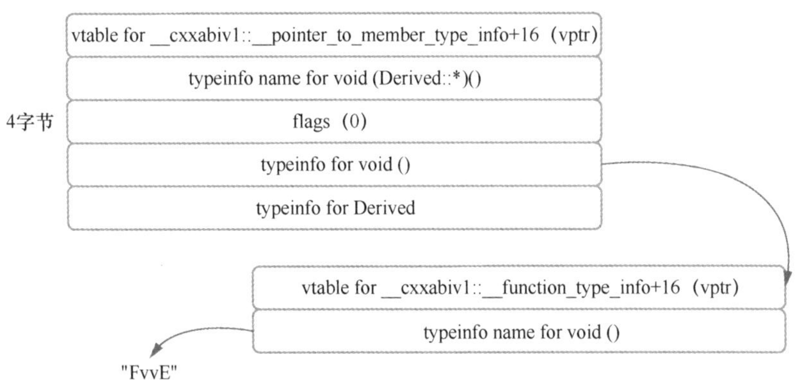

图 7-10

__pointer_to_member_type_info 类的定义如下：

```
class __pointer_to_member_type_info : public __pbase_type_info {
public:
  const abi::__class_type_info *__context;
};
```

到目前为止所讲述的 RTTI 类均间接继承自 std::type_info。在 GCC 中，针对非用户定义的类有 4 种内建类型的 RTTI 类，这 4 种内建类型的 RTTI 类直接继承自 std::type_info 类。这 4 种类型分别介绍如下。

- abi::__fundamental_type_info。
- abi::__array_type_info。
- abi::__function_type_info。
- abi::__enum_type_info。

以__array_type_info 类为例，当声明一个数组 int a[10]{0}时，typeid(a)的内存布局如图 7-11 所示。

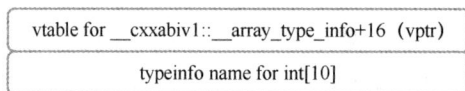

vtable for __cxxabiv1::__array_type_info+16（vptr）
typeinfo name for int[10]

图 7-11

至于其他 RTTI 类的内存布局则留给读者自行研究。下面将讲解 typeid 的具体工作原理。此处继续以类 Derived 为例进行讲解，其测试代码如下：

```
const auto& type = typeid(d);
type.name();
```

通过 Compiler Explorer 可知，上述语句的汇编实现如下：

```
// const auto& type = typeid(d)的汇编实现如下
        movq    $typeinfo for Derived, -24(%rbp) // ①
// type.name()的汇编实现如下
        movq    -24(%rbp), %rax // ②
        movq    %rax, %rdi // ③
        call    std::type_info::name() const // ④
```

对上述汇编代码进行分析，具体如下。

① 将 typeid 针对类 Derived 所产生的 RTTI 类__vmi_class_type_info 的地址赋给 type 变量。

② 将 type 变量赋给 rax 寄存器。

③ 将 rax（即 this 指针）赋给 rdi 寄存器。

④ 调用 std::type_info::name()函数。

当调用 std::type_info 的__is_pointer_p 接口（即 type. __is_pointer_p）时，通过 Compiler Explorer 可知，其汇编实现如下：

```
        movq    -24(%rbp), %rax // ①
        movq    (%rax), %rax // ②
```

```
addq    $16, %rax // ③
movq    (%rax), %rdx // ④
movq    -24(%rbp), %rax // ⑤
movq    %rax, %rdi // ⑥
call    *%rdx // ⑦
```

上述汇编代码需要结合图 7-6 进行分析。

① 将 typeid 产生的 RTTI 类__vmi_class_type_info 的地址（即 this 指针）赋给 rax 寄存器。

② 将__vmi_class_type_info 类的 ptr 值赋给 rax 寄存器。

③ 调整 rax 寄存器的值，使 vptr = vptr + 16，即此时 vptr 指向__is_pointer_p 所在的槽。

④ 将__is_pointer_p 函数的地址赋给 rdx 寄存器。

⑤ 将类__vmi_class_type_info 的 this 指针赋给 rax 寄存器。

⑥ 将 this 指针赋给 rdi 寄存器。

⑦ 调用类__vmi_class_type_info 的__is_pointer_p 函数。

到此，我们分析了 RTTI 类的布局和含义，以及 typeid 操作符的工作原理。下面将进一步讲解 RTTI 的第三部分：dynamic_cast 算法。

7.3 dynamic_cast 算法

dynamic_cast 可以处理指针和引用，但从表示的角度来看，我们只需要关注多态类类型。此外，某些类型的 dynamic_cast 操作是在编译时处理的，不需要任何 RTTI。有 3 种真正动态的 dynamic_cast 操作，分别介绍如下。

- dynamic_cast<void cv*>：该操作返回一个指针，该指针指向的对象是一个完整的对象（左值）。
- dynamic_cast 操作符：转换一个基类到派生类。
- 跨层次的 dynamic_cast：可以看作转换为完整的对象（左值）并返回同级基类。

dynamic_cast 最常见的应用场景是单继承层次结构中基类向派生类的转换。

dynamic_cast<T>(v)的转换规则如下。

- 如果在 v 指向（或引用）的最派生对象中，v 指向 T 对象的公共基类子对象（注意，这可以在编译时检查），并且只有一个 T 类型的对象是从 v 指向（或引用）的子对象派生的，则 dynamic_cast<T>(v)的转换结果是 v 为指向该 T 对象的指针（或 T 对象的引用）。
- 如果 v 指向（引用）最派生对象的公共基类子对象，并且最派生对象类型具有类型 T 的明确公共基类，则 dynamic_cast<T>(v)的转换结果是 v 为指向最派生对象 T 了对象的指针（或 T 子对象的引用）。

- 否则，运行时检查失败。

为了便于读者进一步理解 dynamic_cast 的工作原理，仍以配套资源中的 7/test1.cpp 作为代码用例进行讲解，并为其增加如下测试代码：

```
Base& b = d;
Derived *b1 = dynamic_cast<Derived*>(&b);
```

通过 Compiler Explorer 可知，上述代码的汇编实现如下：

```
// Base& b = d 的汇编实现如下
        leaq    -48(%rbp), %rax // ①
        addq    $8, %rax // ②
        movq    %rax, -24(%rbp) // ③
// Derived *b1 = dynamic_cast<Derived*>(&b)的汇编实现如下
        cmpq    $0, -24(%rbp) // ④
        je      .L7 // ⑤
        movq    -24(%rbp), %rax // ⑥
        movl    $8, %ecx // ⑦
        movl    $typeinfo for Derived, %edx // ⑧
        movl    $typeinfo for Base, %esi // ⑨
        movq    %rax, %rdi // ⑩
        call    __dynamic_cast // ⑪
        jmp     .L8
.L7:
        movl    $0, %eax
.L8:
        movq    %rax, -32(%rbp)
```

对上述汇编代码进行分析，具体如下。

① 将 Derived 类对象 d 的 this 指针赋给 rax 寄存器。

② 调整 this 指针，使 this = this + 8，即此时 this 指针指向基类 Base 子对象。

③ 将调整后的 this 指针放置在堆栈临时内存中。

④⑤ 判断 this 指针是否为空，若为空则跳转到.L7 处执行，否则继续执行。

⑥ 将基类 Base 子对象的 this 指针赋给 rax 寄存器。

⑦ 将__dynamic_cast 函数的 src2dst_offset 参数设置为 8，并赋给 ecx 寄存器。

⑧ 将类 Derived 的 RTTI 类地址赋给 edx 寄存器。

⑨ 将类 Base 的 RTTI 类地址赋给 esi 寄存器。

⑩ 将基类 Base 子对象的 this 指针赋给 rdi 寄存器。

⑪ 调用__dynamic_cast 函数。

综上所述，dynamic_cast 操作符最终会调用__dynamic_cast 函数，该函数的接口声明如下：

```
extern "C" void* __dynamic_cast (
      const void *sub,
      const abi::__class_type_info *src,
      const abi::__class_type_info *dst,
      std::ptrdiff_t src2dst_offset);
```

上述接口中各个参数的含义如下。

- sub：被调整后的原对象的地址，对于类 Derived 而言即为调整后的 Base 子对象的 this 指针，该 this 指针非空；因为类 Derived 是多态类，所以*(void**)sub 是一个 vptr。
- src：原对象的静态类型，即 b 对象的静态类型，其值为 Base 的 RTTI 类的地址。
- dst：转换的目标对象类型的地址，其值为类 Derived 的 RTTI 类的地址。
- src2dst：基类子对象相对于完整对象的位置的偏移。
    - 若该值为-1，无意义。
    - 右该值为-2，则类 Base 并不是类 Derived 的公共基类。
    - 若该值为-3，则类 Base 在 Derived 的继承链中出现多次，并且不是类 Derived 的虚基类。
    - 否则，原对象（类 Base）是派生类 Derived 的一个非虚公共基类，src2dst 的值表示原对象在派生类对象中的偏移。

在 GCC 中，__dynamic_cast 的定义如下：

```
extern "C" void *
__dynamic_cast (const void *src_ptr,
                const __class_type_info *src_type,
                const __class_type_info *dst_type,
                ptrdiff_t src2dst) {
  if (__builtin_expect(!src_ptr, 0))
    return NULL;
  // src_ptr 为 dynamic_cast 操作符的操作数，即类 Base 的对象 b 的 this 指针
  // 通过 static_cast 将其转换为 vtable，vtable 便是该子对象的 vptr，即虚表
  const void *vtable = *static_cast <const void *const *> (src_ptr);
  // Base 子对象的虚表地址，通过 vtable 和 offset_to_top 来获取
  const vtable_prefix *prefix = (adjust_pointer <vtable_prefix>
          (vtable, -ptrdiff_t (offsetof (vtable_prefix, origin))));
  const void *whole_ptr = adjust_pointer <void>
          (src_ptr, prefix->whole_object);
  const __class_type_info *whole_type = prefix->whole_type;
```

```
    __class_type_info::__dyncast_result result;
    const void *whole_vtable = *static_cast <const void *const *> (whole_ptr);
    const vtable_prefix *whole_prefix = (adjust_pointer <vtable_prefix>
           (whole_vtable, -ptrdiff_t (offsetof (vtable_prefix, origin))));
    if (whole_prefix->whole_type != whole_type)
      return NULL;

    if (src2dst >= 0
        && src2dst == -prefix->whole_object
        && *whole_type == *dst_type)
      return const_cast <void *> (whole_ptr);

    whole_type->__do_dyncast (src2dst, __class_type_info::__contained_public,
                 dst_type, whole_ptr, src_type, src_ptr, result);
    if (!result.dst_ptr)
      return NULL;
    if (contained_public_p (result.dst2src))
      return const_cast <void *> (result.dst_ptr);
    if (contained_public_p (__class_type_info::__sub_kind
                            (result.whole2src & result.whole2dst)))
      return const_cast <void *> (result.dst_ptr);
    if (contained_nonvirtual_p (result.whole2src))
      return NULL;
    if (result.dst2src == __class_type_info::__unknown)
      result.dst2src = dst_type->__find_public_src (src2dst, result.dst_ptr,
                                                    src_type, src_ptr);
    if (contained_public_p (result.dst2src))
      return const_cast <void *> (result.dst_ptr);
    return NULL;
  }
```

上述代码中 vtable_prefix 的定义如下：

```
struct vtable_prefix {
ptrdiff_t whole_object; // 子对象在最派生类对象中的偏移
const __class_type_info *whole_type; // 指向最派生类的 typeinfo 类
const void *origin; // 类的 vptr 所指向的位置
};
```

上述测试用例将类对象的基类转换为其派生类 Derived，其中 vtable_prefix 的各个数据成员的解释如下。

- whole_ptr：指向子对象的最派生类，即 Derived 类对象的地址。

- whole_type：指向子对象的最派生类的 RTTI 类，即 Derived 类对象所产生的 RTTI 类。
- whole_vtable：获取子对象的最派生类的虚表。
- whole_prefix：获取派生类的 vtable_prefix 的相关信息。

如果最派生类的 RTTI 类与__dynamic_cast 的参数 dst_type 相同，那么直接返回该最派生类的指针，即 Derived 类的指针 whole_ptr；否则，需要根据 Derived 类的 RTTI 类调用相应的__do_dyncast 函数进行查询。查询结果有如下 4 种情况。

- 转换的对象是目标对象的公共基类，那么查询成功，此时返回相应目标对象的指针。
- 转换的对象和目标对象都是完整类的公共基类，那么交叉转换成功，此时返回相应目标对象的指针。
- 转换的对象是完整类对象的非公共非虚基类，并且不是目标对象的基类，那么交叉转换失败，此时返回空指针。
- 向下转换成功，返回相应的指针。

由上可知，dynamic_cast 应用于向下转换时效率偏低。那么当进行向上转换时，它是如何工作的呢？

基于 Derived 类，更改相应的测试代码如下：

```
Base& b = dynamic_cast<Base&>(d);
```

通过 Compiler Explorer 可知，上述代码的汇编实现如下：

```
leaq    -48(%rbp), %rax // ①
addq    $8, %rax // ②
movq    %rax, -24(%rbp) // ③
```

对上述汇编代码进行分析，具体如下。

① 将 Derived 类对象 d 的$vtable for Derived+16 即 vptr 的地址（this 指针）赋给 rax 寄存器。

② 调整 this 指针，使其增加 8 字节，此时 this 指针指向基类 Base 子对象。

③ 将调整后的 this 指针放置在临时堆栈内存中。

综上所述，向上转换时，dynamic_cast 的效率较向下转换时要高。

7.4 总结

本章由一段代码说起，讲解了如下内容。

- RTTI 类的内存布局，包括用户自定义类型的 RTTI 类的内存布局，以及其相应的含义。
- typeid 操作符的工作原理。
- dynamic_cast 的基本概念和相应的底层实现原理。

通过本章的学习，读者可以进一步理解 C++对象模型中 RTTI 的具体实现和工作原理。第 8 章将讲解 GCC 的 Name Mangling 规则。

第 8 章

Name Mangling 规则

C++的特性之一是提供函数重载（**function overload**）功能。函数重载是指 C++中可以有多个同名但参数不同的函数。

C++编译器如何区分不同的重载函数呢？它通过向重载函数生成的符号名中添加有关参数的信息来区分不同的重载函数。这种向函数名称添加附加信息的技术称为 **Name Mangling**。C++标准没有为 **Name Mangling** 指定任何特定的技术，因此不同的编译器可能会有不同的实现，并在函数名中添加不同的信息。

Mangling 即编码（**encoding**）。本章主要讲解 **GCC** 中的 **Name Mangling** 规则。

本章内容主要包括以下方面。

- **Name Mangling** 的基本概念和总体框架。
- 操作符的编码规则。
- 一些特殊函数和实体（如虚表、**VTT**、**non-thunk** 和 **thunk** 相关函数）的编码规则。
- 类型编码，主要介绍基本类型、限定类型、函数类型、模板函数类型、函数参数引用等类型的编码规则。
- 表达式（如 **decltype**、**auto** 等）的编码规则。
- 作用域编码。
- **lambda** 表达式的编码规则。
- 压缩。

本章由一段代码说起：

```
namespace N {
  int a;
  class b {};
};
```

上述命名空间 N 中的 a 和 b 会被编译器基于何种规则命名呢？

8.1 基本概念

GCC 的 Name Mangling 规则基于巴克斯-诺尔范式（Backus-Naur Form，BNF，简称巴克斯范式）。Name Mangling 规则是一种通过形式化的、数学化的方式来指定上下文无关的语法。它不仅能严格地表示语法规则，而且所描述的语法是与上下文无关的。它具有语法简单、表示明确、便于语法分析和编译的特点。

BNF 由以下 3 部分构成。

- 终端（terminal）符号：例如 x，是必须与输入中的字符完全匹配的字符串。
- 非终端（nonterminal）符号：例如 lettera，表示字符串集。其中一个非终结符被称为语法的根或开始符号。按照惯例，词根是语法中提到的第一个非词尾。
- 规则（rule）：例如 lettera::="a"或 word::=letterword，用于定义非终结符和字符串的关系。

如果字符串可以从根符号的一个实例开始，并且该字符串按照 BNF 的语法规则生成，那么它就是语言中的字符串。任何上下文无关的语言都可以这样描述。

这里有一个语法示例，通过它可以准确识别两个句子，即 cs61 is awesome 和 cs61 is terrible，具体如下：

```
cs61 ::= "cs61 is " emotionword
emotionword ::= "awesome" | "terrible"
```

开发人员对 BNF 进行了一定的扩展，使其成为扩展版的 BNF。本章利用扩展版的 BNF 来介绍 GCC 中的 Name Mangling 规则。扩展版的 BNF 语法规则如下。

- 备选方案在单独的行中给出。
- 对非终端符号的引用由尖括号"<>"分隔。
- 非终端符号引用中若出现斜体文本，那么该斜体文本仅仅起注释作用，并不会改变编码的内容。例如，<*function* name>与<name>是同一事物，但这意味着此派生规则应仅用于函数的名称。

- 忽略空格。
- 以"#"开头的文本是注释，一直到行尾的内容都将被忽略。注释通常用于描述在什么情况下应使用替代方案。
- 方括号"[]"中的内容是可选的。
- 圆括号"()"中的内容用于"*"和"+"的组合。
- 星号"*"允许前面的元素重复 0 次或更多次。
- 加号"+"允许前面的元素重复 1 次或更多次。
- 所有其他字符都是终端，代表它们自己。

在本章内容中，笔者使用"Ret?"表示未知的函数返回类型（即不是由编码给出的返回类型），"Type?"表示未知的数据类型。

编译器生成的包含有"$"或"."的 Mangling 名称必须保留在编译器内部使用，即该名称对外不可见。使用此类扩展名生成的名称本质上是不可移植的，应尽可能提供内部链接。

由 extern "C"限定的符号不会被编码。

Name Mangling 规则的通用形式如下：

```
<mangled-name> ::= _Z <encoding>
               ::= _Z <encoding > . <生产商特定后缀>
<encoding> ::= <function name> <bare-function-type>
           ::= <data name>
           ::= <special-name>
```

在 GCC 中，Name Mangling 会以前缀_Z 开始。当编译器生成函数的 Mangling 名称时，也会将函数参数的类型加入 Mangling 名称中（以支持重载）。此外，对于函数模板和成员函数模板（但不是类模板的普通成员函数）的实例（或显式偏特化），上述 Name Mangling 规则中出现的<bare-function-type>是模板中表示的类型（即可能涉及模板参数的类型）。

Mangling 名称由两部分构成：<encoding>和<生产商特定后缀>。生产商特定后缀中的字符没有限制。

ABI Mangling 需要保证编码后的名称满足 C++标准中的唯一定义规则（One Define Rule，ODR）和各种声明匹配规则。这些规则相当复杂，它们决定了编码的结果，因此 ABI Mangling 规则很复杂也就不足为奇了。ABI 必须密切参与这些语言规则的演变，以确保 ABI 所规定的 Name Mangling 规则能够随时兼容 C++的最新标准。当提示“ODR 违规，具有未定义的行为”时，通常是因为所涉及的同一个实体具有不同的 Mangling 名称，这违反了 C++标准规范。同样，当规则禁止在声明的签名中使用某些结构时，通常是因为这种结构会给 Mangling 带来不合理的问题。

Name Mangling 必须能够区分 C++标准中 ODR 和声明匹配规则下不等同（equivalent）的

实体，即使 C++代码无法区分相应实体（例如当 C++名称查找出现二义性错误时）。例如，不同的翻译单元可能会在同一命名空间中声明相似但不等同的函数模板：

```
// a.cpp:
template <int R> void foo() {}
foo<0>();

// b.cpp:
template <long R> void foo() {}
foo<0>();
```

不同的编译器针对同样的 C++标准可以有不同的实现，编译器可以忽略某些类型之间的差异。但 GCC 并没有采用忽略类型之间的差异这种实现。

有时 GCC 需要编码未解析和未实例化的对象，例如模板中显示的类型和表达式。这进一步说明了 GCC 中 Name Mangling 规则的复杂性。

GCC 关于匿名实体、名称等有不同的规定。对于匿名实体而言，例如有如下声明：

```
union {
  int i;
  int j;
};
union {
  union { int : 7; };
  union { int i; };
};
union {
  union { int j; };
  i;
};
```

通过 Compiler Explorer 可知，上述声明会导致报错，如图 8-1 所示。

```
error: redeclaration of 'int i' x86-64 gcc 9.3 #1
No quick fixes available
```

图 8-1

之所以会出现 int i 重复声明，是因为匿名实体 union 的 Name Mangling 规则较为复杂。可以这样理解：编译器扫描匿名实体 union，按照匿名实体 union 的数据成员的出现顺序将其放置在一个集合 S 中，如果遇到匿名的 union 数据成员，就将其标记为 X；当第一趟扫描完成后，编译器对集合 S 进行深度优先遍历，若遇到标记为 X 的元素则跳过，直到查找到第一个标记不为 X 的元素，那么这个元素的 Mangling 名称便是匿名实体 union 的 Mangling 名称；如果没有这样的数据成员（即 union 中的所有数据成员都是未命名的），那么程序就无法引用匿名实体 union，因此也就没有必要修改它的名称。

对于上述示例中的第一个匿名实体 union，编译器第一趟扫描产生了集合 S={i,j}；然后编译器对集合 S 进行遍历，发现第一个元素为 i，所以 i 便是该匿名实体 union 的 Mangling 名称。

对于第二个匿名实体 union，编译器第一趟扫描产生了集合 S={{X}, {i}}；然后编译器对集合 S 进行深度优先遍历，跳过标记为 X 的元素，所以该匿名实体 union 的 Mangling 名称也是 i。

同理，第三个匿名实体 union 的 Mangling 名称也是 i。

综上，上述示例中所有匿名实体 union 的 Mangling 名称都是 i，所以编译器报告出现了 i 的重复声明的错误。

一个实体名称的 Mangling 依赖其所声明的位置。实体声明在全局或 std 命名空间中，被编码为非作用域名称（unscope name）。实体声明在函数或局部类的成员函数中，被编码为局部名称（<local-name>）。实体声明在命名空间或类作用域中，被编码为内嵌名称（<nested-name>）。当实体不是静态已知的（如在依赖函数模板签名中的实体）时，名称将被编码为未决议名称（<unresolved-name>）。

上述名称的编码规则如下：

```
<name> ::= <nested-name>
       ::= <unscoped-name>
       ::= <unscoped-template-name> <template-args>
       ::= <local-name>

<unscoped-name> ::= <unqualified-name>
                ::= St <unqualified-name> // St 指的是::std::

<unscoped-template-name> ::= <unscoped-name>
                         ::= <substitution>

<nested-name> ::= N[<CV-qualifiers>] [<ref-qualifier>] <prefix>
                  <unqualified-name> E
              ::= N[<CV-qualifiers>] [<ref-qualifier>] <template-prefix>
                  <template-args> E

<prefix> ::= <unqualified-name>                     // global 类和命名空间
         ::= <prefix> <unqualified-name>            // 内嵌类和命名空间
         ::= <template-prefix> <template-args>  // 类模板
         ::= <closure-prefix>             // 变量或成员数据的初始化
         ::= <template-param>             // 模板类型参数
         ::= <decltype>                   // decltype 限定符
         ::= <substitution>
```

```
<template-prefix> ::= <template unqualified-name>  // global 模板
                  ::= <prefix> <template unqualified-name>  // 内嵌模板
                  ::= <template-param>   // 模板参数
                  ::= <substitution>

<unqualified-name> ::= <operator-name> [<abi-tags>]
                   ::= <ctor-dtor-name>
                   ::= <source-name>
                   ::= <unnamed-type-name>
                   ::= DC <source-name>+ E // C++17 中结构化绑定声明

<source-name> ::= <number> <identifier>
<identifier> ::= <unqualified source code identifier>
```

上述代码中的<identifier>是一个伪终端符号，表示源代码中实体的非限定标识符中的字符。<unqualified-name>中的<source-name>可以是函数或对象名（这两者来自<name>），也可以是类名或枚举类名（这两者来自<type>）。

上述代码中的<unqualified-name>中的<abi-tags>在 GCC 中指的是 GNU 的 abi_tag 属性，该属性可以应用于函数、变量、类和内联命名空间（内联命名空间是 C++11 引入的新特性，可以直接在外层命名空间使用内联命名空间内部的内容，而无须使用命名空间前缀）。<abi-tags>的构成规则如下：

```
<abi-tags> ::= <abi-tag> [<abi-tags>]
<abi-tag> ::= B <source-name>
```

上述代码中<source-name>中的<number>是一个伪终端符号，表示十进制整数，可以使用前导 n 表示负整数。<number>在<source-name>中用于表示标识符的字节长度。<number>的构成规则如下：

```
<number> ::= [n] <非负十进制整数>
```

下面将详细展开讲解上述各个<name>的含义。

8.2 操作符的编码

操作符重载（operator overload）可作为函数名称，并应用于非类型模板参数表达式中。与 CFront 不同，使用相同符号的一元运算符和二元运算符具有不同的编码。大多数运算符只使用两个字母进行编码，第一个字母是小写的：

```
<operator-name> ::= nw  # new
                ::= na  # new[]
                ::= dl  # delete
```

```
::= da  # delete[]
::= aw  # co_await
::= ps  # +（一元操作符）
::= ng  # -（一元操作符）
::= ad  # &（一元操作符）
::= de  # *（一元操作符）
::= co  # ~
::= pl  # +
::= mi  # -
::= ml  # *
::= dv  # /
::= rm  # %
::= an  # &
::= or  # |
::= eo  # ^
::= aS  # =
::= pL  # +=
::= mI  # -=
::= mL  # *=
::= dV  # /=
::= rM  # %=
::= aN  # &=
::= oR  # |=
::= eO  # ^=
::= ls  # <<
::= rs  # >>
::= lS  # <<=
::= rS  # >>=
::= eq  # ==
::= ne  # !=
::= lt  # <
::= gt  # >
::= le  # <=
::= ge  # >=
::= ss  # <=>
::= nt  # !
::= aa  # &&
::= oo  # ||
::= pp  # ++ （<表达式>上下文中的后缀）
::= mm  # -- （<表达式>上下文中的后缀）
::= cm  # ,
::= pm  # ->*
::= pt  # ->
::= cl  # ()
::= ix  # []
```

```
::= qu  # ?
::= cv <type>   # (cast)
::= li <source-name>            # operator ""
::= v <digit> <source-name>     # 生产商扩展
```

定义内置扩展运算符（例如__imag）的生产商应将它们编码为前缀 v，后跟的操作数计数为单个十进制数字，并以<length, ID>形式命名。

为了帮助读者深入理解上述编码信息，假设定义一元操作符"+"如下：

```
enum A {};
int operator+(A) {
    return 2;
}
```

通过 Compiler Explorer 可知，上述 operator+被编码为_Zps1A，一元操作符"+"被编码为 ps。对于其他相关编码信息的验证，读者可自行尝试。

注意，重载操作符的参数必须为类类型或枚举类型。

8.3　一些特殊函数和实体的编码

与虚表相关联的几个实体均有对应的 Mangling 名称：虚表本身、用于构造的 VTT、typeinfo 结构及其引用的名称。每个实体都有一个<special-name>编码，这是一个简单的两个字符的代码，前缀是它所应用的类的类型编码，其编码规则如下：

```
<special-name> ::= TV <type> # 虚表
               ::= TT <type> # VTT
               ::= TI <type> # typeinfo
               ::= TS <type> # typeinfo 名 (null-terminated byte string)
```

为了便于读者理解上述规则，假设类 B 虚拟继承自类 A，代码如下：

```
class A {
public:
  virtual ~A() = default;
};

class B : virtual public A {};
```

通过 Compiler Explorer 可知，类 B 的虚表的 Mangling 名称为_ZTV1B；其 VTT 的 Mangling 名称为_ZTT1B；其所产生的 typeinfo 类的 Mangling 名称为_ZTI1B；相应的 typeinfo 名称为_ZTS1B。

一个类的虚函数名有两种形式的编码。从非虚基类继承而来的虚函数在派生类中被覆写，此时被覆写的虚函数的 Mangling 名称由以下两部分构成。

- 使用前缀 Th，并编码所需的调整偏移量（若为负数则由前缀 n 指示）。
- 目标函数（被覆写的虚函数）的 Mangling 名称。

从虚基类继承而来的虚函数在派生类中被覆写，此时编码规则如下：使用 Tv 前缀，随后编码两个偏移量。第一个偏移量是对最近的虚基类（完整对象）的常量的调整，若偏移量的值为负则带有前缀 n。第二个偏移量标识最近的虚基类中的 vcall 偏移量，该偏移量用于在通过虚基类调用它的虚函数时，将虚基类的 this 指针调整为派生类对象的 this 指针。这两个偏移量之后是目标函数的编码。两个 thunk 的目标函数编码都包含函数类型，没有为 thunk 本身编码其他类型。

综上所述，其具体编码规则如下：

```
<special-name> ::= T <call-offset> <base encoding> # base指的是 thunk 的目标函数
<call-offset> ::= h <nv-offset> _
              ::= v <v-offset> _
<nv-offset>   ::= <offset number> # 非虚基类覆写
<v-offset>  ::= <offset number> _ <virtual offset number> # 虚基类覆写
```

若被覆写的虚函数具有协变返回类型，那么编译器针对这个虚函数所产生的 thunk 较为复杂。就像编译器针对普通的虚函数生成的 thunk 所进行的操作（即必须在调用基类函数之前调整 this 指针）一样，编译器针对具有协变返回类型的虚函数生成的 thunk 所进行的操作，也必须在虚函数调用成功后调整返回类型的 this 指针。因此，Mangling 还必须编码非虚基类的固定偏移量，以及 vbase 的偏移量，以定位包含结果子对象的虚基类。下面通过两个<call-offset>来表示上述内容中的两个偏移量（非虚基类的固定偏移量和 vbase 的偏移量），其中一个针对虚基类，另一个针对非虚基类：

```
<special-name> ::= Tc <call-offset> <call-offset> <base encoding>
```

更改类 A 的定义，增加一个测试接口 testfunc()：

```
class A {
public:
  virtual ~A() = default;
  virtual void testfunc() {}
};
```

类 B 的定义修改如下：

```
class B : virtual public A {
public:
  void testfunc() override {}
};
```

通过 Compiler Explorer 可知，针对类 B 中的虚函数 testfunc，其 thunk 版本的函数 Mangling 名称为_ZTv0_n32_N1B8testfuncEv。

若将类 A 更改为类 B 的非虚基类，并定义类 C 如下：

```
class C {
public:
  virtual ~C() = default;
  virtual void testfunc2() {}
};
```

将类 B 的定义修改如下：

```
class B : public C, public A {
public:
  void testfunc() override {}
};
```

则类 B 中虚函数 testfunc 的 thunk 版本的函数 Mangling 名称为_ZThn8_N1B8testfuncEv。

对于具有协变返回类型虚函数的 thunk 函数及 non-thunk 函数的 Mangling 名称，则留给读者自行验证。

构造函数和析构函数只是<unqualified-name>的特殊情况，其中<unqualified-name>嵌套名称的结尾被替换为以下项之一：

```
<ctor-dtor-name> ::= C1    # complete object constructor
                 ::= C2    # base object constructor
                 ::= C3    # complete object allocating constructor
                 ::= CI1 <base class type> # complete object inheriting
                                             constructor
                 ::= CI2 <base class type> # base object inheriting
                                             constructor
                 ::= D0                    # deleting destructor
                 ::= D1      # complete object destructor
                 ::= D2      # base object destructor
```

具有静态存储持续时间的某些对象的初始化需要一个保护变量来防止多次初始化。保护变量的 Mangling 名称以 GV 为前缀，具体的 Mangling 名称构成如下：

```
<special-name> ::= GV <object name>
```

对于类 A，声明一个静态变量 a，其定义如下：

```
static A a;
```

通过 Compiler Explorer 可知，针对变量 a 的保护变量的 Mangling 名称为_ZGVZ4mainE1a。

8.4　类型编码

类型的编码规则由其构成部分决定。函数模板签名的 Mangling 需要能够对依赖类型进行编码。

简单形式的类型（如引用和指针类型）使用单字符前缀进行编码。更复杂形式的类型（如限定符和函数类型）的 Mangling 规则如下：

```
<type>    ::= <builtin-type>
          ::= <qualified-type>
          ::= <function-type>
          ::= <class-enum-type>
          ::= <array-type>
          ::= <pointer-to-member-type>
          ::= <template-param>
          ::= <template-template-param> <template-args>
          ::= <decltype>
          ::= P <type>          # 指针
          ::= R <type>          # 左值引用
          ::= O <type>          # 右值引用
          ::= C <type>
          ::= G <type>
          ::= <substitution>
```

下面详细讲解上述规则中的一些常用子规则。

1．builtin-type

内置类型（builtin-type）由单字母代码表示，其规则如下：

```
<builtin-type> ::= v   # void
               ::= w   # wchar_t
               ::= b   # bool
               ::= c   # char
               ::= a   # signed char
               ::= h   # unsigned char
               ::= s   # short
               ::= t   # unsigned short
               ::= i   # int
               ::= j   # unsigned int
               ::= l   # long
               ::= m   # unsigned long
               ::= x   # long long, __int64
               ::= y   # unsigned long long, __int64
```

```
           ::= n    # __int128
           ::= o    # unsigned __int128
           ::= f    # float
           ::= d    # double
           ::= e    # long double, __float80
           ::= g    # __float128
           ::= z    # ellipsis
           ::= Dd   # IEEE 754r decimal floating point (64 bits)
           ::= De   # IEEE 754r decimal floating point (128 bits)
           ::= Df   # IEEE 754r decimal floating point (32 bits)
           ::= Dh   # IEEE 754r half-precision floating point (16 bits)
           ::= Di   # char32_t
           ::= Ds   # char16_t
           ::= Du   # char8_t
           ::= Da   # auto
           ::= Dc   # decltype(auto)
           ::= Dn   # std::nullptr_t (i.e., decltype(nullptr))
           ::= u <source-name> [<template-args>]
                    # vendor extended type
```

例如，typeid(far).name()所显示的类型编码为_ZTSrPVKi，其中 i 是 int 的编码。

2. qualified-type

限定类型（qualified-type）的 Mangling 规则如下：

```
<qualified-type>      ::= <qualifiers> <type>
<qualifiers>          ::= <extended-qualifier>* <CV-qualifiers>
<extended-qualifier> ::= U <source-name> [<template-args>]
<CV-qualifiers>       ::= [r] [V] [K]
<ref-qualifier>       ::= R
<ref-qualifier>       ::= O
```

如果存在多个不区分顺序的限定符，则应对它们进行排序，其中'K'出现在最接近基本类型处，然后按照'V'、'r'和'U'的顺序放置这几个限定符的编码。'U'限定符是生产商定义的扩展的类型限定符（例如用于修饰指针的_near 和_far 限定符）的编码，是离基本类型最远（即最外层）的限定符的编码。

GCC 针对上述规则做了部分变动，例如对于<extended-qualifier>，GCC 并不会增加前缀 U，<CV-qualifiers>部分体现在 typeinfo 类的 name_成员中。在 GCC 中，假设有如下声明：

```
const int* volatile const __restrict far
```

上述 far 的 Mangling 名称为_ZL3far，其中 L 表示变量是 const 变量，所以 far 只应用于指针或引用变量。

通过 typeid(far).name()，可得到 far 的类型编码为_ZTSrPVKi。

3．function-type

函数类型（function-type）由它们的参数类型和可能的返回值类型组成。除了<encoding>的外层类型，以及<template-param>和<local-name>函数编码中以其他方式分隔的外部名称的<encoding>外，其他的类型由函数类型标识符“F…E”包裹。出于替换的目的，分隔函数类型和未限制函数类型被认为是相同的。

函数类型的 Mangling 是否包含返回类型取决于函数的上下文和性质。决定是否包含返回类型的规则如下。

- 模板函数（名称或类型）具有返回类型编码，但构造函数、析构函数和转换操作符函数除外。
- 未作为函数名称重整的一部分出现的函数类型（例如参数、指针类型等）具有返回类型编码，但构造函数、析构函数和转换操作符函数除外。
- 上述两条规则之外的非模板函数名称不编码返回类型。

构造函数、析构函数和转换操作符函数（operator int()）不包含返回类型。

空参数列表，无论声明为空还是按惯例声明为 void，都使用 void 参数说明符'v'进行编码。因此，函数类型总是编码至少一个参数类型，并且函数编码总是可以通过类型的存在与数据编码区分开。成员函数不编码隐式参数的类型，无论它是 this 参数还是 VTT 参数。

函数类型中 CV 限定符和引用限定符的编码因上下文而异。当编码非静态成员函数的名称时，该函数的 CV 限定符和 ref 限定符位于<nested-name>的起始位置；否则，它们将编码为函数类型的一部分。

当异常规范（即 noexcept、noexcept(statement)或 throw(type(s))）是函数类型的一部分时，就根据<exception-spec>的规则进行编码。非实例化依赖（non-instantiation-dependent）、可能引发异常的规范（potentially-throwing exception specification）不会被编码。

<function-type>规则的定义如下：

```
<function-type> ::= [<CV-qualifiers>] [<exception-spec>] [Dx] F [Y]
                    <bare-function-type> [<ref-qualifier>] E
<bare-function-type> ::= <signature type>+
<exception-spec> ::= Do
                 ::= DO <expression> E
                 ::= Dw <type>+ E
<type>  ::= Dp <type>
```

函数类型的 CV 限定符和 ref 限定符是函数类型的不可分割部分，例如 void() const 和 void()

不可互相替换。

此外，当函数参数是 C++17 函数参数包时，其类型被编码为 Dp <type>，换言之其类型是包扩展。

在 GCC 中，函数名的编码结果可表示如下：

```
_Z <declaration> (<parameter>+ | v )
```

<parameter> 由 ([PR]K?)*(<basic-type>|<function>|<user-type>) 构成，其中 P 是指针，R 和 K 可参考 qualified-type 中的介绍，具体如下。

- <basic-type>表示基本类型（上述内容中的内建类型）。
- <function>被编码在 F…E 之中，函数的返回类型被编码在<parameter>之前。
- <user-type>在嵌套时被编码在 N…E 之中，并描述类型的整个层次结构。

声明一个函数 func：

```
const int func(int a, const int* p)
```

上述 func 的 Mangling 名称为_Z4funciPKi，而 typeid(func).name()的结果为_ZTIFKiiPS_E。

现代 C++中的 decltype 类型是用 Dt 或 DT 编码的，这取决于 decltype 的解析方式：

```
<decltype>  ::= Dt <expression> E
            ::= DT <expression> E
```

为了便于读者理解现代 C++中 decltype 的编码方式，定义如下模板函数：

```
int x;
template<class T> auto f(T p)->decltype(x) {}
```

f(nullptr)的 Mangling 名称为_Z1fIDnEiT_，函数模板实例化的 Name Mangling 规则如下：

```
_Z <declaration> I<template_parameter>+E <template_return_type>
(<parameter>+ | v )
```

_Z1fIDnEiT_的解释如下：I…E 之中为模板参数，这是因为 nullptr 的编码为 Dn；i 为函数模板实例化后的返回值类型；函数模板的第一个模板参数为 T_，第二个模板参数编码为 T0_，第三个模板参数编码为 T1_，以此类推。

定义模板函数如下：

```
template<class T> auto f(T p)->decltype(p) {}
```

f(nullptr)的 Mangling 名称为_Z1fIDnEDtfp_ET_，此时 decltype(p)表达式无法直接得出相应的 p 的类型，即依赖函数初始化，因此其编码为 Dtfp_E。

定义模板函数如下：

```
void g(int);
template<class T> auto f(T p)->decltype(g(p)) {}
```

此时，f(10)的 Mangling 名称为_Z1fIiEDTcl1gfp_EET_，decltype(g(p))编码为 DTcl1gfp_E。

class、union 或 enum 类型只是一个名称。这个名称可能是一个简单的<unqualified-name>，模板参数列表有没有都没有关系，或是一个更复杂的<nested-name>。因此，它的编码方式类似函数名，只是嵌套名称规范中不存在 CV 限定符。相应的命名规则如下：

```
<class-enum-type> ::= <name>
                  ::= Ts <name>
                  ::= Tu <name>
                  ::= Te <name>
```

但是 TR 24733 中定义的类 std::decimal::decimal32、std::decimal::decimal64 或 std::decimal::decimal128 使用与十进制浮点标量类型相同的编码。

不是闭包类型的匿名 class、匿名 union 和匿名 enum 类型，编译器不会为其生成“用于链接目的的名称”（通过 typedef 实现）。在类作用域中定义它们时要遵循相同的规则，<unqualified-name>由<unnamed-type-name>构成，其命名规则如下：

```
<unnamed-type-name> ::= Ut [ <number> ] _
```

类中的第一个未命名类型将省略数字；第 n 个未命名类型成员的 Mangling 名称中的<number>为 $n-2$。假设有如下结构体和函数声明：

```
struct S {
    static struct {} x;
    static struct {} y;
};

void f(decltype(S::y)) {}
```

通过 Compiler Explorer 可知，上述函数 f 的 Mangling 名称为_Z1fN1SUt0_E，其中 S::y 的 Mangling 名称为 Sut0_。因为 y 是 S 中第 2 个未命名的数据成员，所以其 Mangling 名称中的<number>被赋值为 2−2 = 0。

命名空间作用域中定义的此类匿名类型的编码通常是未指定的，因为它们不必在转换单元之间匹配。实现仅仅需要确保避免命名冲突。作用域编码（scope encoding）描述了局部作用域中匿名类的编码。闭包类型的编码将在闭包类型中描述。

为了帮助读者理解相应的匿名类的 Name Mangling 规则，定义如下类：

```
struct S {
  static struct {} x;
};
```

声明如下类型：

```
typedef decltype(S::x) TX;
TX S::x;
void f(TX) {}
```

上述 S::x 的 Mangling 名称为_ZN1S1xE，而函数 f 的 Mangling 名称为_Z1fN1SUt_E。

上述讲解中提及用户定义类型的编码规则为 N…E，而函数 f 的编码中的参数的类型为 N1SUt_E，其中 Ut_便为匿名类的 Mangling 名称。

数组类型对其数组边界和元素类型进行编码。函数的“数组”参数被编码为指针类型。对于不完整的数组类型（例如 int[]）和 C99 可变长度数组类型，省略数组边界（但不包括"_"分隔符）。数组类型的 Name Mangling 规则如下：

```
<array-type> ::= A [<array bound number>] _ <element type>
             ::= A <instantiation-dependent array bound expression>
                 _ <element type>
```

假设有一个函数模板，其定义如下：

```
template<int I> void foo (int (&)[I + 1]) { }
```

在测试端有如下测试代码：

```
int a[3];
foo<2>(a);
```

上述 foo<2>(a)的 Mangling 名称为_Z3fooILi2EEvRAplT_Li1E_i。

指向成员函数的指针的 Name Mangling 规则如下：

```
<pointer-to-member-type> ::= M <class type> <member type>
```

例如定义一个类 A：

```
class A {};
```

此时，void f(void (A::*)() const &) {}的 Mangling 名称为_Z1fM1AKFvvRE。

4．函数参数引用

函数参数引用是指一个函数在其参数类型或尾置返回类型中引用了该函数的其他参数，此时 Name Mangling 的处理方式与引用模板参数的处理方式类似，但细节稍有不同。

设 *L* 是函数参数引用在函数原型中跨越的作用域层数，计算范围从最内层函数原型（函数参数引用的发生位置）到最外层函数原型（所引用的函数参数最初被声明的位置）。如果最内层函数原型中的函数参数未引用最外层函数原型中的函数参数，则 *L*=0。例如：

```
template<typename T> void f(T p, decltype(p));              // L = 1
template<typename T> void g(T p, decltype(p) (*)());        // L = 1
template<typename T> void h(T p, auto (*)()->decltype(p));    // L = 1
template<typename T> void k(T p, auto (*)(T q)->decltype(q)); // L = 0
template<typename T> void m(T p, auto (*)(decltype(p))->T);   // L = 2
```

函数参数引用的 Mangling 名称的规则定义如下：

```
<function-param> ::= fp <top-level CV-qualifiers> _
                 ::= fp <top-level CV-qualifiers> <parameter-2 number> _
                 ::= fL <L-1> p <top-level CV-qualifiers> _
                 ::= fL <L-1> p <top-level CV-qualifiers> <parameter-2 number> _
                 ::= fpT
```

需要指出的是，在参数类型上指定的顶层 CV 限定符不会直接影响函数类型（即 int(*)(T) 和 int(*T const)是同一类型），但在表达式上下文（如 decltype 参数）中，它们确实很重要，因此必须在<function-param>中编码，除非参数被用作已知非类类型的右值（在后一种情况下，限定符不能影响表达式的语义）。

通过 Compiler Explorer 可以进一步验证上述 5 个函数模板的 *L* 值的正确性，相关测试代码如下：

```
int main() {
    f(0,0);
    g(9, nullptr);
    h(0, nullptr);
    k<int>(0, nullptr);
    m<int>(0, nullptr);
    return 0;
}
```

由 Compiler Explorer 可得出如下结论。

- f(0, 0)函数的 Mangling 名称为_Z1fIiEvT_DtfL0p_E。由其中的 fL0p_可知该函数模板的 *L* 值为 1。decltype(p)是函数模板 f 的函数参数，且引用了函数模板 f 的函数参数 p。因此函数模板 f 中函数参数引用所跨越的作用域层数为 1，即 *L*=1。
- g(9, nullptr)函数的 Mangling 名称为_Z1gIiEvT_PFDtfL0p_EvE。由其中的 fL0p_可知该函数模板的 *L* 值为 1。虽然函数模板 g 的函数参数中存在函数指针声明 decltype(p) (*)()，但因为函数的返回值不编码在函数的 Mangling 名称中，所以该函数声明并不计算在 *L* 中。decltype(p)引用了函数模板 g 的函数参数 p，此时该函数参数引用所跨越的函数作用域层数为 1，故 *L*=1。
- h(0, nullptr)函数的 Mangling 名称为_Z1hIiEvT_PFDtfL0p_EvE。由其中的 fL0p_可知该函数模板的 *L* 值为 1。虽然模板函数 h 中存在函数指针声明 auto (*)()->decltype(p)，

但因为函数的返回值并不编码在非模板函数的 Mangling 名称中，所以该函数声明并不计算在 *L* 中，模板函数 h 中函数参数引用所跨越的作用域层数为 1，故此时 *L*=1。

- k<int>(0, nullptr)函数的 Mangling 名称为_Z1kIiEvT_PFDtfp_ES0_E。由其中的 fp_可知该函数模板的 *L* 值为 0。这是因为模板函数 k 中声明了函数原型 auto (*)(T q)->decltype(q)，该函数原型并没有引用最外层模板函数 k 的函数参数，故 *L*=0。
- m<int>(0, nullptr)函数的 Mangling 名称为_Z1mIiEvT_PFS0_DtfL1p_EE。由其中的 fL1p_可知该函数模板的 *L* 值为 2。这是因为模板函数 m 中声明了函数原型 auto (*)(decltype(p))->T，且 decltype(p)出现在函数 auto(*)(decltype(p))->T 的函数参数中，函数声明 auto (*)(decltype(p))->T 会被计算在 *L* 中，最外层模板函数 m 也会被计算在 *L* 中，故此时 *L*=2。

模板参数列表出现在未限定的模板名称之后，并用 I 和 E 括起来。这多用于专业化的名称，也用于类型和作用域标识。模板参数包用 J 和 E 括起来，以区别于其他参数。其 Name Mangling 规则如下：

```
<template-args> ::= I <template-arg>+ E
<template-arg>  ::= <type>
                ::= X <expression> E
                ::= <expr-primary>
                ::= J <template-arg>* E
```

类型参数的编码方式较为常规。例如，模板类 A<char, float>被编码为 1AIcfE。又如，一个依赖函数的参数类型为 A<T2>::X（T2 是第二个模板参数），它被编码为 N1AIT0_E1XE，其中 N…E 结构用于描述限定名称。

8.5 表达式编码

表达式也会被 Mangling，以生成唯一的名称。我们必须在多个上下文中编码表达式。

当 Mangling 一个模板特化函数时，其非类型的模板参数（template argument）将作为表达式进行 Mangling。

在 Mangling 模板函数名称时，必须对任何实例化依赖（instantiation-dependent）表达式（例如数组绑定、decltype 或模板参数等）进行 Mangling，以使函数模板能够满足 C++标准规定的 ODR。

通常，Mangling 表达式的结果为语法表达式树的前缀遍历，并且去除了相应的括号。括号可能会被忽略，这是因为它们隐含在前缀表达式中，而且通常不会影响语义。但是，带括号的<unsolved-name>必须以不同的方式进行 Mangling。除非另有明确说明，否则表达式会在没有常量折叠或其他简化的情况下进行 Mangling。

每个表达式的 Mangling 名称都以一个代码（通常是两个字母）开始，该代码指示表达式的类型，并规定后续的编码形式。对于可重载运算符，此代码与<operator-name>相同。

表达式的 Name Mangling 规则如下：

```
<expression>    ::= <unary operator-name> <expression>
                ::= <binary operator-name> <expression> <expression>
                ::= <ternary operator-name> <expression> <expression>
                    <expression>
                ::= pp_ <expression>
                ::= mm_ <expression>
                ::= cl <expression>+ E
                ::= cp <base-unresolved-name> <expression>* E
                ::= cv <type> <expression>
                ::= cv <type> _ <expression>* E
                ::= tl <type> <braced-expression>* E
                ::= il <braced-expression>* E
                ::= [gs] nw <expression>* _ <type> E
                ::= [gs] nw <expression>* _ <type> <initializer>
                ::= [gs] na <expression>* _ <type> E
                ::= [gs] na <expression>* _ <type> <initializer>
                ::= [gs] dl <expression>
                ::= [gs] da <expression>
                ::= dc <type> <expression>
                ::= sc <type> <expression>
                ::= cc <type> <expression>
                ::= rc <type> <expression>
                ::= ti <type>
                ::= te <expression>
                ::= st <type>
                ::= sz <expression>
                ::= at <type>
                ::= az <expression>
                ::= nx <expression>
                ::= <template-param>
                ::= <function-param>
                ::= dt <expression> <unresolved-name>
                ::= pt <expression> <unresolved-name>
                ::= ds <expression> <expression>
                ::= sZ <template-param>
                ::= sZ <function-param>
                ::= sP <template-arg>* E
```

```
::= sp <expression>
::= fl <binary operator-name> <expression>
::= fr <binary operator-name> <expression>
::= fL <binary operator-name> <expression> <expression>
::= fR <binary operator-name> <expression> <expression>
::= tw <expression>
::= tr
::= u <source-name> <template-arg>* E
::= <unresolved-name>
::= <expr-primary>
```

相应的表达式解释如表 8-1 所示。

表 8-1　表达式解释

表达式	解释
pp_ <expression>	前缀 ++ 操作符
mm_ <expression>	前缀 -- 操作符
cl <expression>+ E	expression (expr-list)，函数调用
cp <base-unresolved-name> <expression>* E	(name) (expr-list)，函数调用，由于存在括号而不使用 ADL
cv <type> <expression>	type (expression)，使用一个参数的类型转换表达式
cv <type> _ <expression>* E	type (expression)，使用多个参数的类型转换表达式
tl <type> <braced-expression>* E	type {expr-list}，使用{}初始化列表的类型转换表达式
il <braced-expression>* E	{expr-list}，在任意上下文中使用{}初始化列表
[gs] nw <expression>* _ <type> E	new (expr-list) type，new 表达式，分配对象
[gs] nw <expression>* _ <type> <initializer>	new (expr-list) type (init)，带初始化的 new 表达式
[gs] na <expression>* _ <type> E	new[] (expr-list) type，new[]表达式，分配数组
[gs] na <expression>* _ <type> <initializer>	new[] (expr-list) type (init)，带初始化的 new[]表达式
[gs] dl <expression>	delete expression，删除对象
[gs] da <expression>	delete[] expression，删除数组
dc <type> <expression>	dynamic_cast<type> (expression)，动态类型转换
sc <type> <expression>	static_cast<type> (expression)，静态类型转换
cc <type> <expression>	const_cast<type> (expression)，常量类型转换

续表

表达式	解释
rc <type> <expression>	reinterpret_cast<type> (expression)，重新解释类型转换
ti <type>	typeid (type)，获取类型的运行时信息
te <expression>	typeid (expression)，获取表达式的运行时信息
st <type>	sizeof (type)，获取类型的大小
sz <expression>	sizeof (expression)，获取表达式结果类型的大小
at <type>	alignof (type)，获取类型的对齐要求
az <expression>	alignof (expression)，获取表达式的对齐要求
nx <expression>	noexcept (expression)，判断表达式是否不会抛出异常
dt <expression> <unresolved-name>	expr.name，通过对象访问成员变量或成员函数
pt <expression> <unresolved-name>	expr->name，通过指针访问成员
ds <expression> <expression>	expr.*expr，访问指向成员的指针
sZ <template-param>	sizeof...(T)，获取模板参数包的大小
sZ <function-param>	sizeof...(parameter)，获取函数参数包的大小
sP <template-arg>* E	sizeof...(T)，获取别名模板参数包的大小
sp <expression>	expression...，参数包展开
fl <binary operator-name> <expression>	(... operator expression)，一元左折叠表达式
fr <binary operator-name> <expression>	(expression operator ...)，一元右折叠表达式
fL <binary operator-name> <expression> <expression>	(expression operator ... operator expression)，二元左折叠表达式
fR <binary operator-name> <expression> <expression>	(expression operator ... operator expression)，二元右折叠表达式
tw <expression>	throw expression，抛出异常
tr	throw，无操作数，重新抛出当前异常
u <source-name> <template-arg>* E	vendor extended expression，生产商扩展的表达式

例如，如果 J 是第三个模板参数，则“B<(J+1)/2>”变为“1BI Xdv plT1_Li1E Li2E E”（空格仅用于可视化分解）。

表 8-1 中部分组件的 Name Mangling 规则如下：

```
<unresolved-name> ::= [gs] <base-unresolved-name>
                  ::= sr <unresolved-type> <base-unresolved-name>
                  ::= srN <unresolved-type> <unresolved-qualifier-level>+ E
                          <base-unresolved-name>
                  ::= [gs] sr <unresolved-qualifier-level>+ E
                           <base-unresolved-name>

<unresolved-type> ::= <template-param> [ <template-args> ]
                  ::= <decltype>
                  ::= <substitution>

 <unresolved-qualifier-level> ::= <simple-id>

 <simple-id> ::= <source-name> [ <template-args> ]

 <base-unresolved-name> ::= <simple-id>
                        ::= on <operator-name>
                        ::= on <operator-name> <template-args>
                        ::= dn <destructor-name>

<destructor-name>   ::= <unresolved-type>
                    ::= <simple-id>

<expr-primary>  ::= L <type> <value number> E
                ::= L <type> <value float> E
                ::= L <string type> E
                ::= L <nullptr type> E
                ::= L <pointer type> 0 E
                ::= L <type> <real-part float> _ <imag-part float> E
                ::= L _Z <encoding> E

<braced-expression> ::= <expression>
                    ::= di <field source-name> <braced-expression>
                    ::= dx <index expression> <braced-expression>
                    ::= dX <range begin expression> <range end expression>
                            <braced-expression>

<initializer> ::= pi <expression>* E
```

某些组件的可选前缀 gs 表示相应的源结构（名称、new 表达式或 delete 表达式），它们包含全局作用域限定符（例如::x）。

对具有外部链接的实体的引用由“L<mangled-name>E”编码，例如：

```
void foo(char); // 编译器产生的名称为_Z3fooc
template<void (&)(char)> struct CB {};
```

在 Compiler Explorer 中，通过 typeid(CB<foo>).name()可知，编码结果为_ZTI2CBIL_Z3foocEE，故可知 CB<foo>的 Mangling 名称为 2CBIL_Z3foocEE。

extern "C"所规定的函数的<encoding>被视为全局作用域数据，即不带类型的<source-name>。例如：

```
extern "C" bool foo1(char *) {} // 编译器产生的名称为 foo1，不会被修饰
template<bool (&)(char *)> struct CB{};
```

在 Compiler Explorer 中，通过 typeid(CB<foo>).name()可知，编码结果为_ZTI2CBIL_Z4foo1EE，故可知 CB<foo1>的 Mangling 名称为 2CBIL_Z4foo1EE。

对模板签名进行编码时，源代码中出现的名称无法始终被解析为特定实体。在这种情况下，不应通过<expr-primary>生成<encoding>，而应使用<unresolved-name>编码。例如：

```
struct P {
    int x;
};

template<class T> auto f(T p)->decltype(p->x) {}
```

f(new P)的 Mangling 名称为_Z1fIP1PEDtptfp_1xET_，因此模板函数签名为 Dtptfp_1xET_。

decltype 表达式的编码规则为 Dt…E，而表达式 p->x 的编码形式为 pt<expression> <unresolved-name>。结合两者可知，上述模板函数的 Mangling 名称为 Dtptfp_1xET_。

假设将上述示例代码修改如下：

```
struct P {
    struct X {
       int y;
    };
};

template<class T> auto f(T p)->decltype(T::X::y);
```

由上可知，对于 P 的对象 p，f(p)的 Mangling 名称为_Z1fI1PEDtsrNT_1XE1yES1_，其相应的模板 Mangling 名称为 DtsrNT_1XE1yES1_，decltype 表达式的编码规则为 Dt…E，表达式 T::X::y 这种形式的编码规则为 srN <unresolved-type> <unresolved-qualifier-level>+E，而 S1_是可替换规则，将在 8.8 节讲解。故最终编码为 DtsrNT_1XE1yES1_。

继续修改上述函数模板示例如下：

```
struct A {
  struct X {};
};
```

```
struct P {
 A a;
};

template<class T> auto f(T p)-> typename decltype(p->a)::X {}
```

由上可知，f(new P)的 Mangling 名称为_Z1fIP1PENDtptfp_1aE1XET_，相应的模板函数签名为 NDtptfp_1aE1XET_。

在成员选择操作的场景下，即使相应的成员类型是已知的，也会使用<unresolved-name>对表达式进行编码。同理，<unresolved-qualifier-level>可以对已知类类型进行编码。它也用于引用非静态成员，这些成员没有指定封闭对象的关联表达式（C++11 中的特性）。例如：

```
struct Q { int x; } q;
template<class T> auto f(T p)->decltype(p.x + q.x) {}
```

定义一个 Q 的对象 p，则 f(p)的 Mangling 名称为_Z1fI1QEDTpldtfp_1xdtL_Z1qE1xET_，故模板的 Mangling 名称可推测为 DTpldtfp_1xdtL_Z1qE1xET_。

若将函数模板定义修改如下：

```
template<class T> auto f(T p)->decltype(p.x + Q::x) {}
```

此时，f(p)的 Mangling 名称为_Z1fI1QEDTpldtfp_1xL_ZNS0_1xEEET_，故模板的 Mangling 名称可推测为 DTpldtfp_1xL_ZNS0_1xEEET_。

若将函数模板定义修改如下：

```
template<class T> struct X { static T x; };
struct B: X<int> {};
struct D: B {} d;
template<class T> auto f(T p)->decltype(p+d.B::X<T>::x) {}
```

此时，f(1)的 Mangling 名称为_Z1fIiEDTplfp_dtL_Z1dEsr1XIT_E1xES1_，故可推测模板的 Mangling 名称为 DTplfp_dtL_Z1dEsr1XIT_E1xES1_。

如果<unresolved-name>中的 operator 运算符针对类的一元或二元重载操作符，则 Name Mangling 规则中均以二元重载运算符进行编码。例如：

```
struct A {
  // bool operator-() {}
  void operator-(int i) {}
};
template<class T> auto f(T p)->decltype(&T::operator-) {}
```

由上可知，f(A{})的 Mangling 名称为_Z1fI1AEDTadsrT_onmiES1_，即便将二元重载运算

符注释掉，f(A{})的 Mangling 名称也依然为_Z1fI1AEDTadsrT_onmiES1_。

8.6 作用域编码

声明在非全局作用域中的实体必须在其 Mangling 名称中包含其作用域。对于声明在函数定义之外的实体，该实体的 Mangling 名称由<name>的 Name Mangling 规则决定。声明在函数定义中的实体通常不需要明确定义的编码，因为只有一个翻译单元可以访问该实体。但是不同的翻译单元必须就内联函数中声明的实体的地址达成一致，包括模板特化。因此，GCC 针对局部变量定义了 Name Mangling 规则。

局部变量的 Name Mangling 规则由 3 部分组成：函数的编码、变量相对于函数的编码，以及函数内的鉴别器（discriminator），如下所示。

```
<local-name> ::= Z <function encoding> E <entity name> [<discriminator>]
             ::= Z <function encoding> E s [<discriminator>]

<discriminator> ::= _ <number>    // 当 number < 10 时
                ::= __ <number> _   // 当 number ≥ 10 时
```

局部变量的名称根据<name>的规则进行编码。直接声明在函数中的实体（例如局部类型或静态局部变量）将使用非作用域名称进行编码，而局部变量的成员将使用<nested-name>进行编码。

可以在函数中声明多个名称相同的局部变量，但这些局部变量需要分别处于不同的作用域。在该场景下，每个局部变量的<local-name>中必须添加相应的<discriminator>。在函数定义中，具有相同“顶级”（top-level）名称的实体按词汇顺序（lexical order）编号。<discriminator>仅针对第二次及以后出现的相同名称添加，因此第 *n* 个<discriminator>中的<number>实际上是 *n*−2。这里的“顶级”名称是指直接声明在局部作用域内的名称。例如，如果给定函数 g 中有 4 个名为 S 的类，并且只有第 4 个类具有成员函数 f，则 g 中 S::f 的名称仍包含<discriminator>_2（因为 4 − 2 =2）。

测试代码如下：

```
inline void g(int) {
     { struct S {}; }
     { struct S {}; }
     { struct S {}; }
     struct S {
       void f(int) {
       }
     } s;
```

```
    s.f(1);
}
```

通过 Compiler Explorer 可知，上述 f 函数的 Mangling 名称为_ZZ1giEN1S1fE_2i。

对于未命名的局部类型（即并非用于链接目的且具有名称的类型），“name”被编码为<unnamed-type-name>形式，其规则如下：

```
<unnamed-type-name> ::= Ut [<number> ] _
```

在上述代码中，函数中的第一个未命名类型省略了数字，否则第 *n* 个未命名类型（按词法顺序）为 *n*−2。

将测试代码更改如下：

```
inline void g(int) {
    { struct S {}; }
    { struct S {}; }
    { struct S {}; }
    struct S {
      void f(int) {
        struct {} x1;
        struct {} x2;
        struct {
          int fx() {
            return 3;
          }
        } x3;
        x3.fx();
         std::cout << typeid(x3).name();
      }
    } s;
    s.f(1);
}
```

通过 Compiler Explorer 可知，上述 x3::fx 的 Mangling 名称为_ZZZ1giEN1S1fE_2iENUt1_2fxEv，通过 typeid(x3)所获得的结果为_ZTIZZ1giEN1S1fE_2iEUt1_，故可推断出上述匿名局部变量的类型名编码为 Ut1_。

下面的构造规则用于字符串文本。

```
<local-name> ::= Z <function encoding> E s [<discriminator>]
```

当且仅当非全局作用域中出现多个相同的字符串文本 S 时才使用<discriminator>，且<discriminator>用于 S 的第二个和后续的字符串文本。在这种情况下，<number>中的 *n*−2 表示第 *n* 个不同的按词法顺序出现在函数中的字符串文本。对同一字符串文本的多个引用会在序列中生成一个具有同一名称的字符串对象。需要注意的是，这需要假设在给定函数中出现两次的相同字符串文本实际上表示单个实体，它们具有唯一的地址。

对于构造函数和析构函数中的实体，完整对象构造函数或析构函数的 Mangling 名称为基本函数名称，即 C1 或 D1。这将生成在各个版本之间一致的 Mangling 名称：

```
inline char const* F() {
     "str3";
     struct B {};
     struct S: B {
       S()
         : msg("str1") {}
       char const *msg;
     } s;
     static char const *str4a = "str4";

     static char const *str4b = "str4";
     return str4b;
}
```

在上述代码中，第三个字符串常量（在函数 g 的顶级作用域中出现）str4 的 Mangling 名称为_ZZ1gvEs_1。

8.7 lambda 表达式编码

lambda 表达式引入了一种称为闭包类型的唯一类类型。在某些情况下，这种闭包类型对于翻译单元是唯一的，不同的编译器针对 lambda 表达式有不同的实现。

ODR 要求不同翻译单元中的闭包类型满足如下条件。

- 默认参数定义在 lambda 表达式所转换的类中。
- 默认成员初始化。
- 将 lambda 表达式转换为模板函数或内联函数。

假设有如下 lambda 表达式：

```
int a{0};
auto lb = [a, p = std::make_shared<int>()](auto b) {};
```

通过 cppinsights 可知，上述 lambda 表达式在编译器内部会生成如下所示的匿名类。

```
class __lambda_7_15
{
public:
    template<class type_parameter_0_0>
```

```
        inline /*constexpr */auto operator()(type_parameter_0_0 b) const
        {
        }
    private:
        int a;
        std::shared_ptr<int> p;
    public:
        // inline __lambda_7_15 & operator=(const __lambda_7_15 &) /* noexcept */
        __lambda_7_15(int & _a, const std::shared_ptr<int>& _p)
        : a{_a}
        , P{_P}
        {}

    };
```

由此可知，若 lambda 表达式的参数中拥有 auto 声明的参数，编译器内部会生成一个 template 的内联函数；捕获列表的参数会默认定义在生成的类中，其通过成员初始化列表的方式进行初始化。

闭包类型的编码由<unqualified-name>和<unnamed-type-name>决定，其相应规则如下：

```
<unnamed-type-name> ::= <closure-type-name>
<closure-type-name> ::= Ul <lambda-sig> E [ <number> ] _
<lambda-sig> ::= <parameter type>+
```

对于给定上下文中的第一个闭包类型，<lambda-sig>后的数字被省略；对于具有相同上下文的第 *n* 个闭包类型（按词法顺序），<lambda-sig>后的数字为 *n*−2。

如果 lambda 表达式出现在函数（内联函数或模板函数）的定义中，lambda 表达式的编码规则与局部变量的相同。

为了便于读者进一步理解上述 Name Mangling 规则，假设同一个作用域中有如下 3 个 lambda 表达式：

```
int main () {
    auto n = []{ return 1; };
    auto n1 = []{ return 1; };
    auto n2 = []{ return 1; };
    return 0;
}
```

通过 Compiler Explorer 可知，上述 lambda 表达式 n、n1、n2 的 Mangling 名称分别为 _ZZ4mainENKUlvE_clEv、_ZZ4mainENKUlvE0_clEv 和 _ZZ4mainENKUlvE1_clEv。

当 lambda 表达式的参数为空时，其参数类型编码为 v，这里的参数指的是 lambda 表达式声明中()内的参数。故上述 3 个 lambda 表达式的参数类型均编码为 v。因为 lambda 表达式的 Mangling 规则中规定第一个 lambda 表达式省略<number>，第 *n* 个 lambda 表达式的<number>编码为 *n*−2，所以第二个 lambda 表达式编码为 0，第三个 lambda 表达式编码为 1。

关于上述 Mangling 名称需要另外说明的是，K 代表 const，N…E 之中所界定的编码结果表示用户声明和定义的类型。

如果 lambda 表达式作为类中成员函数默认参数的初始化值，则闭包类及其成员的 Name Mangling 规则如下：

```
<local-name> ::= Z <function encoding> Ed [ <parameter number> ] _
                 <entity name>
```

对于<*parameter* number>而言，最后一个参数省略参数编号，倒数第二个参数的编号为 0，倒数第三个参数的编号为 1，以此类推。<*entity* name>规则由一个<closure-type-name>构成：<closure-type-name>所对应的<*parameter* number>是它所属的特定参数的局部编号——其他默认参数不影响它的编码。

假设定义类 S 如下：

```
struct S {
      void f(int = []{return 1;}()
                 + []{return 2;}(),
             int = []{return 3;}()) {}
};
```

通过 Compiler Explorer 可知，上述 lambda 表达式按照顺序所产生的 Mangling 名称分别为_ZZN1S1fEiiEd0_NKUlvE_clEv、_ZZN1S1fEiiEd0_NKUlvE0_clEv 和_ZZN1S1fEiiEd_NKUlvE_clEv。

因为[]{return 3;}()表达式为成员函数的最后一个默认参数进行初始化，所以<*parameter* number>可以省略，即_ZZN1S1fEiiEd_NKUlvE_clEv 中的 E_clEv 中省略了参数编号。

[]{return 1;}()和[]{return 2;}()表达式为成员函数的倒数第二个默认参数进行初始化，因此<*parameter* number>为 0。[]{return 1;}()和[]{return 2;}()表达式在同一作用域中，所以其<closure-type-name>中的<number>依然按照上述<closure-type-name>中的 Mangling 规则进行编码，即第一个出现的 lambda 表达式中的<closure-type-name>中的<number>省略，第二个 lambda 表达式中的<number>编码为 0。

如果使用闭包类型来初始化类的静态成员变量、非静态成员变量、内联变量或变量模板，则以限定名称进行编码，<prefix>的格式如下：

```
<closure-prefix> ::= [ <prefix> ] <variable or member unqualified-name> M
                 ::= <variable template template-prefix> <template-args> M
```

为了便于读者理解上述编码规则，定义类 S 如下：

```
struct S {
  S()  {}
  int a_ = []{return 1;}();
};
```

定义默认构造函数主要是为了观察 lambda 表达式的编码，若不定义 lambda 表达式，则被编译器直接优化为 1。通过 Compiler Explorer 可知，上述 lambda 表达式的 Mangling 名称为 _ZNK1S2a_MUlvE_clEv。

该 Mangling 名称中的 N…E 部分表示用户定义类型，K1S2a_为<*variable or member* unqualified-name>。

若将上述类 S 更改为模板，如下所示：

```
template<typename T> struct S {
    S(){}
    int x = []{ return 1;}();
};
```

此时，lambda 表达式的 Mangling 名称为_ZNK1SIiE1xMUlvE_clEv。该 Mangling 名称的分析留给读者自行练习。

最后需要说明的是，在泛型 lambda 中，参数列表中的 auto 关键字被编码为相应的编译器构造的模板类型参数。<lambda-sig>中的<template-param>只能引用泛型 lambda 的模板参数，以保证模板参数的唯一性。

8.8 压缩

若不对外部名称进行压缩，那么编译器产生的外部 Mangling 名称会很长，因此为了缩短外部 Mangling 名称的长度，GCC 提供了两种机制：替换和缩写。出现在上述内容中的各个 Name Mangling 规则中“::=”左侧的<substitution>即为被替换的对象，称为替换源。

所有的替换都应用于符号表中的实体。需要特别说明的是，对于限定名称，一般只替换其限定部分，例如::G1::foo 和::G2::foo，替换不会对 foo 生效。

此外，替换对表达式也不生效，但表达式中涉及的实体的名称可能被替换。这样做是为了便于使用符号表来跟踪可能被替换的组件。

替换是为了节省空间而使用的一种压缩方案，其中多次出现的符号被序列中的一个元素 S_、S0_、S1_或 S2_等取代。替换的规则如下：

```
<substitution> ::= S <seq-id> _
               ::= S_
```

此外，GCC 中某些特殊符号将直接用相应的缩写代替，规则如下：

```
<substitution> ::= St
<substitution> ::= Sa
<substitution> ::= Sb
<substitution> ::= Ss
<substitution> ::= Si
<substitution> ::= So
<substitution> ::= Sd
```

上述缩写分别解释如下：

```
St= ::std::
Sa= ::std::allocator
Sb= ::std::basic_string
Ss= ::std::basic_string<char, ::std::char_traits<char>,
                              ::std::allocator<char> >
Si= ::std::basic_istream<char, ::std::char_traits<char> >
So= ::std::basic_ostream<char, ::std::char_traits<char> >
Sd= ::std::basic_iostream<char, ::std::char_traits<char> >
```

为了便于读者理解上述替换和缩写机制，下面分别从函数参数、命名空间、作用域和模板 4 个方面给出相应的示例。

首先来看看替换如何在函数参数中生效。假设有如下函数定义：

```
void foo(int*, int*, int*) {}
```

通过 Compiler Explorer 可知，该函数的 Mangling 名称为_Z3fooPiS_S_。它可拆分为以下部分，分别解释如下。

- _Z：前缀。
- 3foo：函数名。
- Pi：代表“指向 int 类型的指针”。它不是一种基本类型，因此被视为一种符号。
- S_S_：代表 Pi，用于替换 Pi。

替换只发生于类型中，而 foo 是一个函数声明，并不是类型，因此它不会被替换。

8.4 节讲解了基本类型的编码规则，其可以看作类型的缩写。除了特殊的基本类型，其他基本类型均由一个字符表示，并且基本类型不能被代替，举例如下。

- void foo(int)的 Mangling 名称为_Z3fooi。
- void foo()的 Mangling 名称为_Z3foov，在 C++中，无论是 void 参数还是空函数参数，在函数的 Mangling 名称中均被编码为 v。

- void foo(char, int, long)的 Mangling 名称为_Z3foocil，参数编码从左到右依次进行。

间接寻址（即通过指针或引用寻址）和类型限定符需要附加在类型前面。每个间接寻址或类型限定符都占用一个新符号。

- void foo(const int)的 Mangling 名称为_Z3fooi，所以其不能与 void foo(int)同时存在于同一作用域中，否则违反 ODR。
- void foo(const int*)的 Mangling 名称为_Z3fooPKi，因为替换的必须是类型，所以 Ki 可以被替换为 S_，PKi 可以被替换为 S0_。
- void foo(const int* const*)的 Mangling 名称为_Z3fooPKPKi，所以 Ki 可以被替换为 S_，PKi 可以被替换为 S0_，KPKi 可以被替换为 S1_，PKPKi 可以被替换为 S2_。
- void foo(int*&)的 Mangling 名称为_Z3fooRPi，所以 Pi 可以被替换为 S0，RPi 可以被替换为 S1_。

当函数的参数为函数类型时，它们会被编码为由 F…E 所限定的名称，且函数指针被编码为 P，函数引用被编码为 R，参数所声明的函数类型的返回值也会被编码为函数类型的一部分。

- void foo(void(*)(int*))的 Mangling 名称为_Z3fooPFvPiE，其中 FvPiE 可以被替换为 S_，PFvPiE 可以被替换为 S0_。
- void foo(void*(*)(void*), int*(*)(const int*), const void*(*)(char*))的 Mangling 名称为_Z3fooPFPvS_EPFPiPKiEPFPKvPcE，函数参数的编码由 F…E 及其相应的前缀构成。该函数声明中包含 3 个函数声明，并且均声明为函数指针，所以类型被编码为 PF…E 的形式。函数声明 void*(*)(void*)本应该被编码为 PFPvPvE，但由于替换的发生，后一个 Pv 被 S_替换，因此被编码为 PFPvS_E。

若将该函数声明更改为如下形式：

```
void foo(void*(*)(void*),void*(*)(const void*),const void*(*)(void*));
```

此时，函数的 Mangling 名称为_Z3fooPFPvS_EPFS_PKvEPFS3_S_E，该命名的详细解释如下。

- S_：替换 Pv -> void*。
- S0_：替换 FPvS_E -> void*()(void*)。
- S1_：替换 PFPvS_E -> void*(*)(void*)。
- S2_：替换 Kv -> const void。
- S3_：替换 PKv -> const void*。
- S4_：替换 FS_PKvE -> void*()(const void*)。

- S5_：替换 PFS_PKvE -> void*(*)(const void*)。
- S6_：替换 FS3_S_E -> const void*()(void*)
- S7_：替换 PFS3_S_E -> const void*(*)(void*)。

下面给出当相应的实体出现在某些命名空间中时，对应的替换示例代码：

```
namespace N {
    struct T{};
    void foo(T) {}
}
```

上述示例中，N::foo 的 Mangling 名称为_ZN1N3fooENS_1TE，对于非 std 命名空间中声明的实体而言，其 Mangling 名称会由 N...E 限定。函数 foo 的参数 N::T 被编码为 NS_1TE，对于限定名称，只替换限定名称的前缀，即将 1N 替换为 S_。

那么，如果命名空间为 std，即上述内容被定义为如下形式时，又会如何呢？

```
namespace std {
    struct T{};
    void foo(T) {}
}
```

此时，std::foo 的 Mangling 名称为_ZSt3fooSt1T，std::foo 被编码为 St3foo，其中前缀 std 由缩写 St 代替；std::T 被编码为 St1T，其中 St 不能被替换，因为它是一个缩写。

下面来看看替换如何对作用域生效。如果 foo 和 T 定义在类的作用域中：

```
class U {
public:
    struct T{};
    void foo(T) {}
};
```

此时，U::foo 的 Mangling 名称为_ZN1U3fooENS_1TE，限定前缀 U 被编码为 1U，在参数 T 中被替换为 S_，因此函数 foo 中的参数 T 被编码为 NS_1TE。

下面来看看替换如何对模板生效。如果类 U 是一个模板类，那么相应的函数 foo 的 Mangling 名称中的替换又是怎样的呢？

```
template <typename T1>
class U {
public:
    struct T{};
    void foo(T) {}
};
```

若实例化一个 U<int>对象，则函数 foo 的 Mangling 名称为_ZN1UIiE3fooENS0_1TE，类

前缀 U 被编码为 1U，其可被 S_替换；模板实例化的参数（int）被编码为 IiE，类型 U<int>被编码为 1UIiE，其可以被 S0_替换；而 U<int>::T 本身被编码为 1UIiE1T，替换结果为 S0_1T。

此外，声明在模板函数中的模板参数的替换规则为函数参数会被 T_、T0_、T1_等替换。例如：

```
class U {
public:
    template <typename T1, typename T2>
    void foo(T1, T1, T2) {}
};
```

定义一个类 U 的对象 u，并调用 u.foo(1,1,1.0)，此时模板函数的 Mangling 名称为_ZN1U3fooIidEEvT_S1_T0_，其中 1U 可以被 S_替换，3foo 不能被替换，IidE 为模板函数实例化后的模板参数类型，N1U3fooIidEE 可以被 S0_替换；v 为模板函数返回类型；T_S1_T0_为模板函数参数，T_代表模板函数的第一个参数，S_替换 T_（代表模板函数的第二个参数），T0_替换模板函数的第三个参数。

注意，只有当函数是模板函数时，其函数参数才能被替换。

例如当函数 foo 声明在模板类 U 中时：

```
template <typename T1, typename T2>
class U {
public:
    void foo(T1, T1, T2) {}
};
```

在实例化类 U<int, double>后，当调用 foo(1,1,1.0)时，相应的函数 Mangling 名称为_ZN1UIidE3fooEiid，其中 1U 可以被 S_替换，IidE 为模板参数（即 T1、T2 实例化类型，基本类型不会被替换），3foo 不能被替换，1UIidE 可以被 S0_替换，iid 函数参数的类型不能被替换。

继续更改函数 foo 的声明，此时将上述模板类 U 的定义更改如下：

```
struct T {};
template <typename T1, typename T2>
class U {
public:
    void foo(T1, T2) {}
};
```

若实例化 U<T, T>类，则 foo(T{}, T{})的 Mangling 名称为_ZN1UI1TS0_E3fooES0_S0_，1U 可以被替换为 S_，而 Mangling 名称中跟随 1U 之后出现的 1T 为模板类 U 的实例化模板参数，

由于其是用户定义的类型，因此可替换为 S0_。类 U 拥有两个模板参数，均被实例化为类 T，故 I1TS0_E 是类 U 的模板参数类型，N1UI1TS0_E 可以被替换为 S1_。因为函数 foo 的参数为 T，所以被编码为 1T，而 1T 会被替换为 S0_，故 foo 函数参数的最终编码为 S0_S0_。

重新修改函数 foo，将其定义为非限定模板函数：

```
template <typename T1, typename T2>
void foo(T1, T2, T1) {}

template <>
void foo(int, double, int) {}
```

上述 foo(int, double, int)的 Mangling 名称为_Z3fooIidEvT_T0_S0_，3foo 不能被替换，IidE 表示函数模板 foo 的模板参数的类型（基本类型不能被替换），v 表示模板函数的返回类型，3fooIidEv 整体可以被 S_替换；T_表示模板函数的第一个函数参数，可以被 S0_替换；T0_表示模板函数的第二个函数参数，可以被 S1_替换；T_表示模板函数的第三个函数参数，可以被 S0_替换。

若更改上述模板函数的定义如下：

```
template <typename T1, typename T2>
void foo(T1, T2, T2) {}

template <>
void foo(int, double, double) {}
```

此时，foo(int, double, double)的 Mangling 名称为_Z3fooIidEvT_T0_S1_，关于该 Mangling 名称的替换规则留给读者自行分析。

8.9 总结

本章由一段代码说起，引出 GCC 中的 Name Mangling 规则，并从以下方面进行详细讲解。

- Name Mangling 的基本概念、BNF 语法及 Name Mangling 的总体框架。
- 操作符的编码规则。
- 一些特殊函数和实体（例如虚表、VTT、thunk 和 non-thunk 相关函数）的编码规则。
- 类型编码规则，包括基本类型、限定类型、函数类型、模板函数类型、函数参数引用等类型的编码规则。
- 表达式编码规则，包括 decltype、auto 等各种表达式的编码规则。

- 作用域编码。
- lambda 表达式编码规则。
- 压缩。

通过本章的学习，读者可进一步理解 C++中重载函数、模板实例化、表达式等的相关原理。